高职高专机械类 "十一五" 规划 精品课程建设 教材

数控编程与加工操作

主　编　黄登红

副主编　杨　丰　肖爱武　肖祖政　杨启政

编　委　宋宏明　温够萍　李建平　李劲夫

　　　　朱立初　黄登红　杨　丰　肖爱武

　　　　肖祖政　杨启政

主　审　张璐青

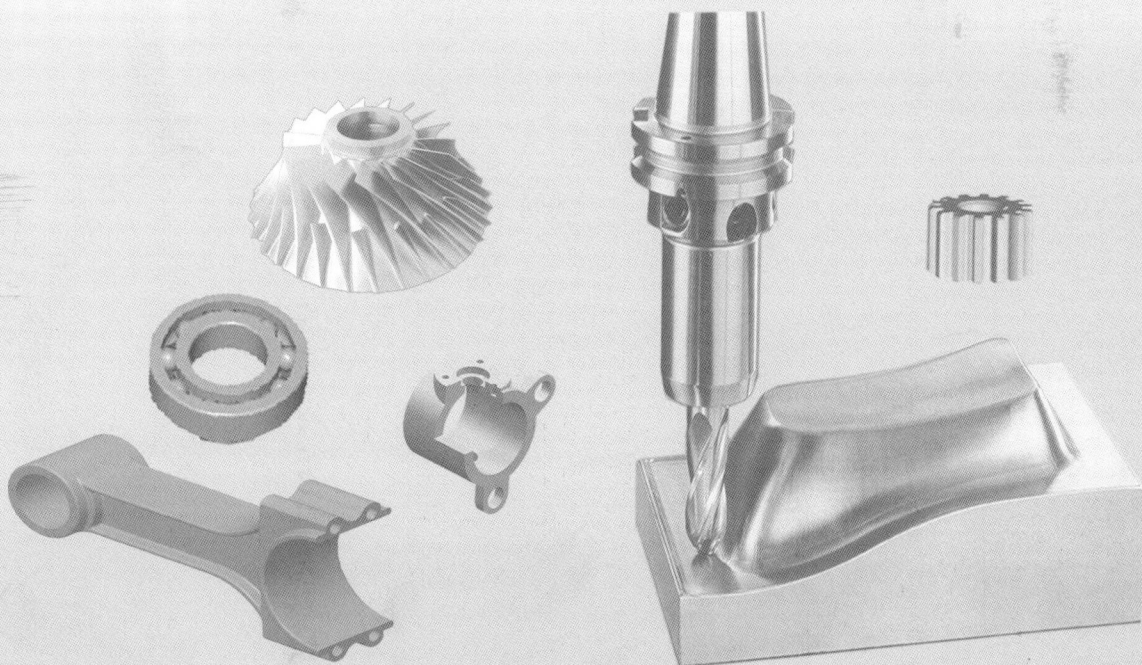

中南大学出版社
www.csupress.com.cn

内容简介

为了有效促进项目导向、任务驱动教学方式在职业院校中的普及推广，中南大学出版社组织富有教学和实践经验、主持或承担省级以上精品专业和精品课程建设的骨干教师编写了适应该教学模式的一系列教材。

本书着重介绍 FANUC 系统数控编程及其应用，内容包括数控铣床、加工中心、数控车床（含车削中心）及数控电火花线切割的编程与操作四个教学模块，共 22 个项目，18 个产品加工任务。在各个模块的内容组织上，根据工作岗位的典型工作内容，以项目为纽带，以具体产品加工任务为载体，通过咨询、计划、实施、检查、评估这样一个典型的工作过程，把相关数控加工基本工艺及编程知识的讲解和程序调试、机床操作技能的传授有机结合，适应理实一体化教学改革的需要。

为方便学生自学，本书在每个产品加工任务的讲解中均给出了详细的工艺分析、数控加工工艺卡、数控加工刀具卡和程序清单。本书还配有电子教案、课件及学习指导（电子版）供下载。资料下载网址：http://jpkc.cavtc.cn/jxx/2/Default.asp。

前　言

近年来，随着数控机床的应用日趋普及，社会对数控应用型人才的需求呈现高速增长态势，数控专业成为热门专业，开设该专业的职业院校也越来越多。"如何培养出受企业欢迎的数控技能人才"成为职业教育界关注的热点问题。职业院校通常的教学方式是：先全面进行基本理论教学，然后集中时间进行技能实训。这种教学方式在职业教育刚开始的时候取得了比较好的效果，但是也暴露出很多问题，主要是教学中的许多理论知识很难在实际操作中用到，即教学中老师很难对"必需、够用"为度的原则有很好的把握；另外，一般职业院校的学生生源大多都是高中或初中应届毕业生，缺乏生产实践，在有限的教学时间内系统学习所有理论知识很困难，短时间也很难领悟。针对现有教学方式存在的弊端，一种新的教学方式——项目导向、任务驱动教学逐渐被推出，现在已经有许多职业院校采用。

"项目导向、任务驱动"教学法的理论基础是教育家陶行知先生所提倡的"在学中做，在做中学"的教育理论。它是一种以"项目导向、任务驱动"为主要形式，将职业岗位典型实践项目贯穿于教学的始终，用项目和任务进行新知识的引入。不以学科为中心来组织教学内容，不强调知识的系统性、完整性，而是从职业活动的实际需要出发，强调能力本位和知识的"必需、够用"原则，注重知识、技能传授与职业岗位实践项目紧密结合，让学生学有所用、学以致用。

为了有效促进项目导向、任务驱动教学方式在职业院校中的普及推广，中南大学出版社组织富有教学和实践经验、主持或承担省级以上精品专业和精品课程建设的骨干教师编写了适应该教学模式的一系列教材。本书着重介绍FANUC系统数控编程及其应用，内容包括数控铣床、加工中心、数控车床及数控电火花线切割的编程与操作四个模块。根据各工种（岗位）的典型工作内容，以项目为纽带，以任务为载体，把相关工艺知识、编程知识和程序调试、机床操作技能有机结合，可实现理论实训一体化教学，也方便借助数控加工仿真手段组织教学。另外，为方便教师讲课和学生自学，本书还配有电子教案、课件及学习指导（电子版）供下载，网址为 jpkc.cavtc.cn/jxx/index.asp。

本书由长沙航空职业技术学院黄登红主编，株洲技术学院张璐青主审。参与本书编写工作的有：长沙航空职业技术学院黄登红、杨丰、宋宏明、湖南化工职业技术学院肖爱武、衡阳技师学院肖祖政、衡阳工业财经职业技术学院李劲夫、湖南电气职业技术学院温够萍、邵阳职业技术学院李建平、湖南科技经贸职院杨启玫。

本书虽经反复推敲和校对，但因编者水平有限，书中不妥之处在所难免，敬请读者批评指正。

编　者
2008 年 7 月

目　　录

模块一　数控铣床编程与加工操作

模块二   铣削加工中心编程与加工操作

模块三   数控车床编程与加工操作

模块四 数控线切割机床编程与加工操作

模块一　数控铣床编程与加工操作

项目一　数控铣床的坐标系

1.1　数控铣床的机床坐标系

为了便于在数控程序中统一描述机床运动，简化程序的编制，并使程序具有互换性，在数控机床中引入了坐标系的概念。无论机床机构如何，在编制程序与说明进给运动时，统一以坐标系来规定进给运动的方向和距离。

数控机床坐标系采用右手直角笛卡儿坐标系。该坐标系可以表示一个刚体在空间的六个自由度，包括三个移动坐标(X，Y，Z)和三个转动坐标(A，B，C)。这六个坐标之间的关系如图 1 - 1 - 1 所示。在运动方向的表示中，刀具相对于工件的运动方向用 X、Y、Z 表示，而工件相对于刀具的运动方向用 X'、Y'、Z'表示。

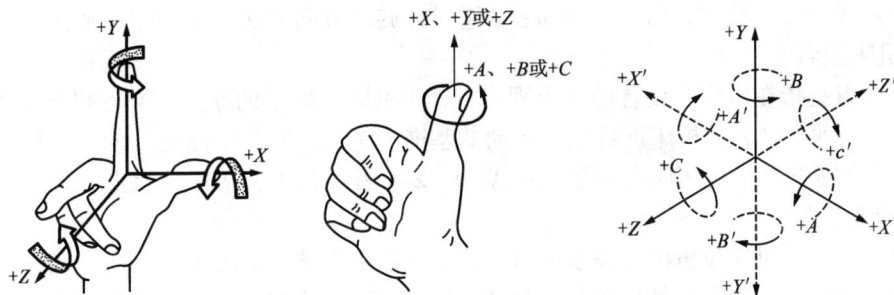

图 1 - 1 - 1　直角笛卡儿坐标系

笛卡儿坐标系只表明了六个坐标之间的关系，而对于数控机床坐标方向的判断则有如下规定。

原则一：零件固定，刀具运动。

由于机床的结构不同，有的是刀具运动，零件固定；有的是刀具固定，零件运动等。为了统一编程规则，永远假定刀具相对于静止的工件而运动。

原则二：坐标轴正方向的判断顺序为先 Z 后 X 再 Y，最后为 A、B、C 旋转轴。

1.　Z 坐标的方向判定

(1)方向原则：与主轴轴线平行的坐标轴为 Z 坐标轴。对于铣床、钻床、镗床，其主运动为刀具的旋转运动，主轴为刀具旋转轴心，则与刀具旋转轴心平行的坐标轴为 Z。

(2)正方向原则：为刀具远离工件的方向。

2. X 坐标的方向判定

（1）方向原则：X 坐标轴平行于工件的装夹平面。

（2）正方向原则：对于刀具旋转的机床（如铣床、钻床、镗床），X 坐标轴的正方向为由刀具向立柱看，右侧为正。

3. Y 坐标的方向判定

根据 Z 坐标轴和 X 坐标轴的正方向，利用右手定则可以确定 Y 坐标轴的正方向。如图1-1-2所示分别为立式铣床、卧式铣床和五坐标联动机床的机床坐标系，图中机床上标明的是在机床坐标系中，坐标轴正方向对应的机床运动正方向。

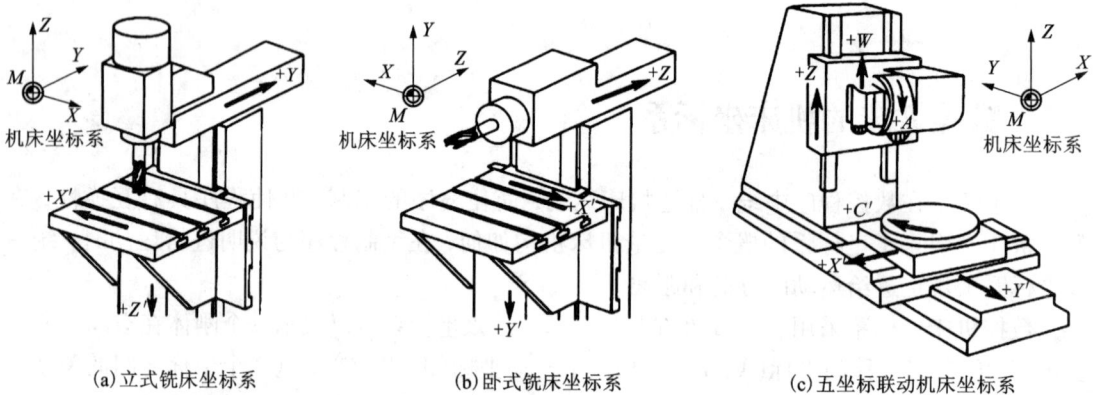

(a)立式铣床坐标系　　　　(b)卧式铣床坐标系　　　　(c)五坐标联动机床坐标系

图 1-1-2　机床坐标系

4. A、B、C 坐标的方向判定

分别从 X、Y、Z 轴正方向往负方向看，逆时针旋转方向依次为 A、B、C 坐标的正方向。

5. 机床原点

机床原点是指在机床上设置的一个固定点，即机床坐标系的原点。它在机床装配、调试时就已确定下来，是数控机床进行加工运动的基准参考点。它是不能更改的。一般用字母 M 表示。在数控铣床上，机床原点一般取在 X、Y、Z 坐标的正方向极限位置上。

6. 机床参考点

机床参考点是机床位置测量系统的基准点，一般用 R 表示，用于对机床运动进行检测和控制的固定位置点。参考点的位置是由机床制造厂家在每个进给轴上用限位开关精确调整好的，坐标值已输入数控系统中，通常在参考点的坐标为零。参考点对机床原点的坐标是一个已知数。通常数控铣床的机床原点和机床参考点是重合的。

回参考点是机床的一种工作方式。此操作目的就是在机床各进给轴运动方向上寻找参考点，并在参考点处完成机床位置检测系统的归零操作，同时建立起机床坐标系。

1.2　工件坐标系

工件坐标系是编程人员根据零件样图及加工工艺等在工件上建立的坐标系，是编程时的坐标依据，又称编程坐标系。数控程序中的所有坐标值都是假设刀具的运动轨迹点在工件坐标系中的位置。确定工件坐标系时不必考虑工件毛坯在机床上的实际装夹位置。工件坐标系各坐标轴方向与机床坐标系是一致的。

    工件原点也称编程原点，是工件坐标系的原点，一般用字母 W 表示。工件原点是由编程人员定义的，与工件的装夹无关。不同的编程人员根据编程目的不同，可以对同一工件定义不同的工件原点，而不同的工件原点也造成程序坐标值的不同。

    工件原点的选择有以下两条原则：

    原则一：工件原点应尽量选择在零件的设计基准或工艺基准上，如图 1 - 1 - 3 所示。

    原则二：对称零件，工件原点应选在对称中心上，如图 1 - 1 - 4 所示。

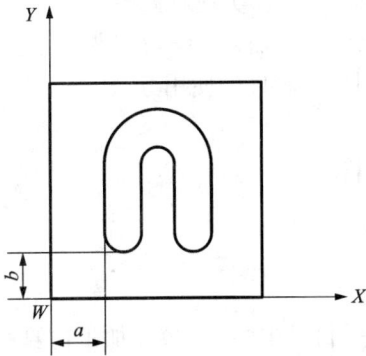

图 1 - 1 - 3   一般零件

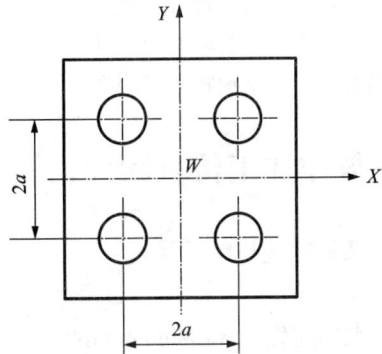

图 1 - 1 - 4   对称零件

1.3 工件坐标系与机床坐标系的关系

    在加工过程中，数控机床是按照工件装夹好后所确定的工件原点位置和程序要求进行加工的。编程人员在编制程序时，只要根据零件样图就可以选定工件原点，建立工件坐标系，计算坐标数值，而不必考虑工件毛坯装夹的实际位置。对于加工人员来说，则应在装夹工件和调试程序时，确定工件原点在机床坐标系中的位置，并在数控系统中给于设定（即给出原点设定值）。通常把这个确定工件坐标系在机床坐标系位置的过程称为对刀。具体的对刀方法在后面的机床操作章节中进行介绍。

    总之，机床坐标系是机床运动控制的参考基准，而工件坐标系是编程时的参考基准。机床坐标系建立在机床上，是固定的物理点；而工件坐标系建立在工件上，是根据编程习惯位

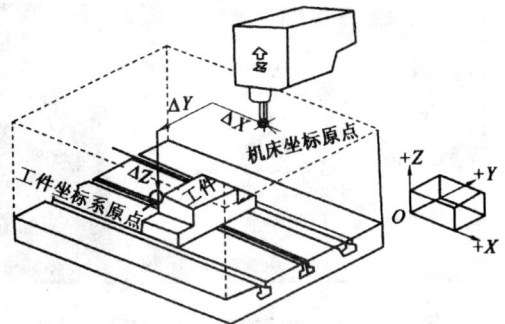

图 1 - 1 - 5   机床各坐标系的关系

置可变的。加工时通过对刀手段确定工件原点与机床原点的位置关系，将工件坐标系与机床坐标系建立固联关系。工件坐标系与机床坐标系的关系如图 1 - 1 - 5 所示。

1.4 巩固练习

    1. 如图 1 - 1 - 5 所示，若工作台向右移动，判断此时程序中的坐标方向是什么？

    2. 机床回参考点的作用是什么？

项目二 数控加工仿真软件(铣床)的使用

数控加工仿真软件是一种富有价值的教学辅助工具,它可以实现对数控机床加工全过程的仿真,其中包括毛坯定义、夹具刀具定义及选用,数控程序输入、编辑与调试等多方面内容。现以上海宇龙数控加工仿真软件(铣床)为例,说明仿真软件的使用方法。

2.1 数控加工仿真软件(铣床)的基本操作

1. 选择数控机床和系统

(1)进入仿真系统

① 鼠标左键点击 Windows 的"开始"按钮,在"程序"目录中弹出"数控加工仿真系统"的子目录,在接着弹出的下级子目录中点击"加密锁管理程序",如图 1-2-1 所示。加密锁程序启动后,屏幕右下方工具栏中出现 图标。

② 再点击"数控加工仿真系统",系统弹出"用户登录"界面,如图 1-2-2 所示。点击"快速登录"按钮或输入用户名和密码,再点击"登录"按钮,进入数控加工仿真系统。

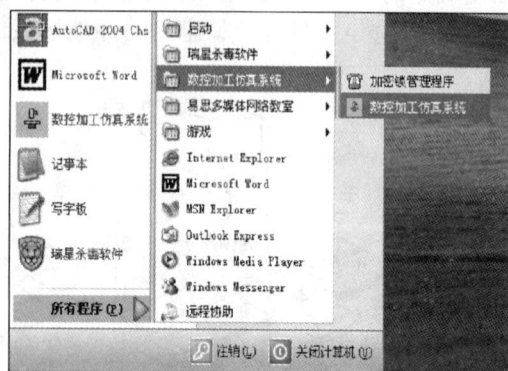

图 1-2-1 数控加工仿真系统下拉菜单

图 1-2-2 登录界面

(2)选择机床类型

进入数控加工仿真系统之后,通过菜单"机床/选择机床",在选择机床对话框中选择需要的控制系统类型和相应的机床(如图 1-2-3 所示),并按"确定"按钮。

这里选择的控制系统类型是 FANUC 0i,机床类型是标准型,此时界面如图 1-2-4 所示。

(3)视图的变换

在工具栏中选 之一,它们分别对应于菜单"视图"下拉菜单的"复位""局部放大""动态放缩""动态平移""动态旋转""左侧视图""右侧视图""俯视图""前视图"(如图1-2-5所示)。将鼠标移至机床显示区,拖动鼠标,进行相应操作。

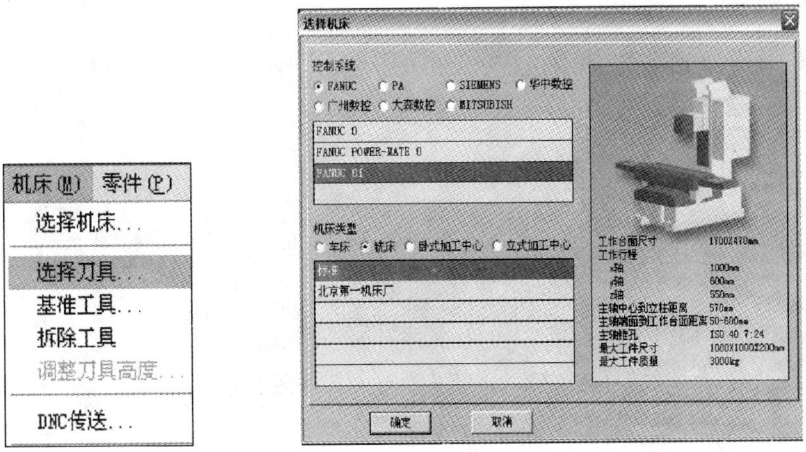

图1-2-3 选择系统和机床

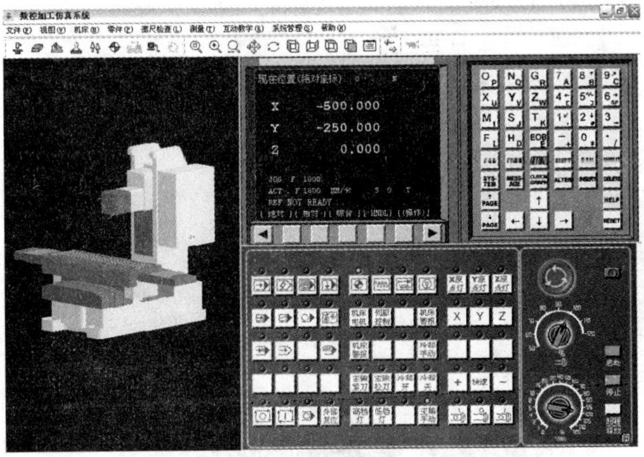

图1-2-4 机床界面

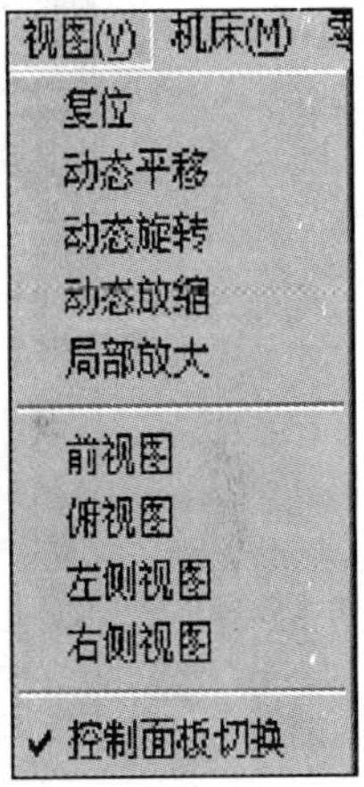

图1-2-5 视图菜单

(4)"选项"的设置

在"视图"菜单中选择"选项"或在工具条中选择 ▤ ,弹出"设置显示参数"对话框(如图1-2-6所示),可根据需要进行相应设置(例如在对刀时可选择隐藏机床或将机床显示设置为透明状态)。

2. 模拟机床台面操作

(1)工件装夹

① 定义毛坯 打开菜单"零件/定义毛坯"或在工具条上选择" ▱ ",可以定义长方体或圆柱体毛坯,如图1-2-7所示。这里选择长方形毛坯,尺寸设置如图1-2-7中左图所示。

② 选择夹具 打开菜单"零件/安装夹具"或在工具条上选择图标 ⬛ ,打开操作对话

框，如图1-2-8所示。在"选择零件"列表框中选择毛坯。在"选择夹具"列表框中选择夹具，长方体零件可以使用工艺板或者平口钳，圆柱形零件可以选择工艺板或者卡盘。"移动"成组控件内的按钮可以调整毛坯在夹具上的位置。这里选择平口钳，并进行位置调整。

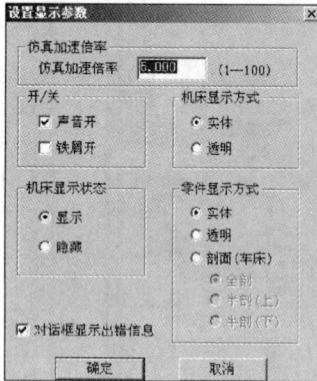

图1-2-6 显示参数设置

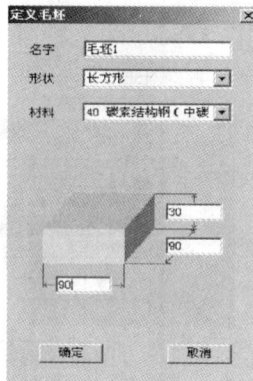

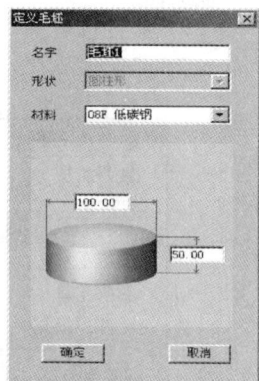

图1-2-7 毛坯定义

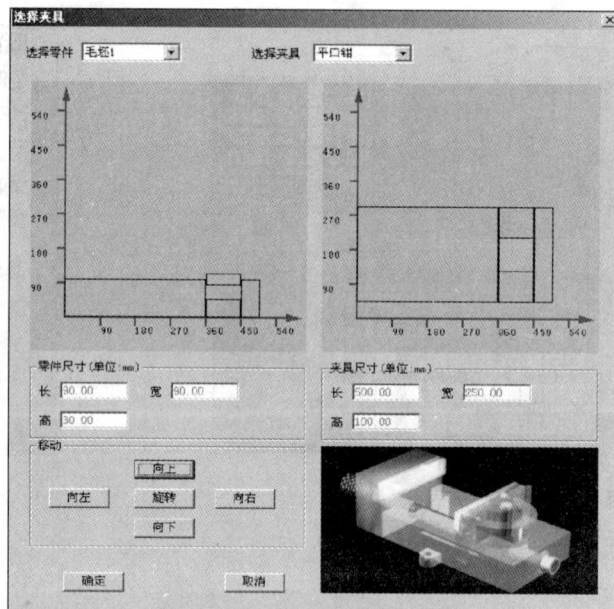

图1-2-8 选择零件和夹具

③ 放置零件 打开菜单"零件/放置零件"命令或者在工具条上选择图标 ，系统弹出操作对话框，如图1-2-9所示。

在列表中点击所需的零件，选中的零件信息加亮显示，按下"确定"按钮，系统自动关闭对话框，零件和夹具(如果已经选择了夹具)将被放到机床上。

④ 调整零件位置 零件可以在工作台面上移动。毛坯放上工作台后，系统将自动弹出一个控制零件移动的面板，通过按动方向按钮，实现零件的平移和旋转。

（2）数控铣床选刀

打开菜单"机床/选择刀具"或者在工具条中选择" "，系统弹出刀具选择对话框（如图 1 - 2 - 10 所示）。

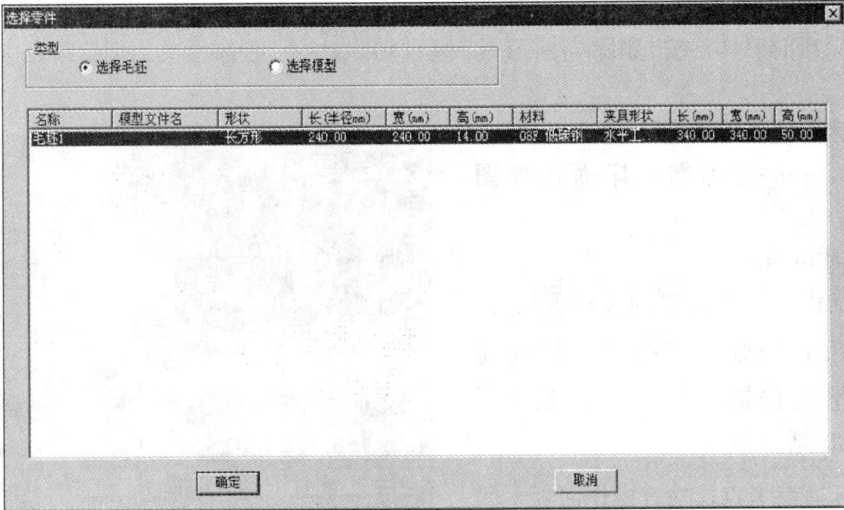

图 1 - 2 - 9 放置零件界面

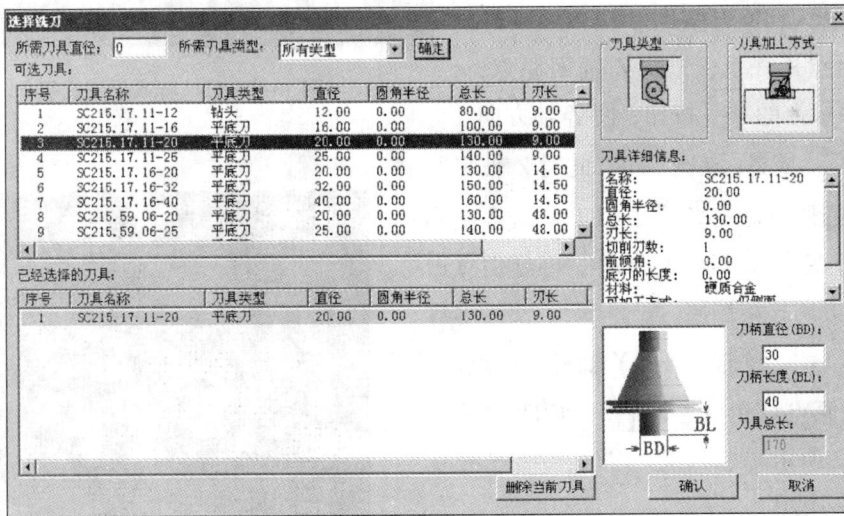

图 1 - 2 - 10 选择刀具

① 按条件列出工具清单

a. 在"所需刀具直径"输入框内输入直径，如果不把直径作为筛选条件，请输入数字"0"。

b. 在"所需刀具类型"选择列表中选择刀具类型。可供选择的刀具类型有平底刀，平底带R 刀，球头刀，钻头，镗刀等。

c. 按下"确定"，符合条件的刀具在"可选刀具"列表中显示。

② 选择需要的刀具　用鼠标点击"可选刀具"列表中所需的刀具，选中的刀具对应显示在"已经选择刀具"列表中选中的刀位号所在行，按下"确定"完成刀具选择，这时铣床的刀具装在主轴上。

③ 输入刀柄参数　操作者可以按需要输入刀柄参数。参数有直径和长度两个。总长度是刀柄长度与刀具长度之和。

④ 删除当前刀具　按"删除当前刀具"键可删除此时"已选择的刀具"列表中所选择的刀具。

3. 机床面板基本操作

FANUC - 0i 的标准机床面板如图 1 - 2 - 11 所示。

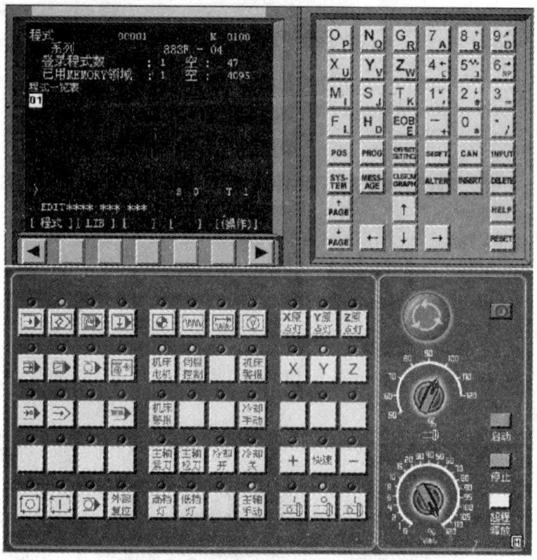

(1)机床准备

① 激活机床　点击启动按钮 ，此时机床电机和伺服控制的指示灯变亮 。点击急停按钮 ，将其松开至 状态。

② 机床回参考点　检查操作面板上回原点指示灯是否亮 ，若指示灯亮，则已进入回原点模式；若指示灯不亮，则点击 按钮，转入回原点模式。

在回原点模式下，先将 Z 轴回原点，点击操作面板上的 Z 按钮，使 Z 轴方向移动指示灯 变亮，点击 + ，此时 Z 轴将回原点，Z 轴回原点灯变亮 ，CRT 上的 Z 坐标(机械坐标)变为"0.000"。同样，再分别点击 X 轴，Y 轴方向移动按钮 X ， Y ，使指示灯变亮，点击 + ，此时 X 轴，Y 轴将回原点，X 轴，Y 轴回原点灯变亮 。CRT 界面如图 1 - 2 - 12 所示。

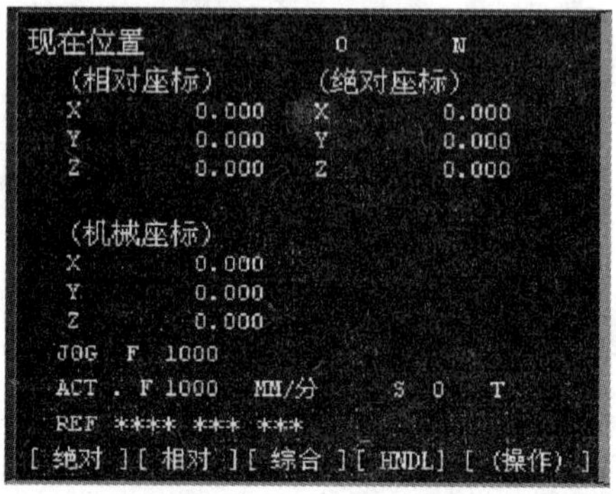

(2)手动操作

① 手动方式

a. 点击操作面板上的"手动"按钮，使其指示灯亮 ，机床进入手动模式。

图 1 - 2 - 11　标准操作面板

图 1 - 2 - 12　CRT 界面

b. 分别点击 X ， Y ， Z 键，选择移动的坐标轴。

c. 分别点击 + ， － 键，控制机床的移动方向(选择 快速 按钮，可实现快速移动)。

d. 点击 控制主轴的转动和停止(此时应使键 的指示灯亮)。

② 手动脉冲方式

a. 点击操作面板上的"手动脉冲"按钮 ⊞ 或 ⊚ ，使指示灯 ⊚ 变亮。

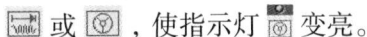

b. 点击右下角按钮 Ⓗ ，显示手轮（如图 1 - 2 - 13 所示）。

c. 鼠标对准"轴选择"旋钮 ⊚ ，点击左键（旋钮逆时针转）或右键（旋钮顺时针转），选择坐标轴。

d. 鼠标对准"手轮进给速度"旋钮 ⊚ ，点击左键或右键，选择合适的倍率。

图 1 - 2 - 13　手轮

e. 鼠标对准手轮 ⊚ ，点击左键或右键，精确控制机床的移动。

f. 点击 ⊟ ∣ ⊟ ∣ ⊟ 控制主轴的转动和停止（此时应使键 主轴手动 的指示灯亮）。

g. 点击 Ⓝ ，可隐藏手轮。

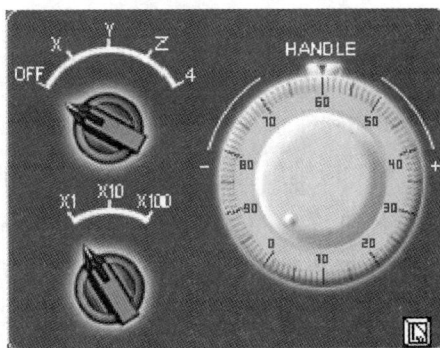

（3）对刀

数控程序一般按工件坐标系编程，对刀的过程从某种意义上讲，就是在机床坐标系中确定工件坐标系位置的过程，即告诉数控系统工件原点在哪。下面具体说明数控铣床对刀的方法（这里将工件上表面中心点设为工件坐标系原点）。

① 选取基准工具　一般铣床在 X，Y 方向对刀时使用的基准工具包括刚性靠棒和寻边器两种。

点击菜单"机床/基准工具"，弹出的基准工具对话框（图 1 - 2 - 14）中，左边的是刚性靠棒基准工具，右边的是偏心寻边器。这里选取刚性靠棒。

② X，Y 轴对刀　这里介绍采用刚性靠棒进行对刀的过程。

a. X 轴方向对刀（先对毛坯右边）

点击操作面板中的按钮 ⊞ 进入"手动"方式；点击 MDI 键盘上的 POS 和 CRT 上的"综合"软键，使 CRT 界面上显示机械坐标值；借助"视图"菜单中的动态旋转、动态放缩、动态平移等工具，适当点击 X ， Y ， Z 按钮和 ＋ ， － 按钮，将机床移动到如图 1 - 2 - 15 所示的大致位置。

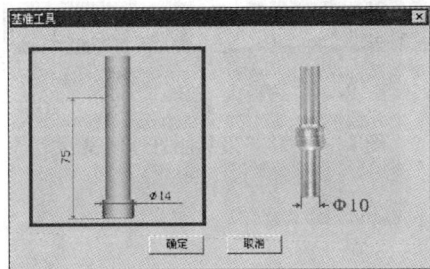

图 1 - 2 - 14　基准工具选择

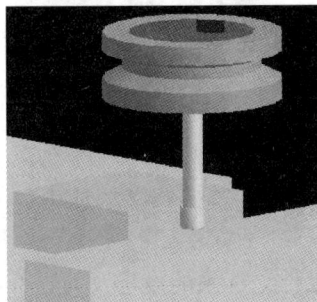

图 1 - 2 - 15　靠近毛坯右侧面

移动到大致位置后，点击菜单"塞尺检查/1 mm"，基准工具和零件之间被插入塞尺。如图 1-2-16 所示(紧贴零件的红色物件为塞尺)。

点击操作面板上的手动脉冲按钮 ▦ 或 ◎ ，使手动脉冲指示灯变亮。点击 Ⓗ 显示手轮，将手轮对应轴旋钮 ◎ 置于 X 档，调节手轮进给速度旋钮 ◎ ，在手轮 ◎ 上点击鼠标左键或右键精确移动靠棒，使得提示信息对话框显示"塞尺检查的结果：合适"，如图 1-2-16 所示。

记下塞尺检查结果为"合适"时 CRT 界面中

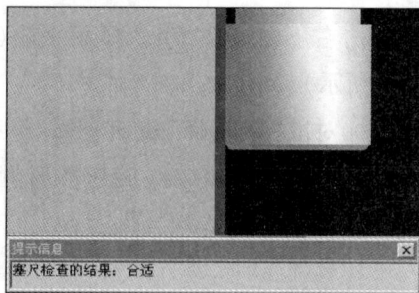

图 1-2-16　靠棒刚好接触塞尺

的机械坐标 X 值，此为基准工具中心的 X 坐标，记为 X_1(这里 $X_1 = -447$)。点击菜单"塞尺检查/收回塞尺"将塞尺收回，点击 ▦ ，机床转入手动操作状态，点击 Z 和 + 按钮，将 Z 轴提起。将刀具移至毛坯的左边，同样操作，当塞尺检查结果为"合适"时 CRT 界面中的 X 坐标值记为 X_2($X_2 = -553$)。

则工件上表面中心的 X 坐标 X_0 为 $(X_1 + X_2)/2 = -500$。

b. Y 方向对刀：采用同样的方法得到工件中心的 Y 坐标，记为 Y_0($Y_0 = -415$)，完成 X，Y 方向对刀后，点击菜单"机床/拆除工具"拆除基准工具。

③ Z 轴对刀　铣床 Z 轴对刀时采用实际加工时所要使用的刀具。

这里选择图 1-2-10 中所示直径为 20 mm 的平铣刀。装好刀具后，点击操作面板中的按钮 ▦ 进入"手动"方式，利用操作面板上的 X ，Y ，Z 按钮和 + ，- 按钮，将机床移到如图 1-2-17 的大致位置。

类似在 X，Y 方向对刀的方法进行塞尺检查，得到"塞尺检查：合适"时 Z 的机械坐标值，记为 Z_1($Z_1 = -282$)，如图 1-2-18 所示。则工件上表面中心的 Z 坐标值为 Z_1 减去塞尺厚度(1 mm)，记为 Z_0($Z_0 = -283$)。

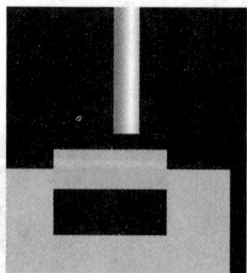

图 1-2-17　Z 轴对刀

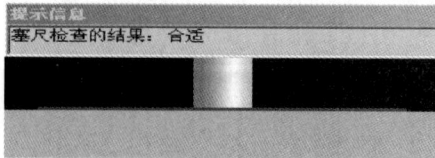

图 1-2-18　刀具刚好接触塞尺

(4)工件坐标系的设定及刀具补偿参数的设置

① 工件坐标系的设定　对刀的目的是获得工件原点的位置，但还要利用设定工件坐标系的操作将此位置值输入到数控系统相关参数之中。这个操作与设定工件坐标系指令有关，

下面先介绍一下该指令。

设定工件坐标系指令 G54~G59，又称为零点偏置指令，用于设定工件坐标系。该指令可以设置 6 个预定义的工件坐标系，每条指令可以调用系统中设置好的工件坐标系，将系统零点偏置到指定的工件原点上。

设定工件坐标系的操作步骤如下：

在 MDI 键盘上点击 ![OFFSET SETING] 键，按软键"坐标系"进入坐标系参数设定界面（如图 1-2-19 所示）。

图 1-2-19 参数设定界面

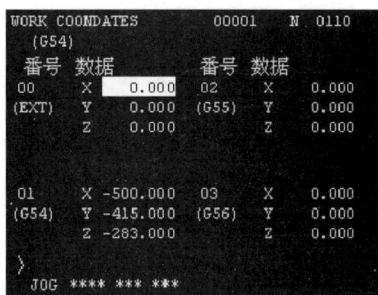

图 1-2-20 设置零点偏置

可以用方位键 ↑ ↓ ← → 选择所需的坐标系和坐标轴，利用 MDI 键盘输入通过对刀得到的工件坐标原点在机床坐标系中的坐标值。这里首先将光标移到 G54 坐标系 X 的位置，在 MDI 键盘上输入"-500."，按软键"输入"或按 ![INPUT]，参数输入到指定区域。同样，输入"Y -415."，按 ![INPUT]；输入"Z-283."，按 ![INPUT]。此时 CRT 界面如图 1-2-20 所示。

② 设置刀具补偿参数

a. 在 MDI 键盘上点击 ![OFFSET SETING] 键，按软键"补正"进入工具补偿设定界面，如图 1-2-21 所示。

b. 用方位键 ↑ ↓ 选择所需的补偿号，并用 ← → 确定需要设定的补偿是长度补偿 H 或半径补偿 D，将光标移到相应的区域。

c. 通过 MDI 键盘上的数字/字母键，输入刀具补偿值，按软键"输入"或按 ![INPUT]。

图 1-2-21 刀具补偿设定界面

（5）数控程序处理

① 导入数控程序 数控程序可以直接用 FANUC 0i 系统的 MDI 键盘输入，这里介绍数控程序的 DNC 传输方法。

a. 点击操作面板上的编辑键 ![编辑键]，编辑状态指示灯变亮 ![指示灯]，此时已进入编辑状态。点击 MDI 键盘上的 ![PROG]，CRT 界面转入编辑页面。再按软键"操作"，在出现的下级子菜单中按软键 ![▶]，按软键"READ"，点击 MDI 键盘上的数字/字母键，输入程序名"O1"，按软键

"EXEC"。

　　b. 点击菜单"机床/DNC 传送"，在弹出的对话框中（如图 1 - 2 - 22 所示）选择所需的 NC 程序，按"打开"确认，数控程序被导入并显示在 CRT 界面上，如图 1 - 2 - 23 所示。

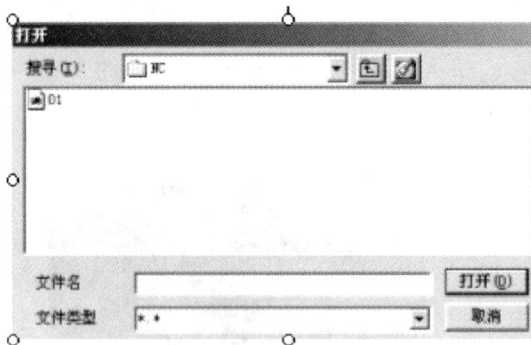

图 1 - 2 - 22　选择程序

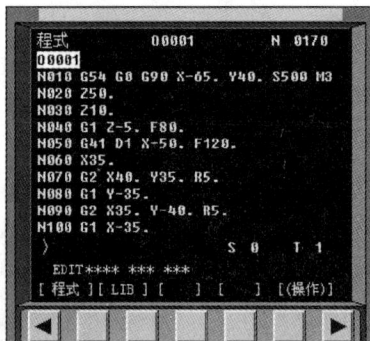

图 1 - 2 - 23　程序界面

　　② 数控程序管理

　　a. 显示数控程序目录　在编辑状态下，按软键 "LIB"，数控程序名会显示在 CRT 界面上，如图 1 - 2 - 24 所示。

　　b. 选择一个数控程序　在编辑状态下点击 MDI 键盘上的 PROG，CRT 界面转入编辑页面。利用 MDI 键盘输入"Ox"（x 为数控程序目录中显示的程序号），按 ↓ 键开始搜索，搜索到后，"Ox"显示在屏幕首行位置，NC 程序显示在屏幕上。

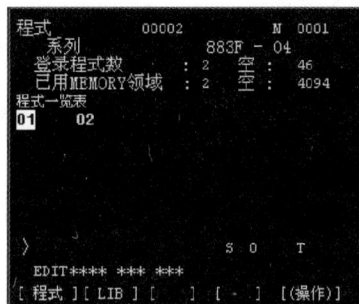

图 1 - 2 - 24　程序目录

　　c. 删除数控程序　点击操作面板上的编辑 ◇，编辑状态指示灯变亮 ▨，此时已进入编辑状态。点击 MDI 键盘上的 PROG，CRT 界面转入编辑页面。利用 MDI 键盘输入"Ox"（x 为要删除的数控程序在目录中显示的程序号），按 DELETE 键，程序即被删除（请注意慎用）。

　　利用 MDI 键盘输入"O - 9999"，按 DELETE 键，全部数控程序即被删除。

　　d. 新建一个 NC 程序　点击操作面板上的编辑 ◇，编辑状态指示灯变亮 ▨，此时已进入编辑状态。点击 MDI 键盘上的 PROG，CRT 界面转入编辑页面。利用 MDI 键盘输入"Ox"（x 为程序号，但不可以与已有程序号重复）按 INSERT 键，CRT 界面上显示一个空程序，可以通过 MDI 键盘开始程序输入。输入一段代码后按 INSERT 键，输入域中的内容显示在 CRT 界面上，用回车换行键 EOB/E 结束一行的输入并换行。

　　e. 编辑程序　点击操作面板上的编辑 ◇，编辑状态指示灯变亮 ▨，此时已进入编辑状态。点击 MDI 键盘上的 PROG，CRT 界面转入编辑页面。选定了一个数控程序后，此程序显示在 CRT 界面上，可对数控程序进行编辑操作。

移动光标：按 ![PAGE] 和 ![PAGE] 用于翻页，按方位键 ↑ ↓ ← → 移动光标；

插入字符：先将光标移到所需位置，点击 MDI 键盘上的数字/字母键，将代码输入到输入域中，按 ![INSERT] 键，把输入域的内容插入到光标所在代码后面；

删除输入域中的数据：按 ![CAN] 键用于删除输入域中的数据；

删除字符：先将光标移到所需删除字符的位置，按 ![DELETE] 键，删除光标所在的代码；

查找：输入需要搜索的字母或代码；按 ↓ 开始在当前数控程序中光标所在位置后搜索。（代码可以是一个字母或一个完整的代码。例如："N0010""M"等。）如果此数控程序中有所搜索的代码，则光标停留在找到的代码处；如果此数控程序中光标所在位置后没有所搜索的代码，则光标停留在原处；

替换：先将光标移到所需替换字符的位置，将要替换成的字符通过 MDI 键盘输入到输入域中，按 ![ALTER] 键，把输入域的内容替代光标所在的代码。

注：按 ![RESET] 键可将程序中光标移至程序首行。

f. 输出程序　点击操作面板上的编辑 ![◇]，编辑状态指示灯变亮 ![⊗]，此时已进入编辑状态。点击 MDI 键盘上的 ![PROG]，CRT 界面转入编辑页面。按软键"操作"，在下级子菜单中按软键"Punch"，弹出图 1－2－25 所示的对话框。选择文件类型和保存路径，输入文件名，按"保存"按钮，将机床中的程序输出到计算机上。

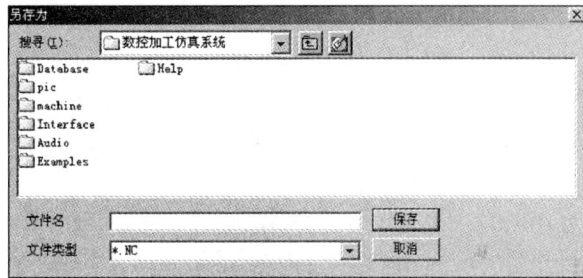

图 1－2－25　输出程序

③ 程序运行

a. 检查机床是否回零，若未回零，先将机床回零。

b. 导入数控程序或自行编写一段程序。

c. 点击操作面板上的"自动运行"按钮，使其指示灯变亮 ![▶]。

d. 点击操作面板上的 ![I]，程序开始执行。

2.2　数控铣床加工仿真实例

采用 φ16 mm 立铣刀加工如图 1－2－26 所示零件，零件毛坯尺寸为 90 mm × 90 mm × 30 mm。

1. 数控程序

O0001；

N010 G54 G00 G90 X－65.0 Y50.0 S500 M03；

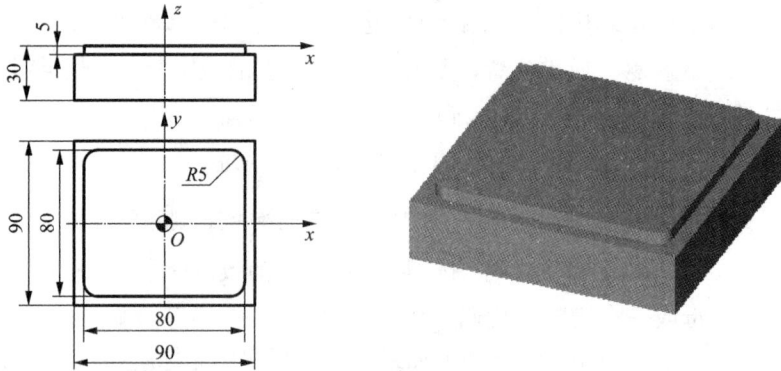

图 1 - 2 - 26　零件图

N020 Z50.0；

N030 Z10.0；

N040 G01 Z - 5.0 F80；

N050 G41 D01 X - 50.0 Y40.0 F120；

N060 X35.0；

N070 G02 X40.0 Y35.0 R5.0；

N080 G01 Y - 35.0；

N090 G02 X35.0 Y - 40.0 R5.0；

N100 G01 X - 35.0；

N110 G02 X - 40.0 Y - 35.0 R5.0；

N120 G01 Y35.0；

N130 G02 X - 35.0 Y40.0 R5.0；

N140 G03 X - 20.0 Y55.0 R15.0；

N150 G01 G40 Y70.0；

N160 G00 Z50.0；

N170 M05；

N180 M30；

2．加工步骤

（1）选择机床（参照前面介绍的方法）

（2）机床回零（参照前面介绍的方法）

（3）安装零件（参照前面介绍的方法）

（4）装刀具，对刀（参照前面介绍的方法）

（5）工件坐标系和刀补参数设定（参照前面介绍的方法）

（6）输入 NC 程序（参照前面介绍的方法）

（7）实体加工仿真

① 点击操作面板上的"自动运行"按钮，使其指示灯变亮 。

② 点击 MDI 键盘上的 PROG 按钮，点击数字/字母键，输入"O1"，按软键"O 检索"调出

程序。

③点击操作面板上的 ⬜，程序开始执行(加工结果如图 1 - 2 - 27 所示)。

图 1 - 2 - 27　加工效果图

(8)用仿真测量功能检测零件　要了解模拟仿真加工的零件是否符合零件图样的要求，需要用该软件的仿真测量功能进行检测，步骤如下：

①点击菜单"测量/剖面图测量"，弹出测量设置界面，通过设置测量工具、测量方式、测量平面等，得到如图 1 - 2 - 28 所示的测量结果。

②选择 X - Y 或 Y - Z 或 Z - X 平面和步长，分别在 X，Y，Z 方向上移动(以一个步长为单位)可显示零件的长、宽、高等尺寸，也可拖动鼠标平移或拉一个窗口进行局部放大等操作。

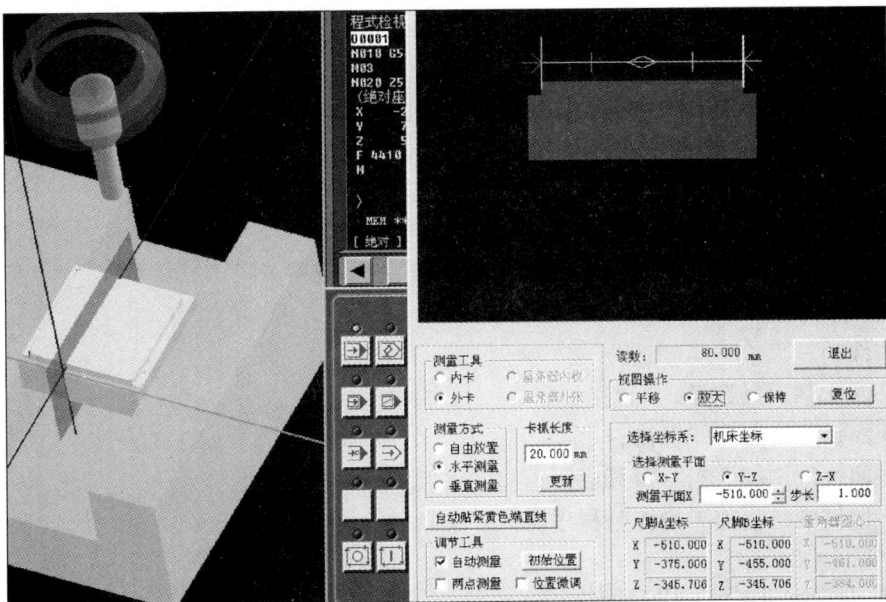

图 1 - 2 - 28　零件测量

项目三 平面铣削

3.1 任务: 板状零件的面铣削

如图 1 – 3 – 1 所示板状零件, 其材料为 45 钢, 毛坯尺寸为 250 mm × 220 mm × 41 mm, 6 个表面均已加工, 现需要做上表面的平面加工, 确保尺寸和粗糙度要求。

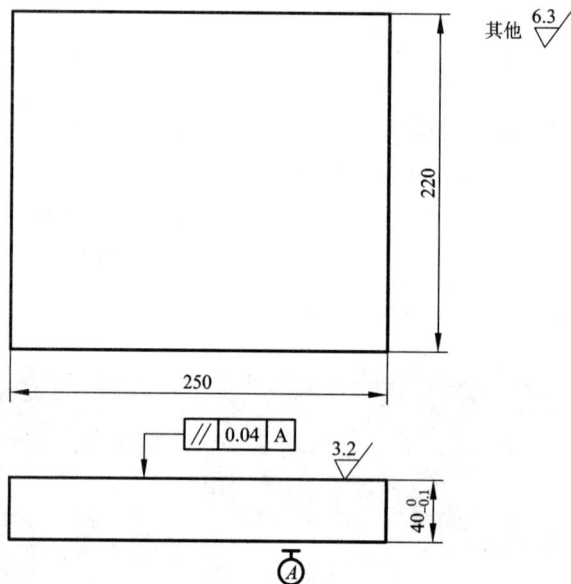

图 1 – 3 – 1 板状零件平面铣削

知识点和技能点:
- 工件的装夹;
- 平面铣削刀具选择;
- 平面铣削走刀路线安排;
- 平面铣削用加工指令及其应用;
- 平面铣削仿真加工操作与程序调试。

3.2 平面铣削的一般工艺

1. 平面铣削常用的装夹方法

在数控铣床和数控铣削加工中心上加工平面时, 安装工件常用精密虎钳和压板螺栓安装工件。对于一些复杂、精密虎钳和压板无法安装的工件, 可以使用组合夹具和专用夹具来安装。

　　精密虎钳主要由固定钳口、活动钳口等组成，其底座下镶有定位键。安装时，将定位键放在工作台的 T 形槽内即可在铣床上获得正确位置，或安装时人工对正(对于卧式加工中心，应使用 90°弯板，并使虎钳的活动钳口位于上方)。用 T 形螺栓和螺母将虎钳紧固，调节定位、夹紧挡块，然后将零件放在虎钳两钳口之间并夹紧。精密虎钳安装工件如图 1 - 3 - 2 所示。精密虎钳是数控铣床的主要附件，适宜安装形状简单、外形规则、尺寸较小的工件。

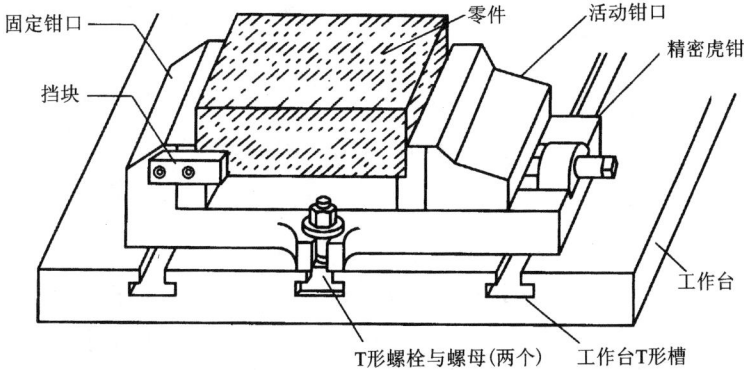

图 1 - 3 - 2　精密虎钳安装工件

　　对于大型工件或精密虎钳难以安装的工件可用压板螺栓将工件直接固定在工作台上进行加工，如图 1 - 3 - 3 所示。将定位销固定到机床的 T 形槽中，并将垫板放到工作台上。选择合适的压板、台阶形垫块和 T 形螺栓，并将它们安放到对应的位置，将零件夹紧(如果夹紧面是精加工后的面，要用垫片保护该面)。

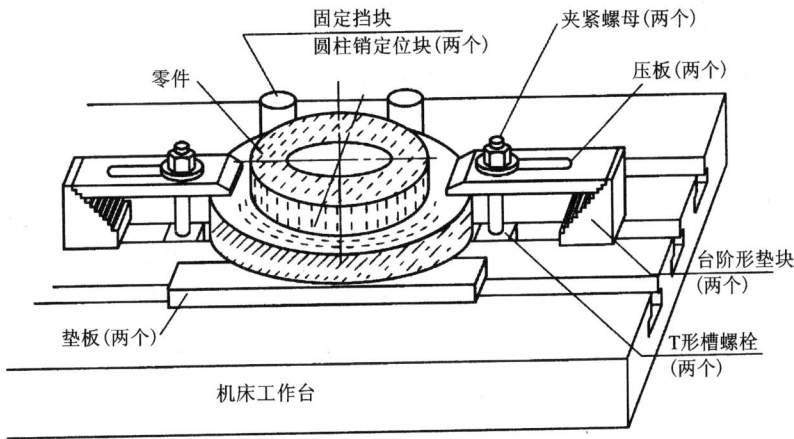

图 1 - 3 - 3　压板螺栓安装工件

2. 平面铣削的常用刀具及刀具参数的选择

(1)铣削刀具

　　在数控铣床上铣削平面时，使用较多的是可转位面铣刀(图 1 - 3 - 4(a))。但在小面积范围内有时也使用立铣刀进行平面铣削(图 1 - 3 - 4(b))。

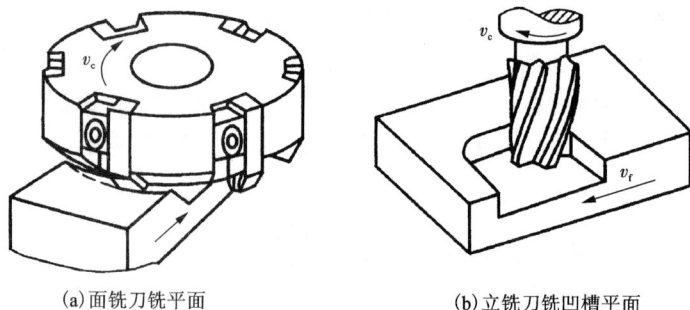

(a)面铣刀铣平面　　　　　　　　　　　　(b)立铣刀铣凹槽平面

图 1 - 3 - 4　平面铣削加工

（2）铣削主要参数的选择

① 面铣刀主要参数的选择

a. 刀具的直径。标准可转位面铣刀直径为 $\phi16 \sim \phi630$ mm。对于单次平面铣削，面铣刀直径为材料宽度的 1.3 ~ 1.6 倍为宜。1.3 ~ 1.6 倍的比例可以保证切屑较好地形成和排出。

对于面积太大的平面，由于受到多种因素的限制，如考虑到机床功率等级、刀具和可转位刀片几何尺寸、安装刚度、每次切削的深度和宽度以及其他加工因素，面铣刀具直径不可能比平面宽度更大时，宜多次铣削平面。

应尽量避免面铣刀具的全部刀齿参与铣削，即应该避免对宽度等于或稍微大于刀具直径的工件进行平面铣削。面铣刀整个宽度全部参与铣削（全齿铣削）会迅速磨损镶刀片的切削刃，并容易使切屑粘结在刀齿上。此外工件表面质量也会受到影响。

b. 齿数。可转位面铣刀有粗齿、细齿和密齿三种。粗齿铣刀容屑空间较大，常用于粗铣钢件，粗铣带断续表面的铸件和在平稳条件下铣削钢件时，可选用细齿铣刀。密齿铣刀的每齿进给量较小，主要用于加工薄壁铸件。

c. 面铣刀几何角度。前角的选择原则与车刀基本相同，只是由于铣削时有冲击，故前角数值一般比车刀略小，尤其是硬质合金面铣刀，前角数值减小得更多些。铣削强度和硬度都高的材料可选用负前角。

② 立铣刀主要参数的选择

a. 前角、后角。立铣刀前后角都为正值，分别根据工件材料和铣刀直径选取，加工钢等韧性材料前角比较大，铸铁等脆性材料前角比较小，一般为 10° ~ 25°，后角与铣刀直径有关，直径小时后角大，直径大时后角小，后角一般为 15° ~ 25°。

b. 刀槽的数目。刀具刀槽数目的增多会使切屑不易排出，但能在进给程度不变的情况下提高加工表面的质量。二槽和四槽刀具较为常见。不同的材料所适用的刀具的槽数是不同的，应针对加工的材料选择适当的槽数。

二槽：具有最大的排屑空间。多用于普通的铣削操作和较软材料的铣削操作。

三槽：适用于普通的铣削操作，排屑性能和加工质量介于中间。

四槽：适用于较硬的铁金属操作，加工质量较高。

六槽和八槽：大数目刀槽的刀具排屑能力减小，而成品的表面质量有了提高。这样的刀具特别适合做最终成品的加工。

（3）铣削中刀具相对于工件的位置

铣削中刀具相对于工件的位置可用面铣刀进入材料时的铣刀切入角来讨论。

面铣刀的切入角由刀心位置相对于工件边缘的位置决定。如图 1 - 3 - 5(a)所示刀心位置在工件内（但不跟工件中心重合），切入角为负；如图 1 - 3 - 5(b)所示刀具中心在工件外，切入角为正。刀心位置与工件边缘重合时，切入角为零。

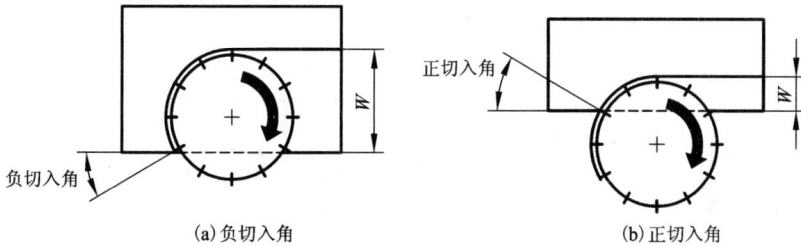

(a)负切入角   (b)正切入角

图 1 - 3 - 5 切削切入角（W 为切削宽度）

① 如果工件只需一次切削，应该避免刀心轨迹与工件中心线重合。刀具中心处于工件中间位置时将容易引起颤振，从而加工质量较差，因此，刀具轨迹应偏离工件中心线。

② 当刀心轨迹与工件边缘线重合时，切削镶刀片进入工件材料时的冲击力最大，是最不利于刀具加工的情况。因此应该避免刀具中心线与工件边缘线重合。

③ 如果切入角为正，刚刚切入工件时，刀片相对于工件材料的冲击速度大，引起碰撞力也较大。所以正切入角容易使刀具破损或产生缺口，基于此，拟定刀心轨迹时，应避免正切入角。

④ 使用负切入角时，已切入工件材料镶刀片承受最大切削力，而刚切入（撞入）工件的刀片受力较小，引起碰撞力也较小，从而可延长镶刀片寿命，且引起的振动也小一些。因此使用负切入角是首选的方法。通常尽量应该让面铣刀中心在工件区域内，这样就可确保切入角为负，且工件只需一次切削时避免刀具中心线与工件中心线重合。

比较图 1 - 3 - 6 所示两个刀路，虽然都使用负切入角，但图 1 - 3 - 6(a)面铣刀整个宽度全部参与铣削，刀具容易磨损；图 1 - 3 - 6(b)所示的刀削路线是正确的。

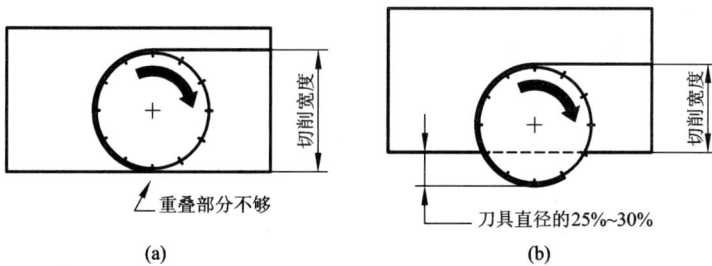

(a)   (b)

图 1 - 3 - 6 负切入角的两种刀路的比较

（4）多次平面铣削的刀具路线

铣削大面积工件平面时，铣刀不能一次切除所有材料，因此在同一深度需要多次走刀。

分多次铣削的刀路有多种，每一种方法在特定环境下具有各自的优点。最为常见的方法为同一深度上的单向多次切削和双向多次切削(如图1-3-7所示)。

单向多次切削时，切削起点在工件的同一侧，另一侧为终点的位置，每完成一次切削后，刀具从工件上方回到切削起点的一侧，如图1-3-7(a)、(b)所示，这是平面铣削中常见的方法，频繁的快速返回运动导致效率很低，但平面加工质量较好。

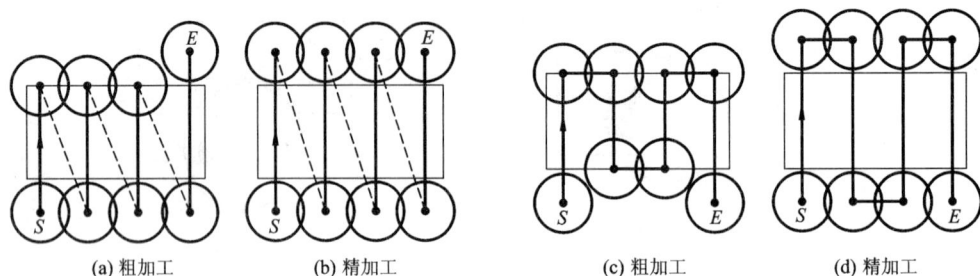

(a) 粗加工   (b) 精加工   (c) 粗加工   (d) 精加工

图1-3-7   平面铣削的多次刀路

双向多次切削也称为Z形切削，如图1-3-7(c)、(d)所示，它的应用也很频繁。它的效率比单向多次切削要高，但铣削中顺铣、逆铣交替，从而在精铣平面时影响加工质量，因此平面质量要求高的平面精铣通常并不使用这种刀路。

不管使用哪种切削方法，起点(S)和终点(E)与工件都有安全间隙，确保刀具安全和加工质量。

3.3   平面铣削常用编程指令

1. 常用辅助功能M指令

辅助功能由地址字M和其后的一位或两位数字组成，主要用于指定机床加工时的各种辅助动作及状态，如主轴的启停、正反转，冷却液的通断等。FANUC数控系统的数控铣床上常用的M指令见表1-1。

表1-1   辅助功能(M指令)

代码	功能开始时间		功能	附注
	与同程序段运动指令同时执行	在同程序段运动指令之后执行		
M00		√	程序停止	非模态
M01		√	程序选择停止	非模态
M02		√	程序结束	非模态
M03	√		主轴顺时针旋转	模态
M04	√		主轴逆时针旋转	模态
M05		√	主轴停止	模态

代码	功能开始时间		功　能	附　注
	与同程序段运动指令同时执行	在同程序段运动指令之后执行		
M07	√		冷却液打开	模态
M08	√		冷却液打开	模态
M09		√	冷却液关闭	模态
M30		√	程序结束并返回	非模态
M98	√		子程序调用	非模态
M99		√	子程序调用返回	非模态

（1）程序控制类 M 指令

M00—程序停止。当 CNC 执行到 M00 指令时将暂停执行当前程序，以方便操作者进行刀具和工件的尺寸测量、工件调头、手动变速等操作。暂停时，机床的主轴进给及冷却液停止，而全部现存的模态信息保持不变，要继续执行后续程序只需按操作面板上的循环启动键即可。

M01—选择停止。与 M00 类似，在含有 M01 的程序段执行后，自动运行停止。但需将机床操作面板上的任选停机的开关置为有效。

M02—程序结束。该指令用在主程序的最后一个程序段中。当该指令执行后，机床的主轴进给、冷却液全部停止，加工结束。使用 M02 的程序结束后，不能自动返回到程序头。若要重新执行该程序就得重新调用该程序。

M30—程序结束。M30 与 M02 功能相似，只是 M30 指令还兼有控制返回到零件程序头的作用。使用 M30 的程序结束后，若要重新执行该程序只需再次按操作面板上的循环启动键即可。

M98—调用子程序。

M99—子程序结束，返回主程序。

（2）辅助动作类 M 指令

M03—主轴正转。使用该指令使主轴以程序中编制的主轴转速顺时针方向（从 Z 轴正向向 Z 轴负向看）旋转。

M04—主轴反转。使用该指令使主轴以程序中编制的主轴转速逆时针方向（从 Z 轴正向向 Z 轴负向看）旋转。

M05—主轴停止。

M07 或 M08—冷却开。当铣床拥有两种冷却液喷口时，可以使用不同的冷却开启指令控制当前使用冷却的类型。

M09—冷却关。

M 指令有非模态和模态指令两种。非模态 M 指令（当段有效代码）只在书写了该代码的程序段中有效；模态 M 指令（续效代码）是一组可相互注销的 M 指令，这些功能在被同一组的另一个指令注销前一直有效。

另外 M 指令还可分为前作用 M 指令和后作用 M 指令两类。前作用 M 指令与同一程序段编制的轴运动同时执行。后作用 M 指令在同一程序段编制的轴运动到位之后执行。

2. F、S 指令

（1）F 指令

F 指令表示工件被加工时刀具相对于工件的合成进给速度。该指令为模态指令。

F 的单位取决于 G94 或 G95 指令。

G94 F：每分钟进给量，尺寸为米制（G21）或英制（G20）时，单位分别为 mm/min、in/min。如 G94 F100 表示进给速度为 100 mm/min。

G95 F：每转进给量，尺寸为米制（G21）或英制（G20）时，单位分别为 mm/r、in/r。如 G95 F0.5 表示进给速度为 0.5 mm/r。

（2）S 指令

S 指令控制主轴转速，其后的数值表示主轴速度，单位为转/每分钟（r/min）。如 S400 M03 表示主轴正转，转速为 400r/min。S 是模态指令。

（3）注意事项

① 数控铣床中常默认 G94 有效。

② G95 指令中只有主轴旋转时才有意义。

③ G94、G95 更换时要求写入一个新的地址 F。

④ G94、G95 均为模态有效指令。

⑤ S 功能只有在主轴速度可调节时（主轴为变频或伺服控制）有效。

3. 常用准备功能 G 代码

准备功能 G 指令是由 G 后加 1 或 2 位数值组成。用于建立机床或控制系统工作方式的一种指令。

G 功能有非模态和模态之分。非模态 G 功能只在所规定的程序段中有效，程序段结束时被注销。模态 G 功能是一组可相互注销的 G 功能，这些功能一旦被执行则一直有效直到被同一组的 G 功能注销为止。

（1）设置工件坐标系指令

工件坐标系是编程人员根据零件样图及加工工艺等在工件上建立的坐标系，是编程时的坐标依据，又称编程坐标系。数控程序中的所有坐标值都是假设刀具的运动轨迹点在工件坐标系中的位置。当工件装夹到机床上后，需要将工件坐标系原点的位置告知数控系统，即通过指令设置工件坐标系。常用两种方法设置工件坐标系。

① 预定义工件坐标系（G54 ~ G59）

使用该指令设定工件坐标系的过程如下。

步骤 1：测量偏移量。当工件装夹到机床上后，测出工件原点在机床坐标系中的坐标。

步骤 2：记录偏移量。通过系统操作面板将偏移量输入到规定的机床参数（G54 ~ G59）中。

步骤 3：程序中调用，程序可以通过选择相应的指令 G54 ~ G59 激活此预定义的工件坐标系。

使用 G54 ~ G59 可设定 6 个不同的工件坐标系，如图 1 - 3 - 8 所示。

② 用 G92 设置工件坐标系

格式: G92 X__Y__Z__;

说明:

坐标值 X__Y__Z__ 为刀具中心点在工件坐标系中的坐标。以图 1-3-9 为例,在加工之前,用手动方式使刀具中心(刀位点)位于刀具起点 A,若已知刀具起点相对工件坐标的坐标值为 (α, β, γ),则执行程序段: G92 $X\alpha Y\beta Z\gamma$ 后即建立了以工件零点 O_P 为坐标原点的工件坐标系。执行 G92 指令时,只建立工件坐标系,机床不动作,即 X、Y、Z 轴均不移动。

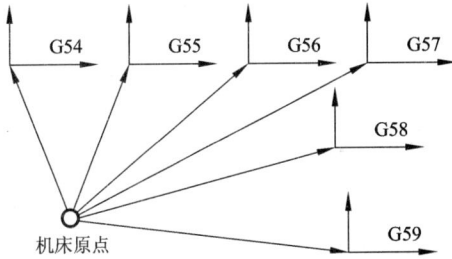

图 1-3-8 预定义多个工件坐标系

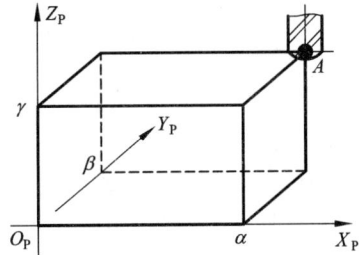

图 1-3-9 G92 建立工件坐标系

G92 指令与 G54~G59 指令在使用中区别如下: G92 指令是通过程序来设定工件坐标系的,其设定的坐标原点与当前刀具所在的位置有关; G54~G59 指令是通过 CRT/MDI 在参数设置方式下设定工件坐标系的,一经设定,工件坐标系原点在机床坐标系中的位置是不变的,它与刀具当前位置无关,在机床关机后并不破坏,再次开机回参考点后仍有效。

(2)绝对编程指令 G90 与增量编程指令 G91

绝对编程:指机床运动部件的坐标尺寸值相对于坐标原点给出。

增量编程:指机床运动部件的坐标尺寸值相对于前一位置给出。

格式: G90/G91 G__X__Y__Z__;

说明:

G90 与 G91 均为模态指令,可相互注消。其中 G90 为机床开机的默认指令。

如图 1-3-10 所示,要求刀具快速由原点按顺序移动到 1、2、3 点,分别使用 G90、G91 编程如下。

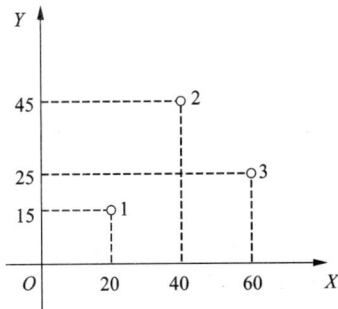

G90编程
N2 G00 X20. Y15.;
N4 X40. Y45.;
N6 X60. Y25.;

G91编程
N2 G00 X20. Y15.;
N4 X20. Y30.;
N6 X20. Y-20.;

图 1-3-10 绝对坐标和相对坐标

（3）尺寸单位设定指令

功能：G21 为米制尺寸单位设定指令，G20 为英制尺寸单位设定指令。

说明：

① G20，G21 必须在设定坐标系之前，并在程序的开头以单独程序段指定。

② 在程序段执行期间，均不能切换米、英制尺寸输入指令。

③ G20、G21 均为模态有效指令。

④ 在米制/英制转换之后，将改变下列值的单位制：

a. 由 F 代码指定的进给速度

b. 位置指令

c. 工件零点偏移值

d. 刀具补偿值

e. 手摇脉冲发生器的刻度单位

f. 在增量进给中的移动距离

（4）快速定位指令 G00

格式：G00 X＿Y＿Z＿；

式中 X＿Y＿Z＿为终点坐标。

说明：

① 快速定位的速度由系统参数设定，不受 F 指令指定的进给速度影响。

② 定位时各坐标轴以系统参数设定的速度移动，这样通常导致各坐标轴不能同时到达目标点，即 G00 指令的运动轨迹一般不是一条直线。编程人员应了解所使用数控系统的刀具移动轨迹情况，避免加工中可能出现的碰撞。

如图 1 - 3 - 11 所示，刀具的起始点位于工件坐标系的 A 点，当程序为：

G90 G00 X45.0 Y25.0；或 G91 G00 X35.0 Y20.0；

则刀具的进给路线为一折线，即刀具从 A 点先沿斜线移动到 B 点，然后再沿 X 轴移动到 C 点。

③ 空间快速定位时要避免斜插。在 X、Y、Z 轴同时定位时，为了避免刀具运动时与夹具或工件碰撞，尽量避免 Z 轴与其他轴同时运动（即斜插）。建议抬刀时，先运动 Z 轴，再运动 X、Y 轴；下刀时，则相反。

④ G00 为模态指令。

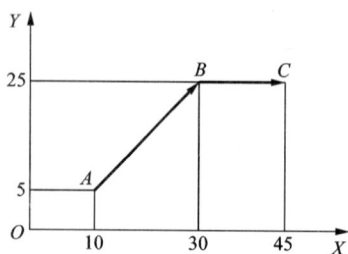

图 1 - 3 - 11　快速定位 G00 轨迹

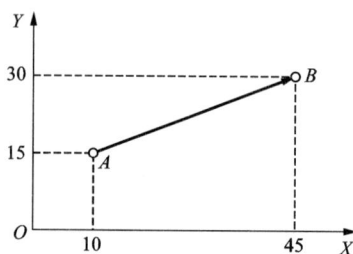

图 1 - 3 - 12　直线插补 G01 轨迹

（5）直线插补指令 G01

格式：G01 X＿＿Y＿＿Z＿＿F＿＿；

式中 X＿＿Y＿＿Z＿＿为终点坐标，F 指令指定进给速度。

说明：

① 该指令严格控制起点与终点之间的轨迹为一直线，各坐标轴运动为联动，轨迹的控制通过数控系统的插补运算完成，因此称为直线插补指令。

② 该指令用于直线切削，进给速度由 F 指令指明，若本指令段内无 F 指令，则续效之前的 F 值。

③ G01 为模态指令，如果后续的程序段不改变加工的线型，可以不再书写这个指令。

如图 1－3－12 中从 A 点到 B 点的直线插补运动，其程序段为：

G90 G01 X45.0 Y30.0 F100；或 G91 G01 X35.0 Y15.0 F100；

3.4　任务决策和实施

1. 工艺分析

图 1－3－1 所示零件 6 个表面均已加工，本工序加工内容为零件上表面，确保厚度尺寸达到 40 mm，并使粗糙度达到要求。平面铣削时最好选用比零件宽的面铣刀进行单次铣削，确保效率和质量。

本例为说明多次铣削的刀路安排，采用 $\phi 80$ mm 面铣刀。粗加工时为提高效率，采用双向多次铣削，即 Z 字形铣削；精加工为确保平面加工质量，采用单向多次铣削。粗加工时留 0.4 mm 余量。

所选的 $\phi 80$ mm 面铣刀有 6 个刀片（$Z = 6$），粗加工切削速度选 $V = 90$ m/min，则 $n = 318 \times 90/80 = 360$（r/min），选 $f_z = 0.2$，则 $F = f_z \times Z \times n = 0.2 \times 6 \times 360 = 432$ mm/min，这里取 $F = 400$ mm/min。精加工选 $V = 125$ m/min，则 $n = 318 \times 125/80 = 500$ r/min，选 $f_z = 0.1$，$F = f_z \times Z \times n = 0.1 \times 6 \times 500 = 300$ mm/min。

本工序采用平口钳装夹，保证工件上表面高于钳口 8 mm 即可。

2. 程序编制

在零件中心建立工件坐标系，Z 轴原点设在零件下表面。第一次走刀时，刀具沿 X 轴从右向左切削。工件长度为 250 mm，刀具半径为 40 mm，选择安全间隙为 10 mm，则刀路起点 S 的 X 坐标为 $X = 250/2 + 40 + 10 = 175$（mm）。起点 S 的 Y 坐标应考虑刀具超出工件两侧的尺寸，这里 $Y = -90$ mm，刀具直径的 1/4 至 1/3 超出工件两侧，可以得到适合的切入角。刀间距取 60 mm。粗加工刀路终点 E 坐标为（175，90），精加工刀路终点 E 坐标为（-175，90）。刀路安排如图 1－3－13 所示，（a）为粗加工刀路，（b）为精加工刀路。

加工程序：

O0010；	程序名
N10 G21 G54 G90 G94；	公制，选择 G54 工件坐标系，F 单位为 mm/min
N20 G00 Z200.0；	刀具定位到安全平面
N30 M03 S360；	启动主轴
N40 X175.0 Y－90.0；	移动到起点

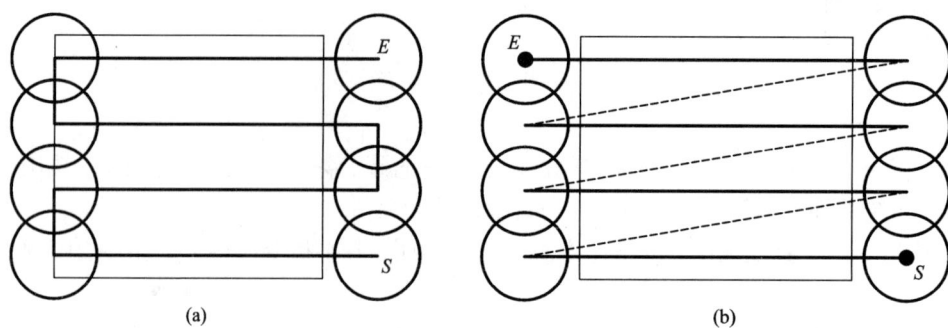

图 1 - 3 - 13　粗精加工刀路

N50 Z50.0;	
N60 G01 Z40.4 F100;	开始粗加工，留 0.4 mm 余量
N70 X - 125.0 F400;	- X 向铣削，第一行切削
N80 Y - 30.0;	+ Y 向进刀
N90 X125.0;	+ X 向铣削，第二行切削
N100 Y30.0;	+ Y 向进刀
N110 X - 125.0;	- X 向铣削，第三行切削
N120 Y90.0;	+ Y 向进刀
N130 X175.0;	+ X 向铣削，第四行切削
N140 G00 Z50.0;	抬刀
N145 S500;	主轴转速升为 500r/min
N150 X175.0 Y - 90.0;	移动到起点
N160 G01 Z40.0 F100;	开始精加工，去除余量
N170 X - 175.0 F300;	- X 向铣削，第一行切削
N180 G00 Z50.0;	抬刀
N190 X175.0 Y - 30.0;	定位到第二行的切削起点
N195 Z40.0;	下刀
N200 G01 X - 175.0;	- X 向铣削，第二行切削
N210 G00 Z50.0;	抬刀
N220 X175.0 Y30.0;	定位到第三行的切削起点
N230 Z40.0;	下刀
N240 G01 X - 175.0;	- X 向铣削，第三行切削
N250 G00 Z50.0;	抬刀
N260 X175.0 Y90.0;	定位到第四行的切削起点
N265 Z40.0;	下刀
N270 G01 X - 175.0;	- X 向铣削，第四行切削
N280 G00 Z200.0;	抬刀
N290 M05;	主轴停止
N300 M30;	程序结束

3.5 巩固练习

加工如图 1 - 3 - 14 所示模板零件的上下表面, 材料为 45 钢。毛坯尺寸为 400 mm × 300 mm × 52 mm 的长方体, 毛坯各表面粗糙度为 $Ra6.3$。

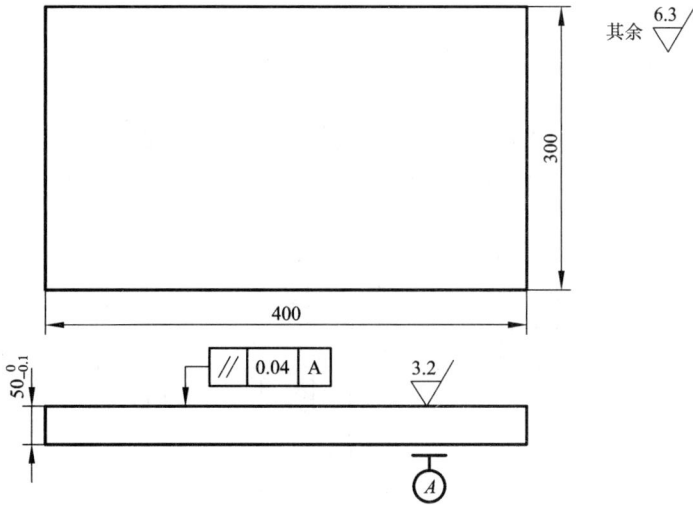

图 1 - 3 - 14 模板的面铣削

【技术要点】

(1)工件原点可建立在工件中心, Z 轴原点建立在工件下表面。

(2)粗加工时为提高效率, 采用双向多次铣削, 即 Z 字形铣削; 精加工为确保平面加工质量, 可采用单向多次铣削。

(3)首件加工初期, 程序应在单段模式下运行, 进给速度和快速倍率应设置较低档。

项目四　轮廓铣削

4.1　任务：凸模板的轮廓铣削

完成如图 1 - 4 - 1 所示凸模板零件的轮廓加工，粗糙度要求达到 $Ra3.2$。材料为 45 钢，毛坯 6 个面已进行过预加工，粗糙度为 $Ra3.2$。

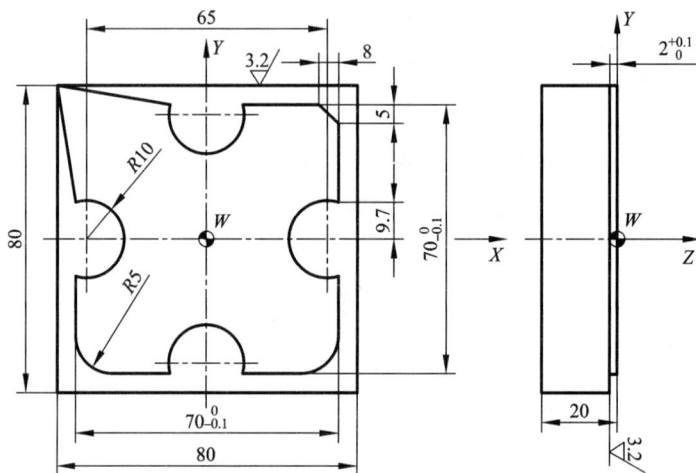

图 1 - 4 - 1　凸模板零件图

知识点与技能点：

- 顺铣与逆铣特点与应用；
- 刀具的选择；
- 外轮廓加工进给路线的安排；
- 加工外轮廓所用指令；
- 刀具半径补偿功能应用；
- 外轮廓加工仿真加工操作与程序调试。

4.2　轮廓铣削加工工艺知识

1. 顺铣与逆铣

根据刀具的旋转方向和工件的进给方向间的相互关系，铣削分为顺铣和逆铣。铣刀切削速度方向与工件的进给方向相同时为顺铣，相反时为逆铣。

当工件表面无硬皮，机床进给机构无间隙时，应按顺铣安排进给路线。因为采用顺铣时，刀齿的切削厚度从最大开始，避免了挤压、滑行现象，并且垂直进给力 F 朝下压向工作台，有利于工件的夹紧，可提高铣刀耐用度和加工表面质量。若采用逆铣，切削厚度由零逐渐增大，切入瞬时刀刃钝圆半径大于瞬时切削厚度，刀齿在工件表面上要挤压和滑行一段后才能切入工件，使已加工表面产生冷硬层，加剧刀齿的磨损，同时使工件表面粗糙不平。此外，逆铣时刀齿作用于工件的垂直进给力 F 朝上，有抬起工件的趋势，这就要求工件装夹牢固。但是逆铣时刀齿是从切削层内部开始工作的，当工件表面有硬皮时，对刀齿没有直接影响。

立铣刀装在主轴上相当于悬臂梁结构，在切削加工时刀具会产生弹性弯曲变形。当用铣刀顺铣时，刀具在切削时会产生让刀现象，即切削时出现"欠切"；而用铣刀逆铣时，刀具在切削时会产生啃刀现象，即切削时出现"过切"现象。这种现象在刀具直径越小、刀杆伸出越长时越明显，所以在选择刀具时，从提高生产率、减小刀具弹性弯曲变形的影响这些方面考虑，应选大的直径，但不能大于零件凹圆弧的半径；在装刀时刀杆尽量伸出短些。

2. 进刀与退刀的走刀路线

铣削平面外轮廓零件时，一般采用立铣刀侧刃切削。刀具切入零件时，应避免沿零件外轮廓的法向切入，以免在切入处产生刀具的刻痕，而应沿切削起始点延伸线或切线方向逐渐切入工件，保证零件曲线的平滑过渡。同样在切离工件时，也应避免在切削终点处直接抬刀，要沿着切削终点延伸线或切线方向逐渐切离工件。如图 1 - 4 - 2(a) 所示，当铣削圆凸台时，可使用与圆相切的切入、切出直线，从 A 点铣到 B，铣整圆后又回到 B，沿 BC 退出。

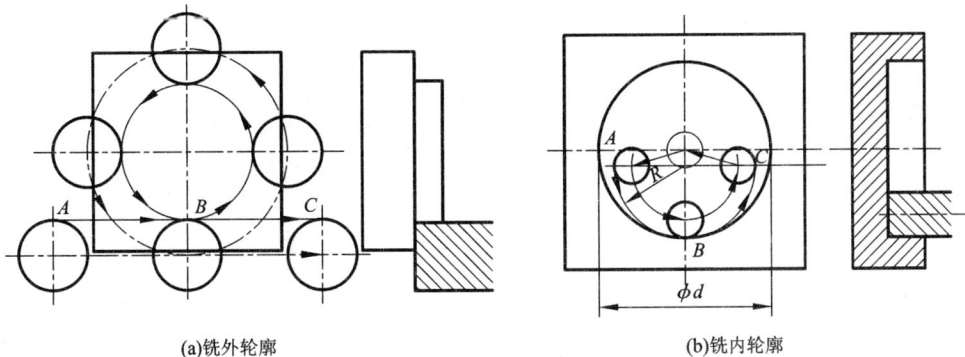

(a)铣外轮廓　　　　　　　　　　　　　(b)铣内轮廓

图 1 - 4 - 2　刀具切入切出轮廓的进给路线

铣削封闭的内轮廓表面时，同铣削外轮廓一样，刀具同样不能沿轮廓曲线的法向切入和切出，此时刀具可以沿一过渡圆弧切入和切出工件轮廓。如图 1 - 4 - 2(b) 所示，刀具从工件中心起刀到切入圆弧的起点 A，沿切入圆弧铣削到 B 点，从 B 点铣削完轮廓后再回到 B 点，从 B 点沿切出圆弧到 C，再回到工件中心。切入和切出圆弧的半径需小于并使之接近工件上切点的凹圆弧半径。

3. 刀具的选择

轮廓铣削最常用的刀具为立铣刀，下面主要对立铣刀的尺寸和刀齿数量的选择进行说明。

（1）立铣刀的尺寸

轮廓铣削加工中，需要考虑的立铣刀尺寸因素包括：立铣刀直径、立铣刀长度、螺旋槽长度。

尽量选用直径大的立铣刀，因为直径大的刀具抗弯强度大，加工中不容易引起受力弯曲和振动，但注意立铣刀的刀具半径一定要小于零件内轮廓的最小曲率半径，一般取最小曲率半径的 0.8 ~ 0.9 倍。另外，刀具的伸出长度应尽可能短，立铣刀的长度越长，抗弯强度减小，受力弯曲程度大，会影响加工的质量，并容易产生振动，加速切削刃的磨损。

不管刀具总长如何，螺旋槽长度决定切削的最大深度。实际应用中一般让 Z 方向的吃刀深度不超过刀具的半径；直径较小的立铣刀，一般可选择刀具直径的 1/3 作为切削深度。

（2）刀齿数量

小直径或中等直径的立铣刀，通常有 2 个、3 个和 4 个刀齿（或更多的刀齿）。被加工工件材料类型和加工的性质往往是选择刀齿数量的决定因素。

在加工塑性大的工件材料，如铝、镁等，为避免产生积屑瘤，常用刀齿少的立铣刀，如两齿（两个螺旋槽）的立铣刀。立铣刀刀齿少，可避免在切削量较大时产生积屑瘤，这是因为螺旋槽之间的容屑空间较大。

对较硬的材料刚好相反，因为它需要考虑另外两个因素——刀具颤振和刀具偏移。在加工脆性材料时，选择多刀齿立铣刀会减小刀具的颤振和偏移，因为刀齿越多切削越平稳。

对小直径或中等直径的立铣刀，三刀齿立铣刀兼有两刀齿刀具与四刀齿刀具的优点，加工性能好。键槽铣刀通常只有两个螺旋槽，它与钻头相似，可垂直下刀切入实心材料。

4.3 轮廓铣削常用编程指令

1. 坐标平面选择指令

由 G17 ~ G19 代码选择圆弧插补平面、刀具半径补偿平面，如图 1 - 4 - 3 所示。平面选择指令如下。

G17—代表 XY 平面；

G18—代表 ZX 平面；

G19—代表 YZ 平面。

注意：G17、G18、G19 所指定的平面，均是从 Z、Y、X 各轴的正方向向负方向观察进行确定。G17 通常为默认值。

2. 圆弧插补指令 G02/G03

（1）终点半径方式

格式：

$$\left\{\begin{matrix} G17 \\ G18 \\ G19 \end{matrix}\right\} \left\{\begin{matrix} G02 \\ \\ G03 \end{matrix}\right\} \left\{\begin{matrix} X\_\_Y\_\_ \\ X\_\_Z\_\_ \\ Y\_\_Z\_\_ \end{matrix}\right\} \quad R\_\_ \quad F\_\_$$

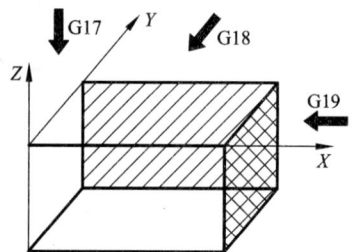

图 1 - 4 - 3   G17、G18、G19 平面

说明：

① G02 为顺时针圆弧插补指令，G03 为逆时针圆弧插补指令。圆弧顺、逆方向的判别方法为：向垂直于运动平面的坐标轴的负方向看，圆弧的起点到终点的走向为顺时针用 G02，反之用 G03，如图 1 - 4 - 4 所示。

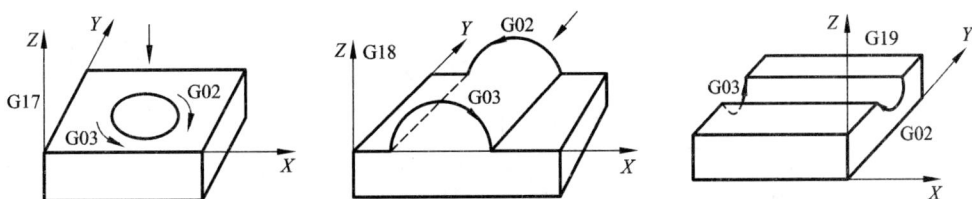

图 1 - 4 - 4　圆弧的方向判别

② X、Y、Z 为圆弧终点坐标。

③ R 为圆弧的半径，有正负之分。通过图 1 - 4 - 5 可以看出，即相同的圆弧起点、终点、加工方向和半径值有两种圆弧，即"圆心角 $\alpha > 180°$"的圆弧和"圆心角 $\alpha \leqslant 180°$"的圆弧。为了保证加工的唯一性，规定以下两点：半径值为正时，加工"圆心角 $\alpha \leqslant 180°$"的圆弧；半径值为负时，加工"圆心角 $\alpha > 180°$"的圆弧。当半径值为正时可以省略" + "号。

④ 当圆心角 = 360°时，不能用 R 编程一次性走出，应采用终点圆心方式编程。

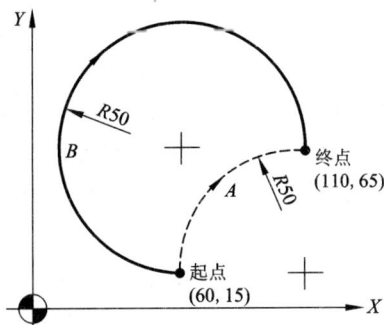

图 1 - 4 - 5　两种圆弧

（2）终点圆心方式

格式：

$$\begin{Bmatrix} G17 \\ G18 \\ G19 \end{Bmatrix} \begin{Bmatrix} G02 \\ \\ G03 \end{Bmatrix} \begin{Bmatrix} X\_\_Y\_\_ \\ X\_\_Z\_\_ \\ Y\_\_Z\_\_ \end{Bmatrix} \begin{Bmatrix} I\_\_J\_\_ \\ I\_\_K\_\_ \\ J\_\_K\_\_ \end{Bmatrix} \quad F\_\_$$

说明：

① X、Y、Z 为圆弧终点坐标。

② I、J、K 为圆弧的圆心坐标，即圆心相对于圆弧起点在 X、Y、Z 轴方向上的增量值，I = X 圆心 - X 起点，J = Y 圆心 - Y 起点，K = Z 圆心 - Z 起点。

③ 若 I、J、K 为零，则可省略。

例1－4－1　写出图1－4－6中圆弧插补程序段。

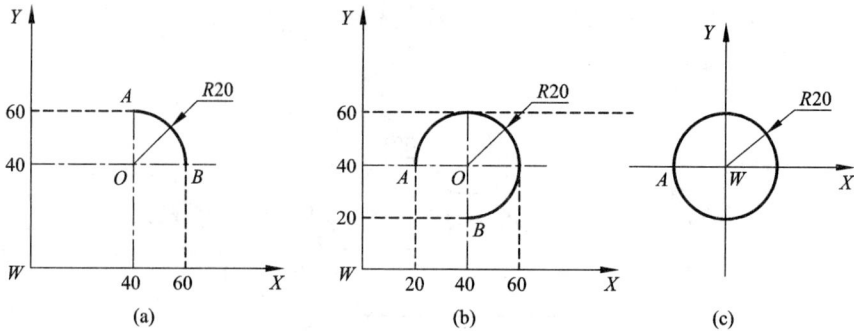

图1－4－6　圆弧插补举例

图(a)中A→B：G17 G90 G02 X60.Y40. R20.F80；

　　　　　或 G17 G90 G02 X60.Y40.I0 J－20.F80；（I0 可省略）

　　　　　或 G17 G91 G02 X20.Y－20. R20.F80；

　　　　　或 G17 G91 G02 X20.Y－20.I0 J－20.F80；（I0 可省略）

　　B→A：G17 G90 G03 X40.Y60. R20.F80；

　　　　　或 G17 G90 G03 X40.Y60.I－20. J0 F80；（J0 可省略）

　　　　　或 G17 G91 G03 X－20.Y20. R20.F80；

　　　　　或 G17 G91 G03 X－20.Y20.I－20 J0 F80；（J0 可省略）

图(b)中A→B：G17 G90 G02 X40.Y20. R－20.F80；

　　　　　或 G17 G90 G02 X40.Y20.I20. J0 F80；（J0 可省略）

　　　　　或 G17 G91 G02 X20.Y－20. R－20.F80；

　　　　　或 G17 G91 G02 X20.Y－20.I20. J0 F80；（J0 可省略）

　　B→A：G17 G90 G03 X20.Y40. R－20.F80；

　　　　　或 G17 G90 G03 X20.Y40.I0 J20. F80；（I0 可省略）

　　　　　或 G17 G91 G03 X－20.Y20. R－20.F80；

　　　　　或 G17 G91 G03 X－20.Y20.I0 J20. F80；（I0 可省略）

图(c)中以 A 为起点顺时针回到 A 点加工整圆：G17 G90 G02(X－20.Y0)I20.J0 F80 或 G17 G91 G02 (X0 Y0)I20.J0 F80。

以 A 为起点逆时针回到 A 点加工整圆：G17 G90 G03(X－20.Y0)I20.J0 F80 或 G17 G91 G03(X0 Y0)I20.J0 F80。

3. 刀具半径补偿指令

进行二维轮廓铣削时，由于刀具存在一定的直径，使刀具中心轨迹与零件轮廓不重合，如图1－4－7所示。这样，从加工角度若要获得正确的轮廓，就必须依据刀具半径和零件轮廓计算刀具中心轨迹，再依据刀具中心轨迹完成编程，但如果人工完成这些计算将给手工编程带来很多的不便，当计算量较大时，也容易产生计算错误。为了解决这个加工与编程之间的矛盾，数控系统提供了刀具半径补偿功能。

数控系统的刀具半径补偿功能就是将计算刀具中心轨迹的过程交由数控系统完成，编程员假设刀具半径为零，直接根据零件的轮廓形状进行编程，而实际的刀具半径则存放在一个刀具半径偏置寄存器中。在加工过程中，数控系统根据零件程序和刀具半径自动计算刀具中心轨迹，完成对零件的加工。

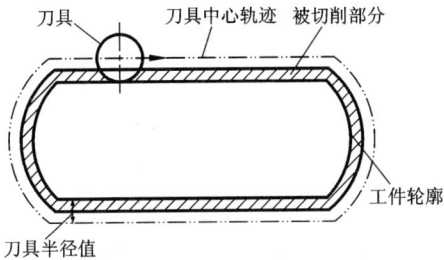

图 1 - 4 - 7　刀具半径补偿

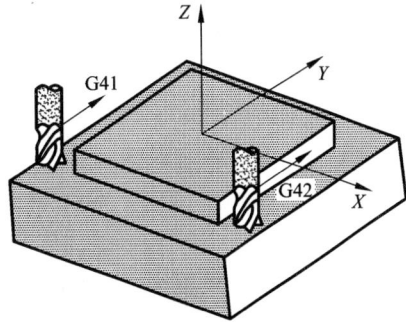

图 1 - 4 - 8　G41 与 G42 的判别

（1）刀具半径补偿指令格式：

$$\begin{cases} G17 \\ G18 \\ G19 \end{cases} \quad \begin{array}{l} G41/G42\ G00/G01\ X\_\_Y\_\_D\_\_; \\ \\ G40\ G00/G01\ X\_\_Y\_\_; \end{array}$$

G41 为刀具半径左补偿指令，G42 为刀具半径右补偿指令，G40 为取消刀具半径补偿指令。G41、G42、G40 均为模态指令。

G41 与 G42 的判断方法如图 1 - 4 - 8 所示，处在补偿平面外另一根轴的正向，沿刀具前进的方向看，刀具在所加工零件轮廓的左边为左补，用 G41；刀具在所加工零件的右边为右补，用 G42。

D 值用于指定刀具偏置存储器号。在地址 D 所对应的偏置存储器中存入相应的偏置值，其值通常为刀具半径值。刀具号与刀具偏置存储器号可以相同，也可以不同，一般情况下，为防止出错，最好采用相同的刀具号与刀具偏置存储器号。

（2）刀具半径补偿过程

刀具半径补偿的过程分三步，即刀补的建立、刀补的进行和刀补的取消。如图 1 - 4 - 9 及如下程序所示。

O1100；

N30 G17 G54 G90 G94；

N40 M03 S1000；

N50 G00 X0 Y0；

N60 G41 X20.0 Y10.0 D01；

N70 G01 Y50.0 F100；

N80 X50.0；

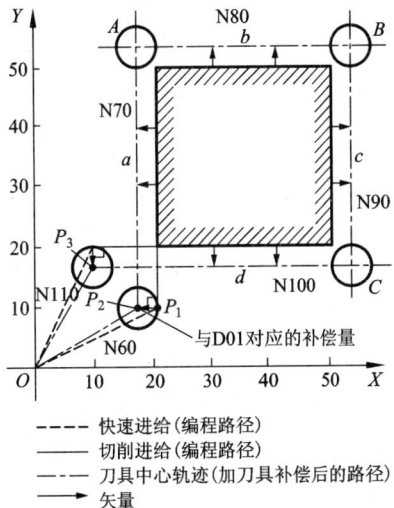

---- 快速进给（编程路径）
—— 切削进给（编程路径）
-·-· 刀具中心轨迹（加刀具补偿后的路径）
→ 矢量

图 1 - 4 - 9　刀具半径补偿过程

N90 Y20.0;

N100 X10.0;

N110 G40 G00 X0 Y0;

N130 M05;

N140 M30;

① 刀具补偿的建立。数控系统启动时，总是处在补偿撤销状态，上述程序中 N60 程序段指定了 G41 后，刀具就进入偏置状态，刀具从无补偿状态 O 点，运动到补偿开始点 P2 点。

当系统运行到 N60 指定了 G41 和 D01 指令的程序段后，运算装置即同时先行读入 N70、N80 两段，在 N60 段的程序终点 P1 做出一个矢量，该矢量的方向与下一段 N70 的前进方向垂直向左，大小等于刀具补偿值（D01 的值）。也就是说刀具中心在执行 N60 中的 G41 的同时，就与 G00 直线移动组合在一起完成了该矢量的移动，终点为 P2 点。由此可见，尽管 N60 程序段的坐标为 P1 点，而实际上刀具中心移至 P2 点，左偏一个刀具补偿值，这就是 G41 与 D01 的作用。

注意：G41 或 G42 只能用 G01、G00 来实现，不能用 G02 和 G03 及指定平面以外轴的移动来实现。

② 刀具补偿进行状态。G41，G42 都是模态指令，一旦建立便一直维持该状态，直到 G40 撤销刀具补偿。N70 开始进入刀具补偿状态，直到 N100 程序段，刀具中心运动轨迹始终偏离程序轨迹一个刀具半径的距离。

在刀具补偿进行状态中，G00、G01、G02、G03 都可以使用。它也是每段都先行读入两段，自动按照启动阶段的矢量做法，做出每个沿前进方向左侧（G42 则为右侧）加上刀具补偿的矢量路径，如图 1 - 4 - 9 中的点划线所示。

③ 刀具补偿撤销。当刀具偏移轨迹完成后，就必须用 G40 撤销补偿，使刀具中心与编程轨迹重合。当 N110 中指令了 G40 时，刀具中心由 N100 的终点 P3 点开始，一边取消刀具补偿一边移向 N110 指定的终点 O 点，这时刀具中心的坐标与编程坐标一致，无刀具半径的矢量偏移。G40 的实现也只能用 G01 或 G00，而不能用 G02 或 G03 及非指定平面内的轴的移动来实现。另外，用 D00 也可取消刀具半径补偿。

（3）使用刀具补偿的注意事项

在数控铣床上使用刀具补偿时，必须特别注意其执行过程的原则，否则往往容易引起加工失误甚至报警，使系统停止运行或刀具半径补偿失效等。

① G41 或 G42 只能用 G01、G00 来实现，不能用 G02 和 G03 及指定平面以外轴的移动来实现。

② 在刀具半径补偿模式下，如果存在有连续两段以上非移动指令（如 G90、M03 等）或非指定平面轴的移动指令，则有可能产生过切现象。

现仍以图 1 - 4 - 10 的例子来加以说明。现设工件坐标系 Z 轴零点位于工件表面上，轨迹深度为 Z = - 3 mm，重新编写程序如下。

O1101;

N30 G17 G54 G90 G94;

N40 M03 S1000；

N50 G00 X0 Y0；

N60 G41 X20.0 Y10.0 D01；

N70 Z3.0；

N80 G01 Z - 3.0 F100；

N90 Y50.0；

N100 X50.0；

N110 Y20.0；

N120 X10.0；

N130 G40 G00 X0 Y0；

N140 G00 Z50.0

N150 M05；

N160 M30；

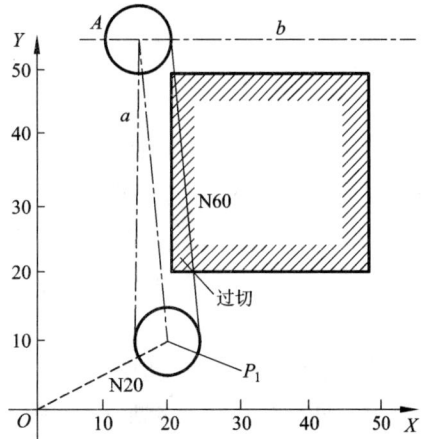

图 1 - 4 - 10　刀具半径补偿过切

以上程序在运行 N90 时，产生过切现象，如图 1 - 4 - 10 所示。其原因是当从 N60 刀具补偿建立后，进入刀具补偿进行状态后，系统只能读入 N70、N80 两段，但由于 Z 轴是非刀具补偿平面的轴，而且又读不到 N90 以后程序段，也就做不出偏移矢量，刀具确定不了前进的方向，此时刀具中心未加上刀具补偿而直接移动到了无补偿的 P_1 点。当执行完 N70、N80 后，再执行 N90 段时，刀具中心从 P_1 点移至交点 A，于是发生过切。

为避免过切，可将上面的程序改成下述形式来解决。

修改 1

O1101；

N30 G17 G54 G90 G94；

N40 M03 S1000；

N50 G00 X0 Y0；

N60 Z3.0；

N70 G41 X20.0 Y10.0 D01；

N80 G01 Z - 3.0 F100；

N90 Y50.0；

…

在上面的修改中，执行 N70 程序段时，系统读入 N80、N90 两程序段，得知刀具在 XY 平面的前进方向，从而执行正确的偏置。

修改 2

O1101；

N30 G17 G54 G90 G94；

N40 M03 S1000；

N50 G00 X0 Y0；

N60 Z3.0；

N70 G01 Z - 3.0 F100；

N80 G41 X20.0 Y10.0 D01；

N90 Y50.0；

…

在刀具偏置前，执行 N50 程序段时，刀具运动到绝对不干涉的辅助点，执行到 N70 程序段时，Z 轴进给刀切削深度，然后加刀补。

③ 刀具半径补偿建立与取消程序段的起始位置与终点位置最好与补偿方向在同一侧（图 1 - 4 - 11 中的 OA），以防止在半径补偿建立与取消过程中产生过切现象（图 1 - 4 - 11 中的 OM）。

（4）刀具半径补偿的其他应用

应用刀具半径补偿指令加工（如图 1 - 4 - 12 所示）时，刀具的中心始终与工件轮廓相距一个刀具半径距离。当刀具磨损或刀具重磨后，刀具半径变小，只需在刀具补偿值中输入改变后的刀具半径，而不必修改程序。在采用同一把半径为 R 的刀具，并用同一个程序进行粗、精加工时，设精加工余量为 Δ，则粗加工时设置的刀具半径补偿量为 $R + \Delta$，精加工时设置的刀具半径补偿量为 R，就能在粗加工后留下精加工余量 Δ，然后，在精加工时完成切削。

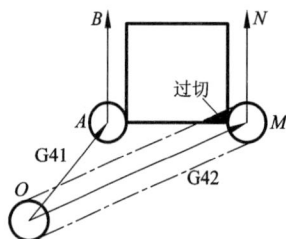

图 1 - 4 - 11　刀具半径补偿建立的起点与终点位置

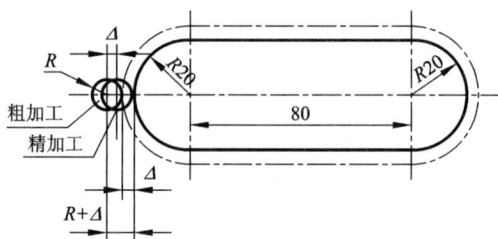

图 1 - 4 - 12　刀具半径补偿的应用实例

4.4　任务决策和执行

1. 工艺分析

台阶面表面粗糙度值要达到 $Ra3.2$，所以加工方案是先粗铣再精铣。选用 $\phi16$ mm 立铣刀进行粗、精加工，剩余材料可用手动铣削。精加工余量用刀具半径补偿控制。

铣削路线如图 1 - 4 - 13 所示：刀具由 1 点运行至 2 点（轨迹的延长线上）建立刀具半径补偿，然后按 3，4，…，17 的顺序铣削加工。由 17 点到 18 点的四分之一圆弧切向切出，最后通过直线移动取消刀具半径补偿。

2. 装夹方案

该零件 6 个面已进行过预加工，较平整，所以用平口虎钳装夹即可。将平口钳装夹在铣床工作台上，用百分表校正。工件装夹在平口钳上，底部用等高垫块垫起，上表面高出钳口 5 ~ 10 mm。

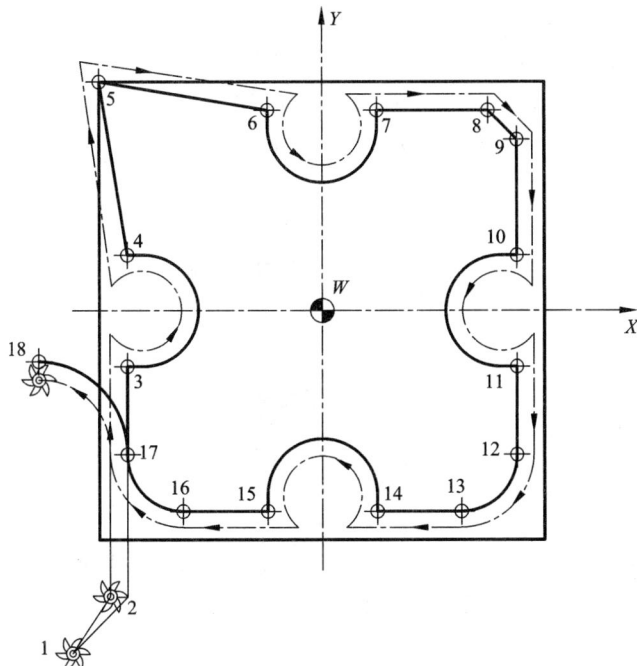

图 1 – 4 – 13　铣削路线安排

3．程序编制

工件编程原点选在工件上表面的对称中心处，即与设计基准重合。

O0040；	程序名
N10 G17 G21 G40 G54 G90；	设置初始状态
N20 G00 Z100.0；	安全高度
N30 M03 S500；	启动主轴，精加工时设为 600r/min
N40 X – 45.0 Y – 60.0	快速移动至 1 点上方
N50 Z10.0	
N60 G01 Z – 2.0 F70 M08；	下刀，冷却液开
N70 G00 G41 X – 35.0 Y – 50.0 D01；	建立刀具半径补偿，D01 粗加工时设 8.3 mm，单边留 0.3 mm 余量，精加工根据尺寸测量结果和零件尺寸公差要求调整（如设为 7.98 mm）
N80 G01 Y – 9.7 F150；	直线加工到 3 点，精加工时设为 120 mm/min
N90 G03 Y9.7 R – 10.0；	圆弧加工到 4 点
N100 G01 X – 40.0 Y40.0；	直线加工到 5 点
N110 X – 9.7 Y35.0；	直线加工到 6 点
N120 G03 X9.7 R – 10.0；	圆弧加工到 7 点
N130 G01 X30.0；	直线加工到 8 点
N140 X35.0 Y30.0；	直线加工到 9 点
N150 Y9.7；	直线加工到 10 点
N160 G03 Y – 9.7 R – 10.0；	圆弧加工到 11 点

N170 G01 Y - 25.0 ;   直线加工到 12 点

N180 G02 X25.0 Y - 35.0 R10.0 ;   圆弧加工到 13 点

N190 G01 X9.7 ;   直线加工到 14 点

N200 G03 X - 9.7 R - 10.0 ;   圆弧加工到 15 点

N210 G01 X - 25.0 ;   直线加工到 16 点

N220 G02 X - 35.0 Y - 25.0 R10.0 ;   圆弧加工到 17 点

N230 G03 X - 45.0 Y - 15.0 R10.0 ;   圆弧切出到 18 点

N240 G40 G00 X - 60.0 Y - 45.0 ;   取消刀具半径补偿

N250 G00 Z100.0 ;   抬刀

N260 M30 ;   程序结束

4.5　巩固练习

编写如图 1 - 4 - 14 所示零件的加工程序并完成仿真加工，材料 45 钢。各点坐标：1(5，15)、2(5，35)、3(17.395，49.772)、4(62.395，57.707)、5(80，42.935)、6(85，27.935)、7(85，15)、8(75，5)、9(15，5)。

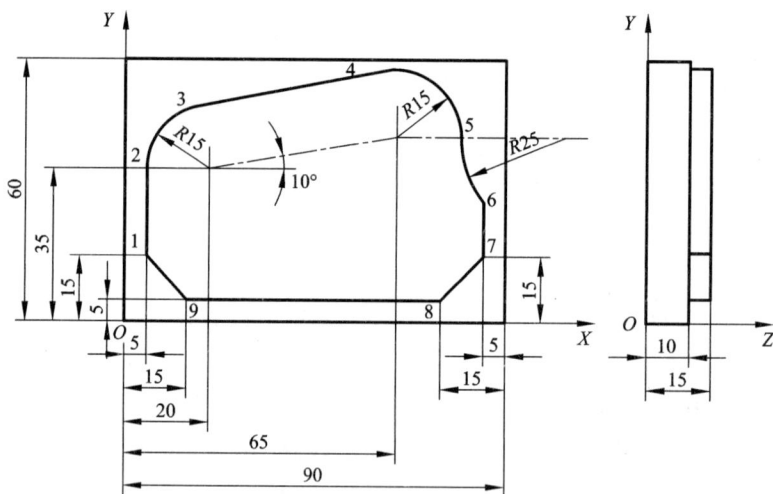

图 1 - 4 - 14　外轮廓铣削练习

【技术要点】

(1)半径补偿模式只能在 G00、G01 直线上建立与取消。

(2)为了便于计算刀具起始点的坐标，可将工件轮廓的水平或竖直延长线作为切入切出路线，并使建立刀补的路线与切入切出路线垂直，注意建立刀补路线长度应大于补偿值(刀具半径)。

(3)刀具补偿值应小于轮廓的凹圆弧半径。

(4)首件加工初期，程序应在单段模式下运行，进给速度和快速倍率应设置较低档。

项目五　型腔铣削

5.1　任务：矩形型腔零件的铣削

矩形型腔零件如图 1 – 5 – 1 所示，毛坯外形各基准面已加工完毕，已经形成精毛坯。要求完成零件上型腔的粗、精加工，零件材料为 45 钢。

知识点与技能点：

- 型腔加工下刀方法；
- 型腔加工走刀路线安排；
- 子程序编制和调用；
- 型腔仿真加工操作与程序调试。

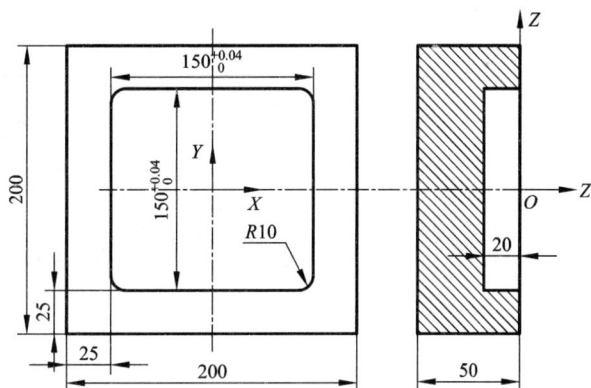

图 1 – 5 – 1　矩形槽零件图

5.2　型腔零件的铣削加工工艺

型腔加工通常是在实体上，挖出指定形状的内腔。型腔加工编程时有两个重要考虑的问题：刀具切入方法；加工刀路设计。

1. 刀具切入方法

把刀具引入到型腔进行铣削通常有三种方法：使用键槽铣刀沿 Z 轴切入工件；普通立铣刀由于刀刃不过中心，不能直接沿 Z 轴切入工件，必须先预钻孔，立铣刀通过孔垂向切入；立铣刀斜向切入工件，但注意斜向切入的位置和角度的选择应适当。

2. 加工刀路设计

型腔的加工分粗、精加工，粗加工从型腔内切除大部分材料，通常采用 Z 字形加工路线。采用 Z 字形进行粗加工时不可能都在顺铣模式下完成，也不可能保证所有地方精加工的余量完全均匀，所以在精加工之前通常要进行半精加工。下面以矩形型腔加工编程说明型腔加工的加工刀路设计。

图 1 – 5 – 2 为矩形型腔的 Z 字形加工示意图，图中的字母表示各种设置。

（1）刀路间距值与刀间距个数

型腔在型腔粗加工后的实际形状与两次切削之间的间距有关，型腔粗加工中的间距也就是刀具切入材料的宽度。刀路间距通常为刀具直径的 70% ~ 90%，相邻两刀应有一定的重叠部分，最好先对刀路间距值进行估算，选择跟期望的刀具直径百分数相近的值。

刀间距个数与型腔的切削宽度（W）有关，可以根据估算的刀路间距值和型腔的切削宽度

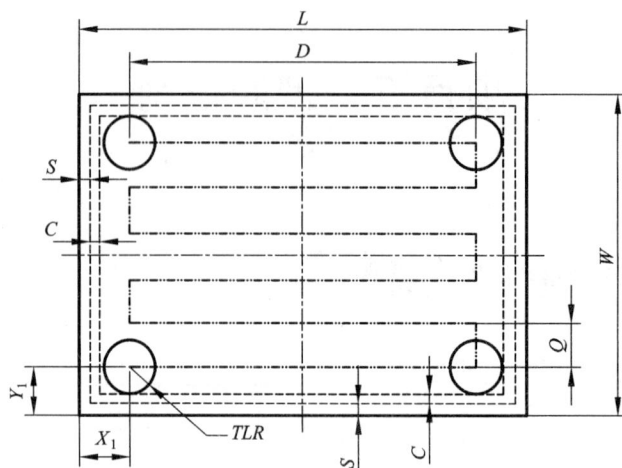

图 1 - 5 - 2　矩形型腔 Z 字形加工

X_1—刀具起点的 X 坐标；Y_1—刀具起点的 Y 坐标；L—型腔长度；

D—实际切削长度；W—型腔宽度；S—精加工余量；TLR—刀具半径；

Q—切削间距；C—半精加工余量

（W），估算刀间距个数，然后再精确计算出间距，如果间距计算值过大或过小，还可以调整刀间距个数重新计算精确的间距值。计算公式如下：

$$QN = W - 2TLR - 2S - 2C$$

式中：N——刀间距个数；

　　　Q——刀路间距，其他各字母与前面介绍的含义一样。

（2）Z 字形刀路切削长度

在进行半精加工前，必须计算每次切削的长度，即增量 D。切削长度计算公式与间距公式相似：

$$D = L - 2TLR - 2S - 2C$$

（3）半精加工切削的长度和宽度

半精加工的目的就是消除不平均的加工余量。由于半精加工与粗加工往往使用同一把刀具，因此通常从粗加工的最后刀具位置开始进行半精加工，如图 1 - 5 - 3 所示。半精加工切削的长度和宽度可通过下面公式计算：

$$L_1 = L - 2TLR - 2S$$

$$W_1 = W - 2TLR - 2S$$

（4）精加工刀具路径

精加工编程时必须使用刀具补偿来保证尺寸公差，较小和中等尺寸的轮

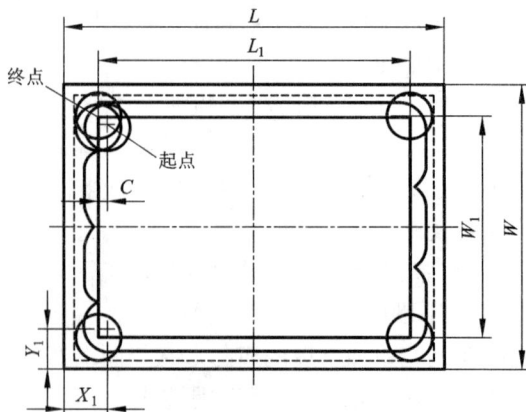

图 1 - 5 - 3　半精加工

廓通常选择中心点作为加工起点位置,而较大轮廓的起点位置应当在它的中部,与其中一个侧壁相隔一段距离,但不是太远。

精加工切削中,刀具半径偏置应该有效,这主要是为了在加工过程中保证尺寸公差。由于刀具半径补偿不能在圆弧插补运动中启动,因此必须添加直线导入和导出运动。图1-5-4所示为矩形型腔的典型精加工刀具路径(起点在型腔中心)。切入和切出圆弧半径应注意大于刀具半径。

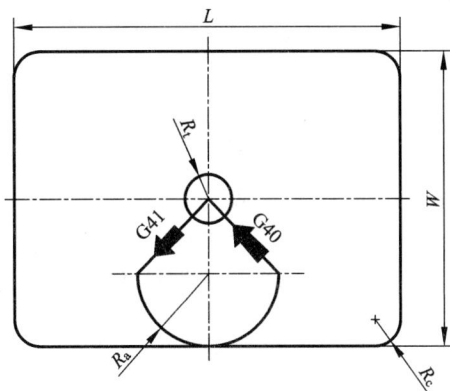

图1-5-4 精加工刀具路径

5.3 子程序

如果程序包含固定的加工路线或多次重复的图形,则此加工路线或图形可以编成单独的程序作为子程序。这样在工件上不同的部位实现相同的加工,或在同一部位实现重复加工,大大简化编程。

子程序作为单独的程序存储在系统中时,任何主程序都可调用,最多可达999次调用。

当主程序调用子程序时它被认为是一级子程序,在子程序中可再调用下一级的另一个子程序,子程序调用可以嵌套4级,如图1-5-5所示。

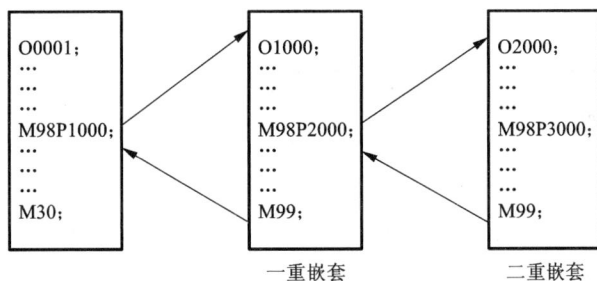

图1-5-5 程序嵌套

1.子程序的结构

子程序与主程序一样,也是由程序名、程序内容和程序结束三部分组成。子程序与主程序唯一的区别是结束符号不同,子程序用M99,而主程序用M30或M02结束程序。例如:

```
O□□□□;        (子程序名)
…;
…;            (子程序内容)
…;
M99;          (子程序结束)
```

2.子程序的调用

在主程序中,调用子程序的程序段格式为:

M98 P×××□□□□;

×××表示子程序被重复调用的次数,□□□□表示调用的子程序名(数字)。

例如:M98 P51234;表示调用子程序O1234重复执行5次。

当子程序只调用一次时,调用次数可以不写,如M98 P1234;表示调用O1234子程序执行1次。

3．子程序应用实例

例1-5-1 加工图1-5-6所示零件上的4个相同尺寸的长方形槽,槽深2 mm,槽宽10 mm,未注圆角R5,铣刀直径φ10 mm,试用子程序编程。

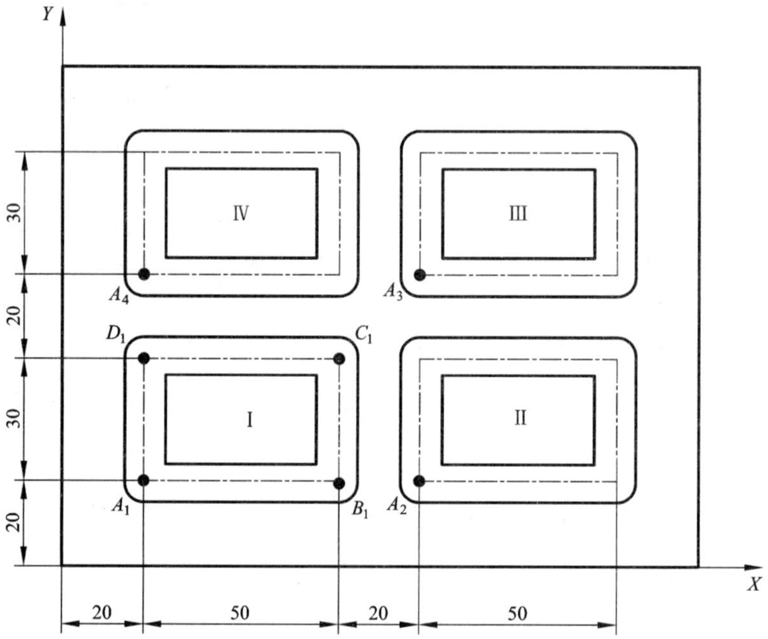

图1-5-6 子程序编程举例

加工程序如下:

O0001;	主程序名
N10 G17 G21 G40 G54 G80 G90 G94 ;	程序初始化
N20 G00 Z80.0;	刀具定位到安全平面,启动主轴
N30 M03 S1000;	
N40 G00 X20.0 Y20.0;	
N50 Z2.0;	快速移动到A₁点上方2 mm处
N60 M98 P0002;	调用2号子程序,完成槽Ⅰ加工
N70 G90 G00 X90.0;	快速移动到A₂点上方2 mm处
N80 M98 P0002;	调用2号子程序,完成槽Ⅱ加工
N90 G90 G00 Y70.0;	快速移动到A₃点上方2 mm处
N100 M98 P0002;	调用2号子程序,完成槽Ⅲ加工
N110 G90 G00 X20.0;	快速移动到A₄点上方2 mm处
N120 M98 P0002;	调用2号子程序,完成槽Ⅳ加工

N130 G90 G00 X0 Y0；　　　　　　　　　回到工件原点

N140 Z10.0；

N150 M05；　　　　　　　　　　　　　　主轴停

N160 M30；　　　　　　　　　　　　　　程序结束

O0002；　　　　　　　　　　　　　　　　子程序名

N10 G91 G01 Z－4.0 F100；　　　　　　　刀具 Z 向工进 4 mm（切深 2 mm）

N20 X50.0；　　　　　　　　　　　　　　A→B

N30 Y30.0；　　　　　　　　　　　　　　B→C

N40 X－50.0；　　　　　　　　　　　　　C→D

N50 Y－30.0；　　　　　　　　　　　　　D→A

N60 G00 Z4.0；　　　　　　　　　　　　　Z 向快退 4 mm

N70 M99；　　　　　　　　　　　　　　　子程序结束，返回主程序

4. 子程序使用中的注意事项

（1）在编制子程序时，在子程序的开头 O 的后面编制子程序号，子程序的结尾一定要有返回主程序的辅助指令 M99。

（2）在子程序的最后一个单段用 P 指定序号（图 1 - 5 - 7），子程序不回到主程序中呼叫子程序的下一个单段，而是回到 P 指定的序号。返回到指定单段的处理时间通常比回到主程序的时间长。

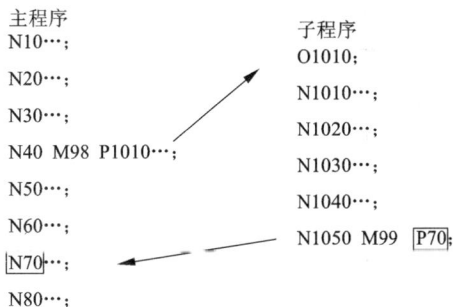

主程序
N10…；
N20…；
N30…；
N40 M98 P1010…；
N50…；
N60…；
N70…；
N80…；

子程序
O1010；
N1010…；
N1020…；
N1030…；
N1040…；
N1050 M99 P70；

图 1 - 5 - 7　子程序返回到指定的单段

5.4　任务决策和实施

1. 工艺分析

本工序加工内容为型腔底面和内壁。型腔的 4 个角都为圆角，圆角的半径限定刀具的半径选择，圆角的半径大于或等于精加工刀具的半径。图中圆角半径为 $R10$，粗加工刀具选用 $\phi20$ mm 的键槽铣刀，精加工选用 $\phi16$ mm 的立铣刀，刀具材料均为高速钢。

粗加工为 Z 字形走刀，从槽的左下角下刀，沿 X 方向切削。设置精加工余量 $S=0.2$ mm，半精加工余量 $C=0.4$ mm，根据前面公式确定粗加工刀间距个数 $N=8$（来回走刀 9 次），刀间距为 16.1 mm。半精加工从粗加工的最后刀具位置开始，沿轮廓逆时针加工矩形槽侧壁。精加工采用圆弧切入，逆时针加工（顺铣）。

由于槽比较深，粗加工采用分层铣削，每次铣削深度为 10 mm。精加工一次直接铣削到深度。

2. 刀具与工艺参数

刀具与工艺参数见表 1 - 5 - 1、表 1 - 5 - 2。

表 1 – 5 – 1 数控加工刀具卡

单　位		数控加工刀具卡片	产品名称			零件图号	
			零件名称			程序编号	
序号	刀具号	刀具名称	刀 具		补偿值		刀补号	
			直径	长度	半径	长度	半径	长度
1	T01	键槽铣刀	φ20 mm					
2	T02	立铣刀	φ16 mm		7.99		D02	

表 1 – 5 – 2 数控加工工序卡

单　位		数控加工工序卡片		产品名称	零件名称	材　料	零件图号
					矩形槽零件	45	
工序号	程序编号		夹具名称	夹具编号	设备名称	编制	审核
					XK713		
工步号	工步内容		刀具号	刀具规格	主轴转速/(r/min)	进给速度/(mm/min)	背吃刀量/mm
1	粗加工和半精加工型腔内壁，精加工型腔底面		T01	φ20 mm 键槽刀	400	200	
2	精加工型腔内壁		T02	φ16 mm 立铣刀	600	120	

3. 装夹方案

本工序采用平口钳装夹，由于加工内腔，所以不存在刀具干涉问题，只要保证对刀面高于钳口即可。

4. 程序编制

在零件中心建立工件坐标系，Z轴原点设在零件上表面上。

粗加工程序(φ20 mm 键槽刀)：

O0010;	主程序名
N10 G17 G21 G40 G54 G80 G90 G94;	程序初始化
N20 G00 Z80.0;	刀具定位到安全平面
N30 M03 S400;	启动主轴
N40 X – 64.4 Y – 64.4;	移动到下刀点
N50 Z5.0;	
N60 G01 Z – 10.0 F50;	下刀至 – 10 mm
N70 M98 P0011;	调用子程序
N80 G90 X – 64.4 Y – 64.4;	移动到下刀点
N90 Z – 20 F50;	下刀至 – 20 mm
N100 M98 P0011;	调用子程序

N110 G90 G00 Z200.0；

N120 X200.0 Y200.0；

N130 M05；   主轴停止

N140 M30；   程序结束

分层铣削子程序：

O0011；   子程序名

N10 G91；   增量坐标

N20 G01 X128.8 F200；   第1次切削

N30 Y16.1；   间距1

N40 X－128.8；   第2次切削

N50 Y16.1；   间距2

N60 X128.8；   第3次切削

N70 Y16.1；   间距3

N80 X－128.8；   第4次切削

N90 Y16.1；   间距4

N100 X128.8；   第5次切削

N110 Y16.1；   间距5

N120 X－128.8；   第6次切削

N130 Y16.1；   间距6

N140 X128.8；   第7次切削

N150 Y16.1；   间距7

N160 X－128.8；   第8次切削

N170 Y16.1；   间距8

N160 X128.8；   第9次切削

N170 X0.4；   半精加工起点X坐标

N180 Y0.4；   半精加工起点Y坐标

N190 X－129.6；   －X方向运动

N200 Y－129.6；   －Y方向运动

N210 X129.6；   ＋X方向运动

N220 Y129.6；   ＋Y方向运动

N230 M99；   子程序结束

精加工程序（ϕ16 mm 立铣刀）：

O0020；   程序名

N10 G17 G21 G40 G54 G80 G90 G94；   程序初始化

N20 G00 Z80.0；   刀具定位到安全平面

N30 M03 S600；   启动主轴

N40 X0 Y－59.0；   移动到下刀点

N50 Z5.0；

N60 G01 Z－20.0 F80；   下刀至－20 mm

N70 G41 X－16 D02 F120；　　　　　　　　建立刀补

N80 G03 X0 Y－75.0 R16.0；　　　　　　　切向切入

N90 G01 X65.0；　　　　　　　　　　　　开始精加工

N100 G03 X75.0 Y－65 R10.0；

N110 G01 Y65.0；

N120 G03 X65.0Y75.0 R10.0；

N130 G01 X－65.0；

N140 G03 X－75.0 Y65.0 R10.0；

N150 G01 Y－65.0；

N160 G03 X－65.0 Y－75.0 R10.0；

N170 G01 X0；

N180 G03 X16.0 Y－59.0 R16.0；　　　　　切向切出

N190 G01 G40 X0；　　　　　　　　　　　取消刀补

N200 G00 Z200.0；

N210 X200.0 Y200.0；

N220 M05；　　　　　　　　　　　　　　主轴停止

N230 M30；　　　　　　　　　　　　　　程序结束

5.5　巩固练习

利用数控加工仿真软件，完成如图1－5－8所示零件上深槽加工，要求分粗、精加工，并实现分层加工。

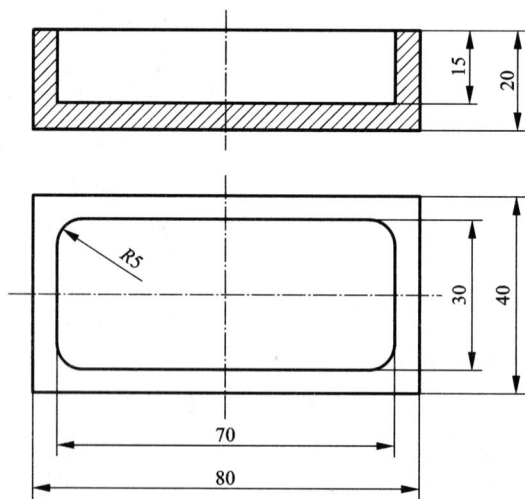

图1－5－8　槽加工练习

【技术要点】

（1）为使编程工作简化，粗加工可使用键槽铣刀，下刀时可垂直切入工件，但注意下刀速度应相对正常进给速度要慢些。

（2）普通立铣刀由于刀刃不过中心，粗加工时不能直接沿 Z 轴切入工件，必须先预钻孔或采用立铣刀斜向切入工件，但注意斜向切入的位置和角度的选择应适当。

（3）由于键槽铣刀的刀齿数相对同直径的立铣刀的刀齿数而言，数量要少，铣削时，振动大，因此精加工时为提高表面质量，应选用立铣刀。

（4）精加工时刀具半径应小于槽圆角半径。

（5）首件加工初期，程序应在单段模式下运行，进给速度和快速倍率应设置较低档。

项目六　孔加工

6.1　任务1：端盖零件上沉头螺钉孔和销孔的加工

端盖零件如图1-6-1所示，底平面、两侧面和φ40H8 mm型腔已在前面工序加工完成。本工序加工端盖的4个沉头螺钉孔和2个销孔，试编写其加工程序。零件材料为HT150，加工数量为5000个/年。

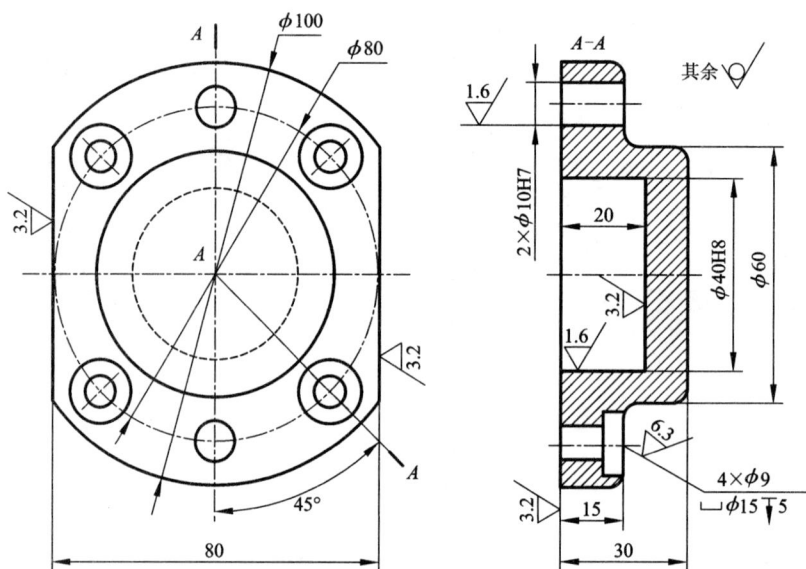

图1-6-1　端盖零件图

知识点与技能点：

* 孔加工方法选择；
* 孔加工走刀路线安排；
* 钻孔与铰孔工艺参数选择；
* 钻（扩）孔、锪孔、铰孔用循环加工指令应用；
* 钻（扩）孔、锪孔、铰孔的仿真加工操作与程序调试。

6.2　孔的加工工艺知识

1. 孔的加工方法

孔加工在金属切削中占有很大的比重，应用广泛。在数控铣床上加工孔的方法很多，根据孔的尺寸精度、位置精度及表面粗糙度等要求，一般有点孔，钻孔、扩孔，锪孔、铰孔、镗孔及铣孔等。根据孔的技术要求，合理的选择加工方法和加工步骤。现将孔的加工方法和一般所能达到的精度等级、粗糙度以及合理的加工顺序加以归纳，如表 1 - 6 - 1 所示。

表 1 - 6 - 1　孔的加工方法与步骤的选择

序号	加 工 方 案	精度等级	表面粗糙度 Ra	适 用 范 围
1	钻	11 ~ 13	50 ~ 12.5	加工未淬火钢及铸铁的实心毛坯，也可用于加工有色金属（但粗糙度较差），孔径 < 15 mm ~ 20 mm
2	钻 - 铰	9	3.2 ~ 1.6	
3	钻 - 粗铰（扩孔）- 精铰	7 ~ 8	1.6 ~ 0.8	
4	钻 - 扩	11	6.3 ~ 3.2	同上，但孔径 > 15 mm ~ 20 mm
5	钻 - 扩 - 铰	8 ~ 9	1.6 ~ 0.8	
6	钻 - 扩 - 粗铰 - 精铰	7	0.8 ~ 0.4	
7	粗镗（扩孔）	11 ~ 13	6.3 ~ 3.2	除淬火钢外各种材料，毛坯有铸出孔或锻出孔
8	粗镗（扩孔）- 半精镗（精扩）	8 ~ 9	3.2 ~ 1.6	
9	粗镗（扩孔）- 半精镗（精扩）- 精镗	6 ~ 7	1.6 ~ 0.8	

（1）点孔

点孔用于钻孔加工之前，由中心钻［图 1 - 6 - 2(a)］来完成。由于麻花钻的横刃具有一定的长度，引钻时不易定心，加工时钻头旋转轴线不稳定，因此利用中心钻在平面上先预钻一个凹坑，便于钻头钻入时定心。由于中心钻的直径较小，加工时主轴转速不得低于 1000 r/min。

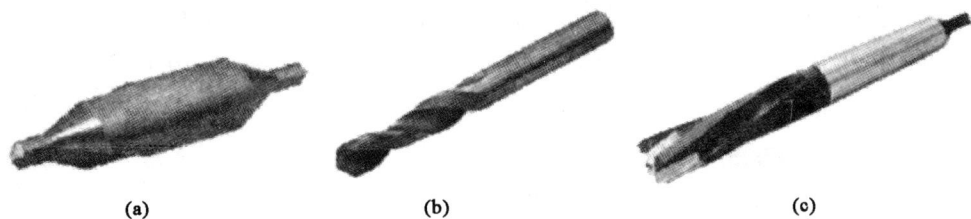

(a)　　　　　　　　(b)　　　　　　　　(c)

图 1 - 6 - 2　常用钻头

（2）钻孔

钻孔是用钻头［图 1 - 6 - 2(b)］在工件实体材料上加工孔的方法。麻花钻是钻孔最常用的刀具，一般用高速钢制造。钻孔精度一般可达到 IT10 ~ IT11 级，表面粗糙度为 Ra50 ~ 12.5，钻孔直径范围为 0.1 mm ~ 100 mm，钻孔深度变化范围也很大，广泛应用于孔的粗加工，也可作为不重要孔的最终加工。

（3）扩孔

扩孔是用扩孔钻［图 1 - 6 - 2(c)］对工件上已有的孔进行扩大加工。扩孔钻有 3 ~ 4 个主切削刃，没有横刃，它的刚性及导向性好。扩孔加工精度一般可达到 IT9 ~ IT11 级，表面粗糙度为 Ra6.3 ~ 3.2 μm。扩孔常用于已铸出、锻出或钻出孔的扩大，可作为精度要求不高孔的最终加工或铰孔、磨孔前的预加工，常用于直径在 10 mm ～ 100 mm 范围内的孔加工。一般工件的扩孔可使用麻花钻，对于精度要求较高或生产批量较大时应用扩孔钻，扩孔加工余量为0.4 mm ～ 0.5 mm。

（4）锪孔

锪孔是指用锪钻或锪刀刮平孔的端面或切出沉孔的加工方法，通常用于加工沉头螺钉的沉头孔、锥孔、小凸台面等。锪孔时切削速度不宜过高，以免产生径向振纹或出现多棱形等质量问题。

（5）铰孔

铰孔是利用铰刀（图 1 - 6 - 3）从工件孔壁上切除微量金属层，以提高其尺寸精度和表面粗糙度值的方法。铰孔精度等级可达到 IT7 ～ IT8 级，表面粗糙度为 $Ra1.6 \sim 0.8$ μm，适用于孔的半精加工及精加工。铰刀是定尺寸刀具，有 6 ～ 12 个切削刃，刚性和导向性比扩孔钻更好，适合精加工中小直径孔。铰孔之前，工件应经过钻孔、扩孔等加工，铰孔的加工余量参考表 1 - 6 - 2。

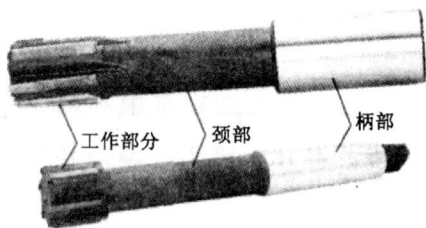

图 1 - 6 - 3　机用铰刀

表 1 - 6 - 2　铰孔余量（直径值）

孔的直径	$< \phi 8$ mm	$\phi 8 \sim \phi 20$ mm	$\phi 21 \sim \phi 32$ mm	$\phi 33 \sim \phi 50$ mm	$\phi 51 \sim \phi 70$ mm
铰孔余量（mm）	0.1 ～ 0.2	0.15 ～ 0.25	0.2 ～ 0.3	0.25 ～ 0.35	0.3 ～ 0.4

（6）镗孔

镗孔是利用镗刀对工件上已有尺寸较大的孔的加工，特别适合于加工孔距和位置精度要求较高的孔系。镗孔加工精度等级可达到 IT7 级，表面粗糙度为 $Ra1.6 \sim 0.8$，应用于高精度加工场合。

（7）铣孔

在加工单件产品或模具上某些孔径不常出现的孔时，为节约定型刀具成本，利用铣刀进行铣削加工。铣孔也适合加工尺寸较大的孔，对于高精度机床，铣孔可以代替铰削或镗削。

2. 孔加工路线安排

（1）孔加工导入量与超越量

孔加工导入量（图 1 - 6 - 4 中 ΔZ）是指在孔加工过程中，刀具自快进转为工进时，刀尖点位置与孔上表面间的距离。导入量通常取 2 ～ 5 mm。超越量如图 1 - 6 - 4 中的 ΔZ 所示，当钻通孔时，超越量通常取 $Z_p + (1 \sim 3)$ mm，Z_p 为钻尖高度（通常取 0.3 倍钻头直径）；铰通孔时，超越量通常取 3 ～ 5 mm；镗通孔时，超越量通常取 1 ～ 3 mm。

（2）相互位置精度高的孔系的加工路线

对于位置精度要求较高的孔系加工，特别要注意孔的加工顺序的安排，避免将坐标轴的反向间隙带入，影响位置精度。

如图 1 - 6 - 5 所示孔系加工，如按 A - 1 - 2 - 3 - 4 - 5 - 6 - P 安排加工走刀路线时，在

加工 5、6 孔时，X 方向的反向间隙会使定位误差增加，而影响 5、6 孔与其他孔的位置精度。而采用 A－1－2－3－P－6－5－4 的走刀路线时，可避免反向间隙的引入，提高 5、6 孔与其他孔的位置精度。

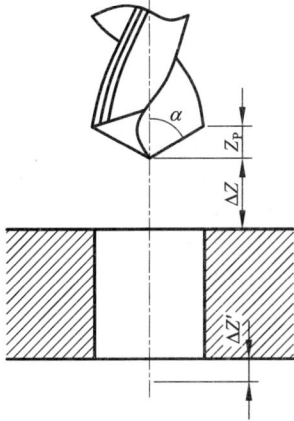

图 1－6－4 孔加工导入量与超越量

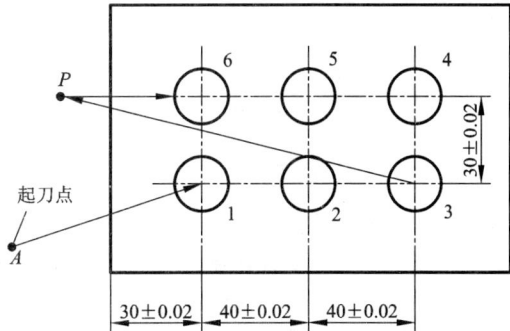

图 1－6－5 孔加工走刀路线

3. 孔位确定及其坐标值的计算

一般在零件图上孔位尺寸都已给出，但有时孔距尺寸的公差或对基准尺寸距离的公差是非对称尺寸公差，应将其转换成对称公差。如某零件图上两孔间距尺寸 $L = 90^{+0.055}_{+0.027}$ mm，对称性基本尺寸计算为：

$$(0.055 + 0.027)/2 = 0.041$$
$$90 + 0.041 = 90.041$$

对称性公差为：

$$\pm 0.014$$

转换成对称性尺寸 $L = 90.041 \pm 0.014$ mm，编程时按基本尺寸 90.041 mm 进行。

6.3 钻孔、锪孔及铰孔固定循环指令

1. 孔加工固定循环

（1）孔加工固定循环动作

如图 1－6－6 所示，固定循环通常由 6 个动作顺序组成：

动作 1（AB 段）：XY 平面快速定位；

动作 2（BR 段）：Z 向快速进给到 R 点；

动作 3（RZ 段）：Z 轴切削进给，进行孔加工；

动作 4（Z 点）：孔底部的动作；

动作 5（ZR 段）：Z 轴退刀；

动作 6（RB 段）：Z 轴快速回到起始位置。

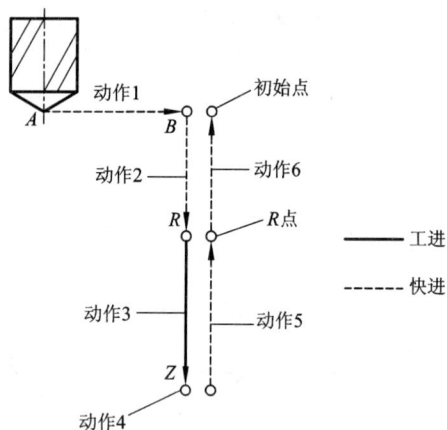

图 1-6-6　固定循环动作

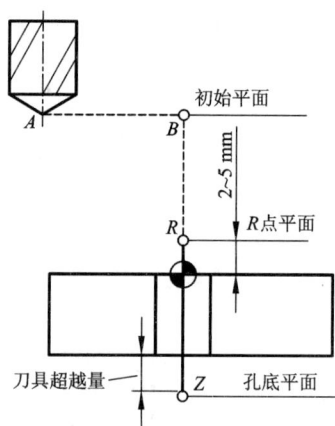

图 1-6-7　固定循环平面

（2）固定循环的平面

① 初始平面　初始平面是为安全下刀而规定的一个平面，如图 1-6-7 所示。初始平面可以设定在任意一个安全高度上。当使用同一把刀具加工多个孔时，刀具在初始平面内的任意移动将不会与夹具、工件凸台等发生干涉。

② R 点平面　R 点平面又叫 R 参考平面。这个平面是刀具下刀时，自快进转为工进的高度平面，距工件表面的距离主要考虑工件表面的尺寸变化，一般情况下取 2~5 mm（图 1-6-7）。

③ 孔底平面　加工不通孔时，孔底平面就是孔底的 Z 轴高度。而加工通孔时，除要考虑孔底平面的位置外，还要考虑刀具的超越量（图 1-6-7），以保证所有孔深都加工到尺寸。

（3）固定循环编程格式

孔加工循环的通用编程格式如下：

$$G73 \sim G89 \quad X\_\_Y\_\_Z\_\_R\_\_Q\_\_P\_\_F\_\_K\_\_;$$

X__Y__：孔在 XY 平面内的位置；

Z__：孔底平面的位置；

R__：R 点平面所在位置；

Q__：G73 和 G83 深孔加工指令中刀具每次加工深度或 G76 和 G87 精镗孔指令中主轴准停后刀具沿准停反方向的让刀量；

P__：指定刀具在孔底的暂停时间，数字不加小数点，ms；

F__：孔加工切削进给时的进给速度；

K__：指定孔加工循环的次数，该参数仅在增量编程中使用。

在实际编程时，并不是每一种孔加工循环的编程都要用到以上格式的所有代码。如下例的钻孔固定循环指令格式：

例 1-6-1　G81 X50.0 Y30.0 Z-25.0 R5.0 F100；

以上格式中，除 K 代码外，其他所有代码都是模态代码，只有在循环取消时才被清除，因此这些指令一经指定，在后面的重复加工中不必重新指定。如下例所示：

例1-6-2　G82 X50.0 Y30.0 Z-25.0 R5.0 P1000 F100；

　　　　　　　X80.0；

　　　　　　　G80；

执行以上指令时,将在(50.0,30.0)和(80.0,30.0)处加工出相同深度的孔。

孔加工循环由指令 G80 取消。另外,遇到 01 组的 G 代码(如 G00、G01、G02、G03),则孔加工循环方式也会自动取消。

(4)G98 与 G99 方式

当刀具加工到孔底平面后,刀具从孔底平面以两种方式返回(图1-6-8),即返回到 R 点平面和返回到初始平面,分别用指令 G98 与 G99 来决定。

① G98 方式　G98 为系统默认返回方式,表示返回初始平面。当采用固定循环进行孔系加工时,通常不必返回到初始平面。当全部孔加工完成后或孔之间存在凸台或夹具等干涉件时,则需返回初始平面。G98 指令格式如下:

　　G98 G81 X__Y__Z__R__F__；

② G99 方式　G99 表示返回 R 点平面。在没

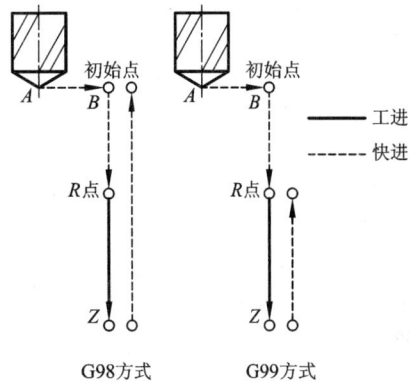

图1-6-8　G98 与 G99 方式

有凸台等干涉情况下,加工孔系时,为了节省加工时间,刀具一般返回到 R 点平面。G99 指令格式如下:

$$G99\ G81\ X\_\_Y\_\_Z\_\_R\_\_F\_\_；$$

(5)G90 与 G91 方式

如图1-6-9所示,固定循环中 R 值与 Z 值数据的指定与 G90 与 G91 的方式选择有关(Q 值与 G90 与 G91 方式无关)。

① G90 方式　G90 方式中,X、Y、Z 和 R 的取值均指工件坐标系中绝对坐标值。加工图1-6-9的孔,使用 G90 方式编程时为:G90 G99 G83 X__Y__Z-30.0 R5.0 Q5.0 F__。

② G91 方式　G91 方式中,R 值是指 R 点平面相对初始平面的 Z 坐标值,

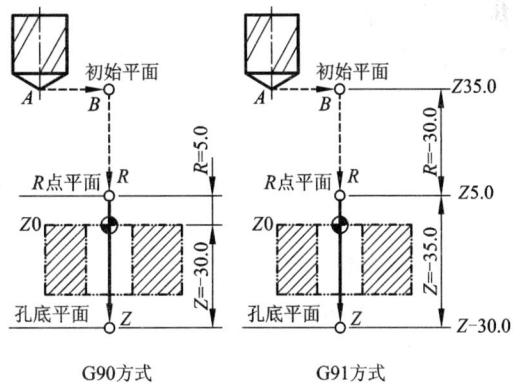

图1-6-9　G90 与 G91 方式

而 Z 值是指孔底平面相对 R 点平面的 Z 坐标值。X、Y 数据值也是相对前一个孔的 X、Y 方向的增量距离。加工图1-6-9的孔,使用 G91 方式编程时为:G91 G99 G83 X__Y__Z-35.0 R-30.0 Q5.0 F__。

例1-6-3　如图1-6-10所示,在一条直线上加工 4 个孔,其坐标分别为(50.0,20.0)、(100.0,20.0)、(200.0,20.0),孔深都为 40 mm,则程序为:

N30 G90 G99…；

N40 G81 X50.0 Y20.0 R3.0 Z - 40 F200；

N50 G91 X50 K3；

N60 G90 G80 G00…；

由于相邻孔 X 值的增量为 50，在程序段 N40 中采用 G91 方式，并利用重复次数 K 的功能，便可显著缩短 CNC 程序，提高编程效率。

图 1 - 6 - 10　直线上的孔

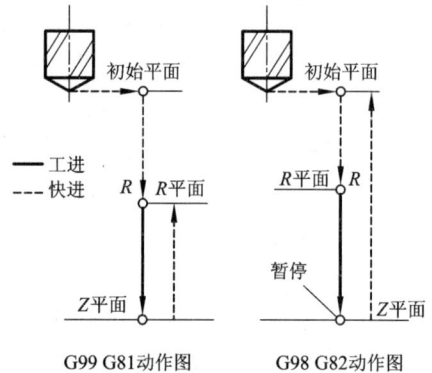

2. 钻(扩)孔循环 G81 与锪孔循环 G82

(1)指令格式

$$G81 \ X\_Y\_Z\_R\_F\_ ;$$

$$G82 \ X\_Y\_Z\_R\_P\_F\_ ;$$

(2)指令动作

G81 指令常用于普通钻孔，其加工动作如图 1 - 6 - 11 所示，刀具在初始平面快速(G00 方式)定位到指令中指定的 X、Y 坐标位置，再 Z 向快速定位到 R 点平面，然后执行切削进给到孔底平面，刀具从孔底平面快速 Z 向退回到 R 点平面(G99 方式)或初始平面(G98 方式)。

G82 指令在孔底增加了进给后的暂停动作，以提高孔底表面粗糙度精度，如果指令中不指定暂停参数 P，则该指令和 G81 指令完全相同。该指令常用于锪孔或台阶孔的加工。

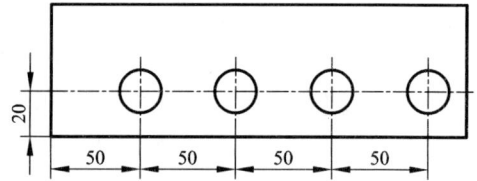

图 1 - 6 - 11　G81 与 G82 指令动作图

3. 高速深孔钻循环 G73 与深孔钻循环 G83

所谓深孔，通常是指孔深与孔直径之比大于 5 的孔。加工深孔时，加工中散热差，排屑困难，钻杆刚性差，易使刀具损坏和引起孔的轴线偏斜，从而影响加工精度和生产率。

(1)指令格式

$$G73 \ X\_Y\_Z\_R\_Q\_F\_ ;$$

$$G83 \ X\_Y\_Z\_R\_Q\_F\_ ;$$

(2)指令动作

如图 1 - 6 - 12 所示，G73 指令通过刀具 Z 轴方向的间歇进给实现断屑动作。指令中的 Q 值是指每一次的加工深度(均为正值且为带小数点的值)。图中的 d 值由系统指定，通常不需要用户修改。

G83 指令通过 Z 轴方向的间歇进给实现断屑与排屑的动作。该指令与 G73 指令的不同之处在于：刀具间歇进给后快速回退到 R 点，再快速进给到 Z 向距上次切削孔底平面 d 处，从该点处，快进变成工进，工进距离为 Q + d。

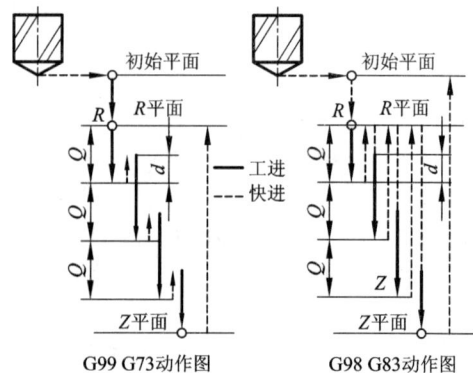

图 1 - 6 - 12　G73 与 G83 指令动作图

G73 指令与 G83 指令多用于深孔加工的编程。

4. 铰孔循环 G85

（1）指令格式

$$G85 \quad X\_\_Y\_\_Z\_\_R\_\_F\_\_;$$

（2）指令动作

如图 1 - 6 - 13 所示，执行 G85 固定循环时，刀具以切削进给方式加工到孔底，然后以切削进给方式返回到 R 平面或初始平面。该指令常用于铰孔和扩孔加工，也可用于粗镗孔加工。

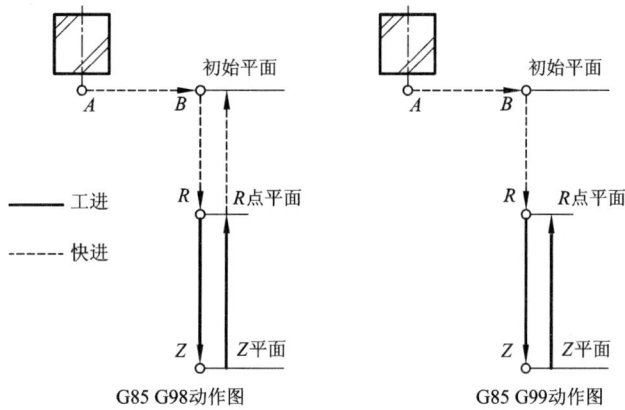

图 1 - 6 - 13 G85 指令动作图

6.4 任务决策和执行

1. 工艺分析

根据图样（见图 1 - 6 - 11）需加工 $2 \times \phi10H7$ mm 孔，尺寸精度为 7 级，表面粗糙度 $Ra1.6\mu m$；$4 \times \phi9$ mm 通孔和 $4 \times \phi15$ mm 沉孔，沉孔深 5 mm。$2 \times \phi10H7$ mm 孔尺寸精度和表面质量要求较高，可采用钻孔、扩孔、方式完成；$4 \times \phi9$ mm 通孔用 $\phi9$ mm 钻头直接钻出即可；$4 \times \phi15$ mm 沉孔钻孔后再锪孔。工艺过程如下：

（1）钻中心孔　所有孔都首先打中心孔，以保证钻孔时，不会产生斜歪现象。

（2）钻孔　用 $\phi9$ mm 钻头钻出 $4 \times \phi9$ mm 孔和 $2 \times \phi10H7$ mm 孔的底孔。

（3）扩孔　用 $\phi9.8$ mm 钻头扩 $2 \times \phi10H7$ mm 孔。

（4）锪孔　用 $\phi15$ mm 锪钻锪出 $4 \times \phi15$ mm 沉孔。

（5）铰孔　用 $\phi10H7$ mm 铰刀加工出 $2 \times \phi10H7$ mm 孔。

2. 刀具与工艺参数

刀具与工艺参数见表 1 - 6 - 3、表 1 - 6 - 4。

表 1 - 6 - 3   数控加工刀具卡

单　　位		数控加工刀具卡片	产品名称			零件图号	
			零件名称		端盖	程序编号	
序号	刀具号	刀具名称	刀　具		补偿值		刀补号	
			直径	长度	半径	长度	半径	长度
1	T01	中心钻	φ3 mm					
2	T02	麻花钻	φ9 mm					
3	T03	麻花钻	φ9.8 mm					
4	T04	锪钻	φ15 mm					
5	T05	铰刀	φ10H7 mm					

表 1 - 6 - 4   数控加工工序卡

单　　位		数控加工工序卡片		产品名称	零件名称	材　料	零件图号
					端盖	HT150	
工序号	程序编号		夹具名称	夹具编号	设备名称	编制	审核
	0001				XK713		
工步号	工步内容		刀具号	刀具规格	主轴转速 /(r/min)	进给速度 /(mm/min)	背吃刀量 /mm
1	钻所有孔的中心孔		T01	φ3 mm 中心钻	2000	80	
2	4 × φ9 mm 孔和 2 × φ10H7 mm 孔的底孔		T02	φ9 mm 麻花钻	600	100	
3	扩 2 × φ10H7 mm 孔		T03	φ9.8 mm 麻花钻	800	100	
4	锪 4 × φ15 mm 沉孔		T04	φ15 mm 锪钻	500	100	
5	铰 2 × φ10H7 mm 孔		T05	φ10H7 mm 铰刀	200	50	

3. 装夹方案

由于该零件为中大批量生产, 可利用专用夹具进行装夹。由于底面和 φ40H8 mm 内腔已在前面工序加工完毕, 本工序可以 φ40H8 mm 内腔和底面为定位面, 侧面加防转销限制 6 个自由度, 用压板夹紧。

4. 程序编制

在 φ40H7 mm 内孔中心建立工件坐标系, Z 轴原点设在端盖底面上。利用偏心式寻边器找正 X、Y 轴零点, 装上中心钻头, 完成 Z 轴的对刀。孔加工的安全平面设置在端盖顶面以上 50 mm 处(Z 坐标为 80 mm); R 点平面设置在沉孔上表面 5 mm 处(Z 坐标为 20 mm)。程序如下:

```
O0001；
N10 G17 G21 G40 G54 G80 G90 G94 ；        程序初始化
N20 G00 Z80.0 M07；                      刀具定位到安全平面，启动主轴
N30 M03 S2000；
N40 G98 G81 X28.28 Y28.28 R20.0 Z12.0 F100；
                                        钻 6 个孔的中心孔
N50 X0 Y40.0；
N60 X－28.28 Y28.28；
N70 Y－28.28；
N80 X0 Y－40.0；
N90 X28.28 Y－28.28；
N100 G00 Z180.0 M09；                    刀具抬到手工换刀高度
N110 M05；
N120 M00；                              程序暂停，手工换 T2 刀，换转速
N130 M03 S600；
N140 G00 Z80.0 M07；                     刀具定位到安全平面
N150 G98 G81 X28.28 Y28.28 R20.0 Z－5.0 F100；
                                        钻 6 个 φ9 mm 孔
N160 X0 Y40.0；
N170 X－28.28 Y28.28；
N180 Y－28.28；
N190 X0 Y－40.0；
N200 X28.28 Y－28.28；
N210 G00 Z180.0 M09；                    刀具抬到手工换刀高度
N220 M05；
N230 M00；                              程序暂停，手工换 T3 刀，换转速
N240 M03 S800；
N250 G00 Z80.0 M07；                     刀具定位到安全平面
N260 G98 G81 X0 Y40.0 R20.0 Z－5.0 F100；  扩 2×φ10H7 mm 孔至 φ9.8 mm
N270 Y－40.0；
N280 G00 Z180 M09；                      刀具抬到手工换刀高度
N290 M05；
N300 M00；                              程序暂停，手工换 T4 刀，换转速
N310 M03 S500；
N320 G00 Z80.0 M07；                     刀具定位到安全平面
N330 G98 G82 X28.28 Y28.28 R20.0 Z10.0 P2000 F100；
                                        锪出 4 个 φ15 mm 沉头孔
N340 X－28.28；
N350 Y－28.28；
```

N360 X28.28；

N370 G00 Z180 M09；   刀具抬到手工换刀高度

N380 M05；

N390 M00；   程序暂停，手工换 T5 刀，换转速

N400 M03 S200；

N410 G00 Z80.0 M07；   刀具定位到安全平面

N420 G98 G85 X0 Y40.0 R20.0 Z − 5.0 F50；   铰 2 × φ10H7 mm 孔

N430 Y − 40.0；

N440 M05；

N450 M09 G00 Z200；

N460 M30；   程序结束

6.5 巩固练习

利用数控加工仿真软件，完成如图 1 − 6 − 14 所示零件上定位销孔、螺栓孔的加工，并完成工序卡片的填写。零件上下表面、φ80 mm 外轮廓等部位已在前面工序（步）完成，零件材料为 45 钢。

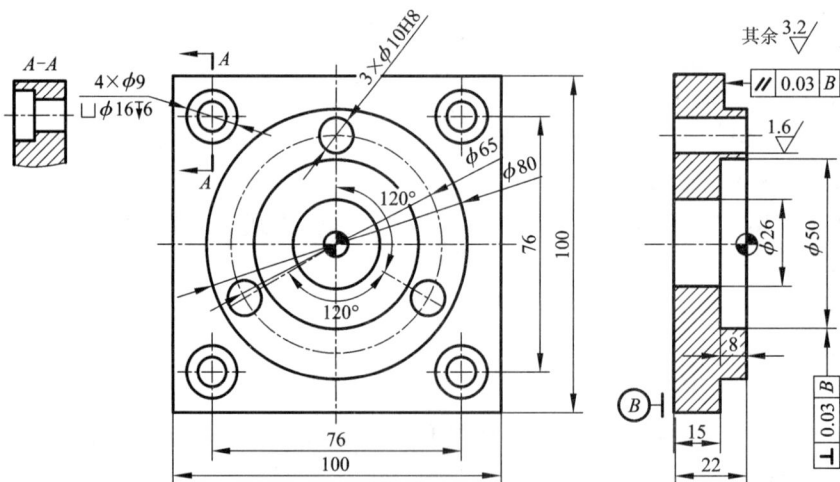

图 1 − 6 − 14　钻、锪与铰孔加工练习

【技术要点】

（1）XY 平面对刀不宜用钻头，可用仿真系统提供的偏心式寻边器或铣刀进行对刀，Z 轴对刀时再换上钻头进行。

（2）首件加工初期，程序应在单段模式下运行，进给速度和快速倍率应设置较低档。

（3）孔的位置精度要求不高，机床的定位精度完全能保证，所有孔加工进给路线均按最短路线确定。

（4）在数控铣床用麻花钻钻孔时，因无夹具钻模导向，受两切削刃上切削力不对称的影

响,容易引起钻孔偏斜,故要求钻头两切削刃必须有较高的刃磨精度,或先用中心钻定中心,再用钻头钻孔。

(5)加工通孔时注意刀具超越量的选取。

6.6　任务2:支撑座零件上孔的加工

支撑座零件如图1-6-15所示,上下表面、外轮廓已在前面工序加工完成。本工序完成零件上所有孔的加工,试编写其加工程序。零件材料为HT150。

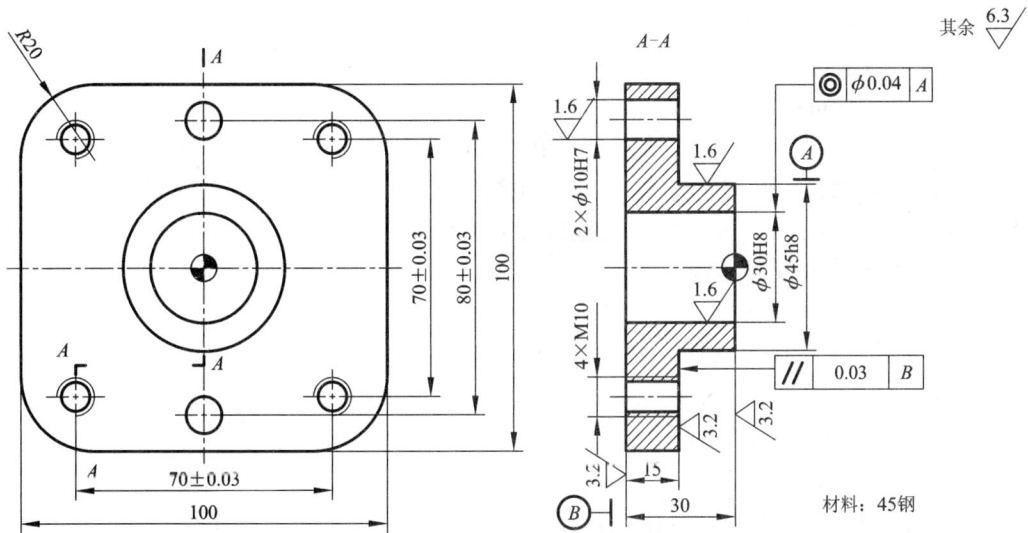

图1-6-15　支撑座零件图

知识点与技能点:
- 攻螺纹和镗孔的加工工艺;
- 攻螺纹和镗孔所用刀具选择;
- 攻螺纹和镗孔用加工指令应用;
- 攻螺纹和镗孔的仿真加工操作与程序调试。

6.7　攻螺纹和镗孔的加工工艺

1.攻螺纹的加工工艺

(1)普通螺纹简介

普通螺纹是我国应用最为广泛的一种三角形螺纹,牙型角为60°。普通螺纹分粗牙普通螺纹和细牙普通螺纹。粗牙普通螺纹螺距是标准螺距,其代号用字母"M"及公称直径表示,如M16、M12等。细牙普通螺纹代号用字母"M"及公称直径×螺距表示,如M24×1.5、M27×2等。

普通螺纹有左旋螺纹和右旋螺纹之分,左旋螺纹应在螺纹标记的末尾处加注"LH"字,如M20×1.5LH等,未注明的是右旋螺纹。

(2)攻螺纹底孔直径的确定

攻螺纹时，丝锥在切削金属的同时，还伴随较强的挤压作用。因此，金属产生塑性变形形成凸起挤向牙尖，使攻出的螺纹的小径小于底孔直径。攻螺纹前的底孔直径应稍大于螺纹小径，否则攻螺纹时因挤压作用，使螺纹牙顶与丝锥牙底之间没有足够的容屑空间，将丝锥箍住，甚至折断丝锥。这种现象在攻塑性较大的材料时将更为严重。但底孔值不宜过大，否则会使螺纹牙型高度不够，降低强度。

底孔直径大小，可根据螺纹的螺距查阅手册或按下面经验公式确定。

加工钢件等塑性材料时，$D_底 \approx d - P$；

铸铁等脆性材料时，$D_底 \approx d - 1.05P$。

式中：$D_底$——底孔直径，mm；

d——螺纹公称直径，mm；

P——螺距，mm。

螺纹的螺距，对于细牙螺纹，其螺距已在螺纹代号中作了标记。而对于粗牙螺纹，每一种尺寸规格螺纹的螺距也是固定的，如 M8 的螺距为 1.25 mm、M10 的螺距为 1.5 mm、M12 的螺距为 1.75 mm 等，具体请查阅有关螺纹尺寸参数表。

(3)盲孔螺纹底孔深度的确定

攻盲孔螺纹时，由于丝锥切削部分有锥角，端部不能切出完整的牙型，所以钻孔深度要大于螺纹的有效深度(图 1 - 6 - 16)。一般取

$$H_钻 = h_{有效} + 0.7d$$

式中：$H_钻$——底孔深度，mm；

$h_{有效}$——螺纹有效深度，mm；

d——螺纹公称直径，mm；

(4)螺纹轴向起点和终点尺寸的确定

在数控机床上攻螺纹时，沿螺距方向的 Z 向进给应和机床主轴的旋转保持严格的速比关系，但在实际攻螺纹的开始时，伺服系统不可避免地有一个加速的过程，结束前也相应有一个减速的过程。在这两段时间内，螺距得不到有效保证。为了避免这种情况的出现，在安排其工艺时要尽可能考虑图 1 - 6 - 17 所示合理的导入距离 δ_1 和导出距离 δ_2（即前节所说的"超越量"）。

δ_1 和 δ_2 的数值与机床拖动系统的动态特性有关，还与螺纹的螺距和螺纹的精度有关。一般导入距离 δ_1 取 $2 \sim 3P$，对大螺距和高精度的螺纹则取较大值；导出距离 δ_2 一般取 $1 \sim 2P$。此外，在加工通孔螺纹时，导出量还要考虑丝锥前端切削锥角部位的长度。

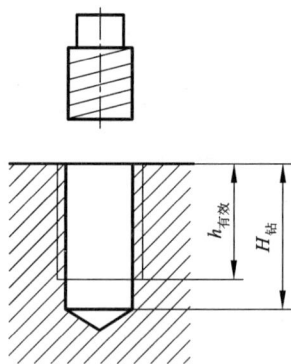

图 1 - 6 - 16　不通孔螺纹底孔长度

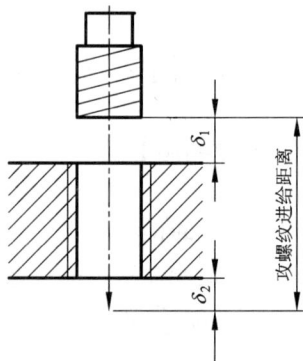

图 1 - 6 - 17　攻螺纹轴向起点与终点

（5）攻螺纹刀具与刀柄

① 丝锥

丝锥是攻丝并能直接获得螺纹尺寸的刀具，一般由合金工具钢或高速钢制成。丝锥基本结构如图 1-6-18 所示，前端切削部分制成圆锥，有锋利的切削刃；中间为导向校正部分，起修光和引导丝锥轴向运动的作用；柄部为方头，用于连接。

② 攻螺纹刀柄

刚性攻螺纹中通常使用浮动攻螺纹刀柄（图 1-6-19），这种攻螺纹刀柄采用棘轮机构来带动丝锥，当攻螺纹扭矩超过棘轮机构的扭矩时，丝锥在棘轮机构中打滑，从而防止丝锥折断。

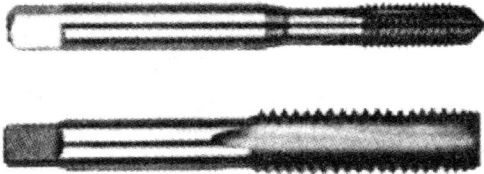

图 1-6-18　机用丝锥

图 1-6-19　浮动攻丝刀柄

2. 镗孔的加工工艺

（1）镗孔刀具

镗孔所用刀具为镗刀。镗刀种类很多，按加工精度可分为粗镗刀和精镗刀。此外，镗刀按切削刃数量可分为单刃镗刀和双刃镗刀（图 1-6-20）。

① 粗镗刀

粗镗刀及刀头如图 1-6-21 所示，这类镗刀结构简单，用螺钉将镗刀刀头装夹在镗杆上。刀杆顶部和侧部有两只锁紧螺钉，分别起调整尺寸和锁紧作用。根据粗镗刀刀头在刀杆上安装形式，粗镗刀又分成倾斜型粗镗刀和直角型粗镗刀。镗孔时，所镗孔径的大小要靠调整刀头的悬伸长度来保证，调整麻烦，效率低，大多用于单件小批量生产。

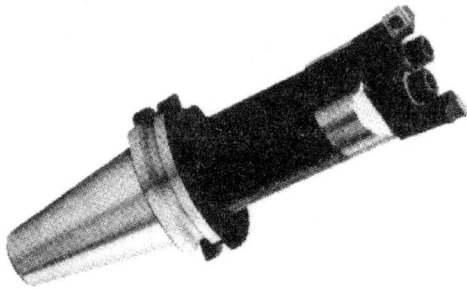

图 1-6-20　双刃镗刀

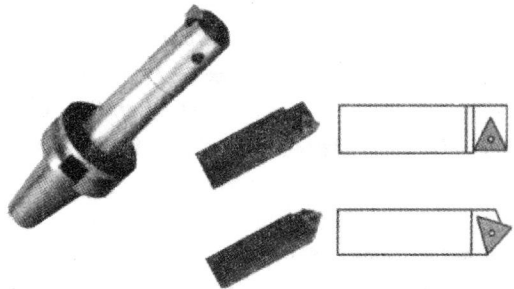

图 1-6-21　粗镗刀及其刀头

② 精镗刀

精镗刀目前较多地选用精镗可调镗刀［图 1-6-22（a）］和微调精镗刀［图 1-6-22（b）］。这种镗刀的径向尺寸可以在一定范围内进行微调，调节方便，且精度高。调整尺寸时，先松开锁紧螺钉，然后转动带刻度盘的调整螺母，等调至所需尺寸，再拧紧锁紧螺钉。

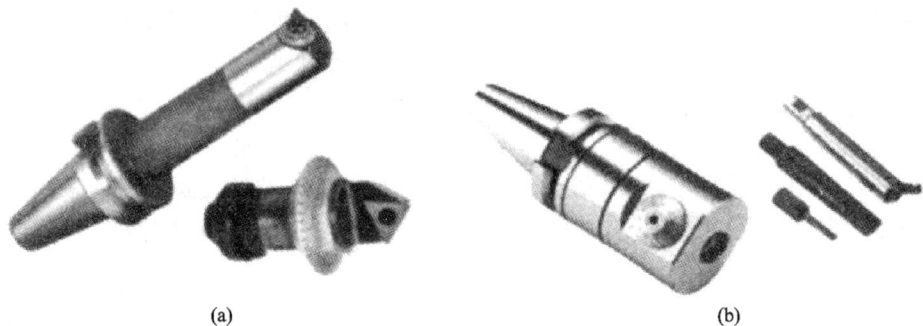

(a)　　　　　　　　　　　　　　　　　　　　(b)

图 1 – 6 – 22　精镗刀及其刀头

③ 镗孔尺寸的控制

粗镗刀刀尖位置的调整，一般采用敲刀法来实现，敲出的量大多凭手感经验来控制，也有借助百分表来控制敲出量的，如图 1 – 6 – 23 所示。采用以上方法控制镗削孔径尺寸时，常通过试切法来获得准确的孔径。试切时，先在孔口镗深 1 mm，经测量检查，认为尺寸符合要求后再正式镗孔。

精镗孔尺寸控制较为方便，通常采用如下两种方法来控制：第一种方法是试切削调整法，先用粗调好的精镗刀在孔口试切，根据试切后的尺寸调节带刻度的螺母，然后进行精

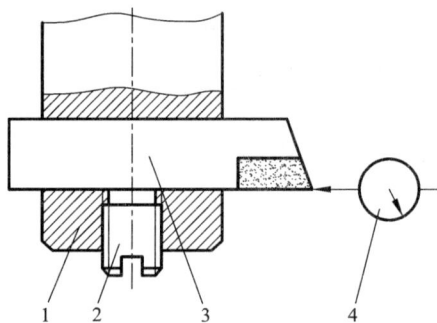

图 1 – 6 – 23　用百分表控制敲出量
1—镗刀杆；2—紧固螺钉；3—镗刀头；4—百分表

镗。第二种方法是机外调整法，将精镗刀在机外对刀仪上对刀并调整至要求尺寸，再将精镗刀装入主轴进行加工。

（2）镗孔加工的关键技术

镗孔加工的关键技术是解决镗刀刀杆的刚性问题和镗孔过程的排屑问题。

① 刚性问题的解决方案

a. 选择截面积大的刀杆　镗刀刀杆的截面积通常为内孔截面积的 1/4。因此，为了增加刀杆的刚性，应根据所加工孔的直径和预孔的直径，尽可能选择截面积大的刀杆。

通常情况下，孔径在 φ30～120 mm 范围内，镗刀杆直径一般为孔径的 0.7～0.8。孔径小于 φ30 mm 时，镗刀杆直径取孔径的 0.8～0.9。

b. 刀杆的伸出长度尽可能短　镗刀刀杆伸得太长，会降低刀杆刚性，容易引起振动。因此，为了增加刀杆的刚性，选择刀杆长度时，只需选择刀杆伸出长度略大于孔深即可。

c. 选择合适的切削角度　为了减小切削过程中由于受径向力作用而产生振动，镗刀的主偏角 K_r 一般选得较大。镗铸铁孔或精镗时，一般取 $K_r = 90°$；粗镗钢件孔时，取 $K_r = 60°$～75°，以提高刀具的寿命。

② 排屑问题的解决方案

排屑问题主要通过控制切屑流出方向来解决。精镗孔时，要求切屑流向待加工表面（即前排屑），此时，选择正刃倾角的镗刀。加工盲孔时，通常向刀杆方向排屑，此时，选择负刃倾角的镗刀。

6.8　攻螺纹与镗孔固定循环指令

1. 粗镗孔循环 G86、G88 和 G89

粗镗孔指令除前节介绍的 G85 指令外，通常还有 G86、G88、G89 等，其指令格式与固定循环 G85 的指令格式相类似。

（1）指令格式

$$G86\ X\_\_Y\_\_Z\_\_R\_\_F\_\_;$$
$$G88\ X\_\_Y\_\_Z\_\_R\_\_P\_\_F\_\_;$$
$$G89\ X\_\_Y\_\_Z\_\_R\_\_P\_\_F\_\_;$$

（2）指令动作

如图 1-6-24 所示，执行 G86 循环时，刀具以切削进给方式加工到孔底，然后主轴停转，刀具快速退到 R 点平面后，主轴正转。该指令常用于精度及粗糙度要求不高的镗孔加工。

G89 动作与前节介绍的 G85 动作类似，不同的是 G89 动作在孔底增加了暂停。因此该指令常用于阶梯孔的加工。

G88 循环指令较为特殊，刀具以切削进给方式加工到孔底，然后刀具在孔底暂停后主轴停转，这时可通过手动方式从孔中安全退出刀具。这种加工方式虽能提高孔的加工精度，但加工效率较底。因此，该指令常在单件加工中采用。

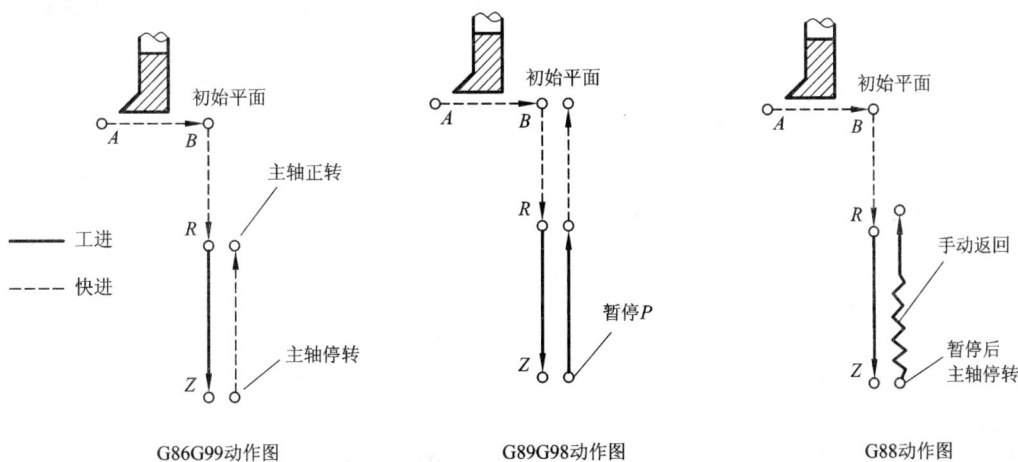

G86G99动作图　　　　　G89G98动作图　　　　　G88动作图

图 1-6-24　粗镗孔指令动作图

2. 精镗孔循环 G76 与反镗孔循环 G87

（1）指令格式

$$G76 \ X\_\_Y\_\_Z\_\_R\_\_Q\_\_P\_\_F\_\_;$$
$$G87 \ X\_\_Y\_\_Z\_\_R\_\_Q\_\_F\_\_;$$

（2）指令动作

如图 1-6-25 所示，执行 G76 循环时，刀具以切削进给方式加工到孔底，实现主轴准停，刀具向刀尖相反方向移动 Q，使刀具脱离工件表面，保证刀具不擦伤工件表面，然后快速退刀至 R 平面或初始平面，刀具正转。G76 指令主要用于精密镗孔加工。

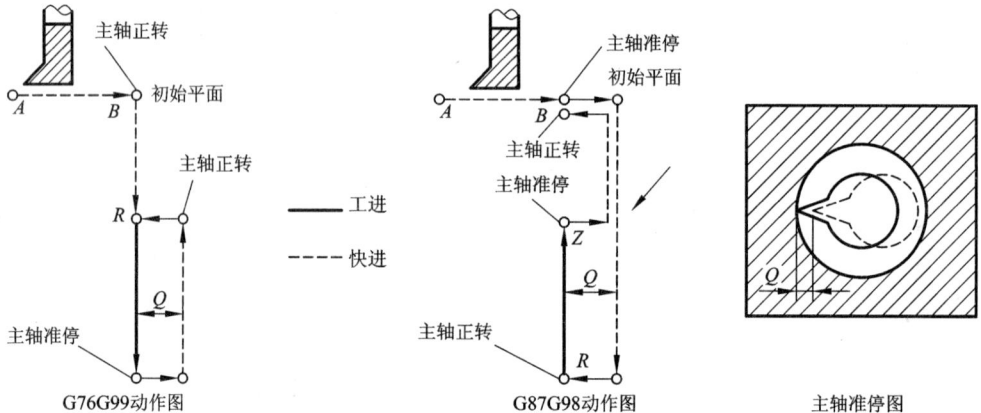

图 1-6-25　精镗孔指令动作图

执行 G87 循环时，刀具在 G17 平面内快速定位后，主轴准停，刀具向刀尖相反方向偏移 Q，然后快速移动到孔底（R 点），在这个位置刀具按原偏移量反向移动相同的 Q 值，主轴正转并以切削进给方式加工到 Z 平面，主轴再次准停，并沿刀尖相反方向偏移 Q，快速提刀至初始平面并按原偏移量返回到 G17 平面的定位点，主轴开始正转，循环结束。由于 G87 循环刀尖无须在孔中经工件表面退出，故加工表面质量较好，所以该循环常用于精密孔的镗削加工。

注意，G87 循环不能用 G99 进行编程。

3. 刚性攻右旋螺纹 G84 与攻左旋螺纹 G74

（1）指令格式

$$G84 \ X\_\_Y\_\_Z\_\_R\_\_P\_\_F\_\_;$$
$$G74 \ X\_\_Y\_\_Z\_\_R\_\_P\_\_F\_\_;$$

G94 模式时，F = 螺纹导程×转速，G95 模式时，F = 螺纹导程。

（2）指令动作

如图 1-6-26 所示，G84 循环为右旋螺纹攻螺纹循环，用于加工右旋螺纹。执行该循环时，主轴正转，在 G17 平面快速定位后快速移动到 R 点，执行攻螺纹到达孔底后，主轴反转退回到 R 点，主轴恢复正转，完成攻螺纹动作。

G74 动作与 G84 基本类似，只是 G74 用于加工左旋螺纹。执行该循环时，主轴反转，在

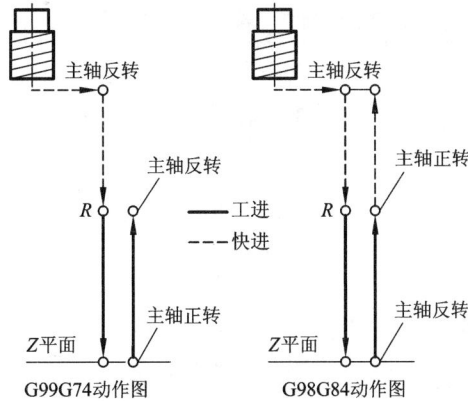

图 1 - 6 - 26　G74 与 G84 指令动作图

G17 平面快速定位后快速移动到 R 点，执行攻螺纹到达孔底后，主轴正转退回到 R 点，主轴恢复反转，完成攻螺纹动作。

在指定 G74 前，应先换上左螺纹丝锥并使主轴反转。另外，在 G84 与 G74 攻螺纹期间，进给倍率、进给保持均被忽略。

4．固定循环编程的注意事项

(1)在指令固定循环前，应事先使主轴旋转。

(2)由于固定循环是模态指令，因此，在固定循环有效期间，如果 X、Y、Z、R 中的任意一个被改变，就要进行一次孔加工。

(3)使用具有主轴自动启动的固定循环(G74、G84、G86)时，如果孔的 XY 平面定位距离较短，或从初始点平面到 R 平面的距离较短，且需要连续加工，为了防止在进入孔加工动作时主轴不能达到指定的转速，应使用 G04 暂停指令进行延时。

(4)在固定循环方式中，刀具半径补偿功能无效。

6.9　任务决策和执行

1．工艺分析

根据图样(图 1 - 6 - 15)需加工 2 × φ10H7 mm 孔、φ30H8 mm 孔，孔的尺寸精度分别为 7 级和 8 级，表面粗糙度 Ra1.6μm；攻 4 × M10 螺纹孔。φ30H8 mm 孔对 φ45h8 mm 外形轮廓有同轴度要求，最好与 φ45h8 mm 外形轮廓在同一次装夹中完成，也可以 φ45h8 mm 外形轮廓为定位或对刀基准完成加工。由于 φ45h8 mm 外形轮廓已在前面工序完成，本次加工，以 φ45h8 mm 外形轮廓为对刀基准，并将 XY 坐标原点设在 φ45h8 mm 外形轮廓中心。

2 × φ10H7 mm 孔可采用中心钻定位、钻、铰孔方式完成，铰孔的底孔直径取 φ9.8 mm；φ30H8 mm 孔用钻、扩、粗镗、精镗方式完成，精镗孔余量取 0.2 mm(双边)；4 × M10 螺纹孔采用中心钻定位、钻、攻丝方式完成。M10 螺距为 1.5 mm，攻丝的底孔直径取 8.5 mm。机床的定位精度完全能保证孔的位置精度要求，所有孔加工进给路线均按最短路线确定。

2．刀具与工艺参数

刀具与工艺参数见表 1 - 6 - 5、表 1 - 6 - 6。

表 1-6-5　数控加工刀具卡

单　　　位		数控加工刀具卡片	产品名称				零件图号	
			零件名称				程序编号	
序号	刀具号	刀具名称	刀　具		补偿值		刀补号	
			直径	长度	半径	长度	半径	长度
1	T01	中心钻	φ5 mm					
2	T02	麻花钻	φ8.5 mm					
3	T03	麻花钻	φ9.8 mm					
4	T04	麻花钻	φ18 mm					
5	T05	麻花钻	φ28 mm					
6	T06	粗镗刀	φ29.8 mm					
7	T07	机用丝锥	M10					
8	T08	铰刀	φ10 mm					
9	T09	精镗刀	φ30 mm					

表 1-6-6　数控加工工序卡

单　　　位		数控加工工序卡片		产品名称	零件名称	材料	零件图号
					支撑座	HT150	
工序号	程序编号		夹具名称	夹具编号	设备名称	编制	审核
	O0001				XK713		
工步号	工步内容	刀具号	刀具规格	主轴转速 /(r/min)	进给速度 /(mm/min)	背吃刀量 /mm	
1	钻中心孔	T01	φ5 mm 中心钻	2000	80		
2	钻 4×M10 底孔	T02	φ8.5 mm 麻花钻	800	100		
3	钻 2×φ10H7 mm 底孔	T03	φ9.8 mm 麻花钻	700	100		
4	钻 φ30H8 mm 底孔	T04	φ18 mm 麻花钻	500	60		
5	扩 φ30H8 mm 底孔	T05	φ28 mm 麻花钻	400	40		
6	粗镗 φ30H8 mm 孔	T06	φ29.8 mm 粗镗刀	600	60		
7	攻 4×M10 螺纹	T07	M10	200	300		
8	铰 2×φ10H7 mm 孔	T08	φ10H7 mm	250	60		
9	精镗 φ30H8 mm 孔	T09	φ30 mm	1500	50		

3. 装夹方案

工件以精密平口钳上的定钳口和垫块为定位面，要注意防止垫铁与孔加工刀具相碰，动钳口将工件夹紧。虎钳的定钳口需要进行检测，确保定钳口与工作台的垂直度、平行度。虎钳的底平面和垫块与工作台的平行度也要进行检测。垫块数量尽量少,摆放位置应确保加工时不会与刀具发生干涉。

4. 程序编制

在 φ45h8 mm 外形轮廓中心建立工件坐标系,Z 轴原点设在工件顶面上。利用偏心式寻边器找正 X、Y 轴零点,装上中心钻头,完成 Z 轴的对刀。孔加工的安全平面设置在工件顶面以上 50 mm 处。程序如下:

O0001;
N10 G17 G21 G40 G54 G80 G90 G94; 程序初始化
N20 G00 Z50.0 M07; 刀具定位到安全平面,启动主轴
N30 M03 S2000;
N40 G99 G81 X35.0Y35.0 R – 10.0 Z – 20.0 F80; 钻中心孔,深度以钻出锥面为好
N50 X0.0 Y40.0;
N60 X – 35.0 Y35.0;
N70 Y – 35.0;
N80 X0.0 Y – 40.0;
N90 G98 X35.0 Y – 35.0;
N95 X0 Y0 R5.0 Z – 5.0;
N100 G00 Z180.0 M09; 刀具抬到手工换刀高度
N105 X150 Y150; 移到手工换刀位置
N110 M05;
N120 M00; 程序暂停,手工换 T02 刀,换转速
N130 M03 S200;
N140 G00 Z50.0 M07; 刀具定位到安全平面
N150 G99 G81 X35.0 Y35.0 R – 10.0 Z – 34.0 F100;
　　　　　　　　　　　　　　　　　　　 钻 4 × M10 螺纹孔底孔
N160 X – 35.0;
N170 Y – 35.0;
N180 X35.0;
N190 G00 Z180.0 M09; 刀具抬到手工换刀高度
N200 X150 Y150; 移到手工换刀位置
N210 M05;
N220 M00; 程序暂停,手工换 T03 刀,换转速
N230 M03 S700;
N240 G00 Z50.0 M07; 刀具定位到安全平面
N250 G98 G81 X0 Y40.0 R – 10.0 Z – 35.0 F100; 钻 2 × φ10H7 mm 孔底孔
N260 Y – 40.0
N270 G00 Z180 M09; 刀具抬到手工换刀高度
N280 X150 Y150; 移到手工换刀位置
N290 M05;

N300 M00；   程序暂停，手工换 T04 刀，换转速

N310 M03 S500；

N320 G00 Z50.0 M07；   刀具定位到安全平面

N330 G98 G81 X0.0 Y0.0 R5.0 Z－37.0 F60；   钻 ϕ30H8 mm 底孔

N340 G00 Z180 M09；   刀具抬到手工换刀高度

N350 X150 Y150   移到手工换刀位置

N360 M05；

N370 M00；   程序暂停，手工换 T05 刀，换转速

N380 M03 S400；

N390 G00 Z50.0 M07；   刀具定位到安全平面

N400 G98 G81 X0.0 Y0.0 R5.0 Z－37.0 F40；   扩 ϕ30H8 mm 底孔

N410 G00 Z180 M09；   刀具抬到手工换刀高度

N420 X150 Y150   移到手工换刀位置

N430 M05；

N435 M00；   程序暂停，手工换 T06 刀，换转速

N440 M03 S600；

N450 G00 Z50.0 M07；   刀具定位到安全平面

N460 G98 G86 X0.0 Y0.0 R5.0 Z－37.0 F60；   粗镗 ϕ30H8 mm 孔

N470 G00 Z180 M09；   刀具抬到手工换刀高度

N480 X150 Y150   移到手工换刀位置

N490 M05；

N500 M00；   程序暂停，手工换 T07 刀，换转速

N510 M03 S200；

N520 G00 Z50.0 M07；   刀具定位到安全平面

N530 G99 G84 X35.0 Y35.0 R－10.0 Z－37.0 F300；   攻 4×M10 螺纹孔

N540 X－35.0；

N550 Y－35.0；

N560 X35.0；

N570 G00 Z180 M09；   刀具抬到手工换刀高度

N580 X150 Y150   移到手工换刀位置

N590 M05；

N600 M00；   程序暂停，手工换 T08 刀，换转速

N610 M03 S250；

N620 G00 Z50.0 M07；   刀具定位到安全平面

N630 G98 G85 X0.0 Y40.0 R－10.0 Z－35.0 F60；   铰 2×ϕ10H7 mm 孔

N640 Y－40.0

N650 G00 Z180 M09；   刀具抬到手工换刀高度

N660 X150 Y150   移到手工换刀位置

N670 M05；

N680 M00；	程序暂停，手工换 T09 刀，换转速
N690 M03 S1500；	
N700 G00 Z50.0 M07；	刀具定位到安全平面
N710 G98 G85 X0.0 Y0.0 R5.0 Z－32.0 F50；	精镗 ϕ30H8 mm 孔
N720 G00 Z50.0 M09；	刀具定位到安全平面
N670 M05；	
N660 M30；	程序结束

6.10　巩固练习

利用数控加工仿真软件，完成如图 1-6-27 所示零件上各孔的加工，并完成工序卡片的填写。零件上下表面、凸台等部位已在前面工序(步)完成，零件材料为铸铁 HT150。

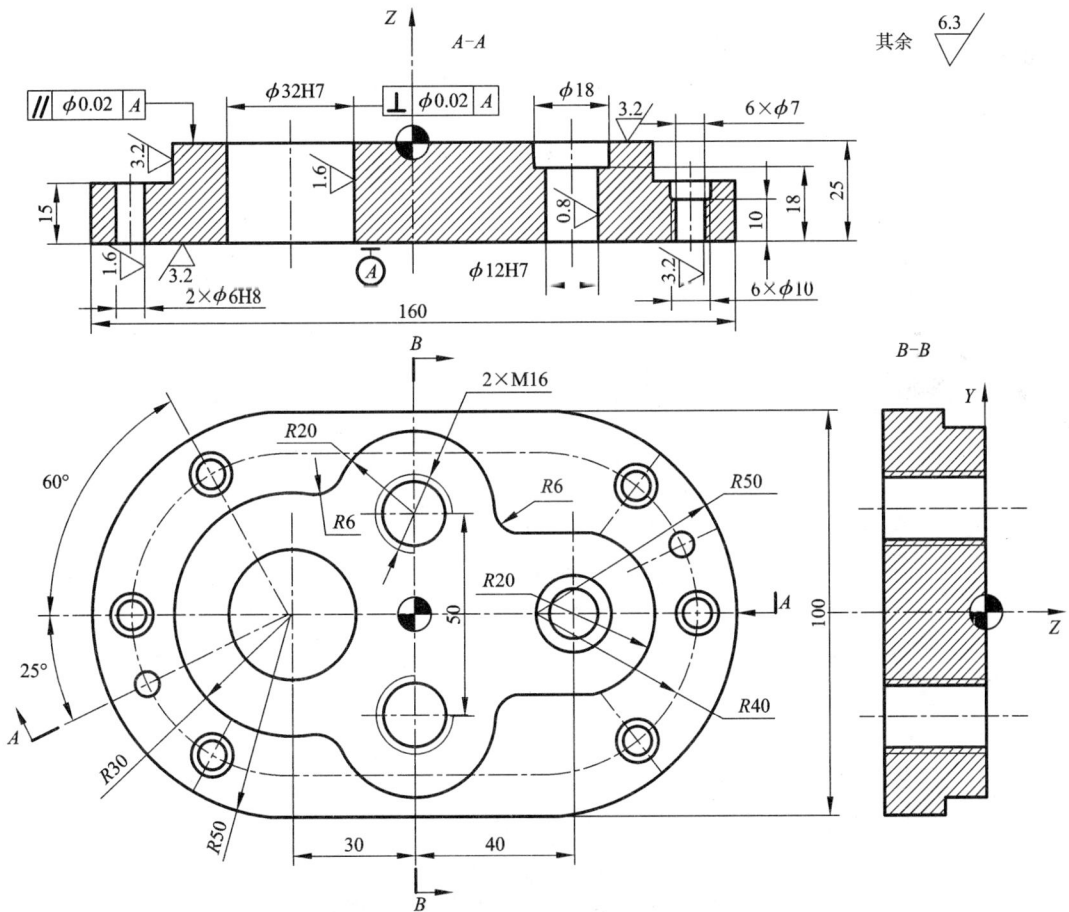

图 1-6-27　泵盖零件上孔的加工

【技术要点】

（1）XY 平面对刀不宜用钻头，可用仿真系统提供的偏心式寻边器或铣刀进行对刀，Z 轴对刀时再换上钻头进行。

（2）首件加工初期，程序应在单段模式下运行，进给速度和快速倍率应设置较低档。

（3）在数控铣床用麻花钻钻孔时，因无夹具钻模导向，受两切削刃上切削力不对称的影响，容易引起钻孔偏斜，故要求钻头两切削刃必须有较高的刃磨精度，或先用中心钻定中心，再用钻头钻孔。

（4）加工通孔时注意刀具超越量的选取。

（5）在铣床上攻丝时注意选择浮动夹头。

（6）如果铣床无主轴准停功能，则不能使用 G76 和 G87 指令，精镗孔可用 G85 或 G86 指令。

项目七 规则曲面的铣削加工

7.1 任务：凹半球曲面加工

试在数控铣床上完成如图 1 – 7 – 1 所示凹半球曲面加工。凹半球的球半径为 $SR30$ mm，零件毛坯尺寸（长 × 宽 × 高）为 100 mm × 80 mm × 40 mm。

知识点与技能点：

- 规则曲面的加工方法；
- 宏程序的基本知识；
- 宏程序中的运算指令；
- 宏程序中的条件控制指令；
- 宏程序编程思路和方法；
- 规则曲面的仿真加工操作与程序调试。

7.2 规则曲面的加工方法

1. 规则曲面的加工特点

规则曲面有球面、锥面、柱面、椭球面等。数控机床加工这些零件时，可用球头刀或立铣刀采用"行（层）切法"加工，即刀具沿 XY 平面运动一周，在零件轮廓上加工出一平面曲线，然后在 Z 方向移动一个行距 ΔZ，再加工出一个新的平面曲线，直至整个曲面形状加工结束。这种三坐标运动，两坐标联动的加工方法称为两轴半加工。图 1 – 7 – 2 为圆锥体采用两轴半加工的刀具轨迹示意图。

2. 规则曲面的编程方法

规则曲面的编程方法通常有自动编程法、宏程序法等。

（1）自动编程法

由于计算机技术的发展及编程软件的普及，曲面零件的编程，多采用计算机自动编程方法完成。其编程思路为首先构造零件的三维线框，再构造曲面形状，完成图形设计工作，随后在曲面造型的基础上产生加工刀具路径，最后经后置处理产生加工程序。

（2）宏程序法

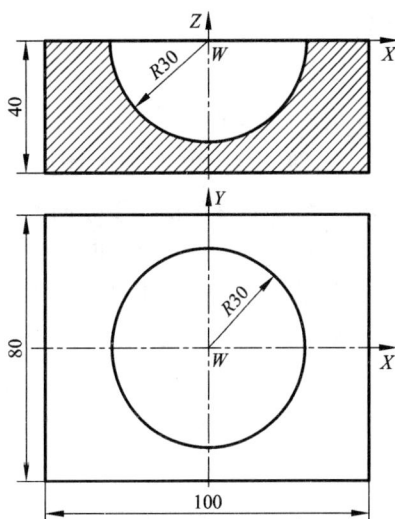

图 1 – 7 – 1 规则曲面加工任务

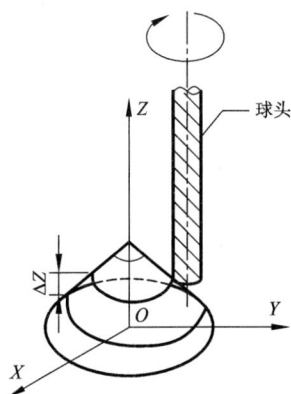

图 1 – 7 – 2 两轴半零件加工轨迹

宏程序的编程加工，一般是采用厂方所提供的宏程序(或用户自行开发的宏程序)通过对变量进行赋值及处理后完成程序的加工任务。如用宏程序加工圆锥体时，用户只需将圆锥体的底圆半径、圆锥高、刀具参数和加工参数赋值到变量中去，即可完成圆锥体的编程加工。

3. 行切法加工的注意事项

采用行切法加工每层的平面曲线轨迹时，还需注意下面两个问题。

(1)行距 ΔZ 的确定

用球头刀加工立体曲面零件时，刀痕在每层之间的残留部分称为表面残余高度 h(见图 1-7-3)。若表面允许的残余高度为 $h_允$，则：

$$S = 2\sqrt{2Rh_允 - h_允^2} \approx 2\sqrt{2Rh_允}$$

所以 $\Delta Z = S\sin\phi = 2\sqrt{2Rh_允}\sin\phi$

式中：ϕ——母线与 XY 平面的夹角。

(2)球头刀半径 R 在加工截面上的投影 r

由图 1-7-3 可知，在加工界面内计算刀具中心轨迹时，其刀具半径不是 R 值而是 r 值，r 与球头刀半径 R 的关系为：

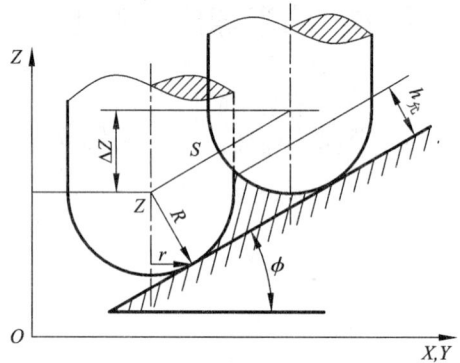

图 1-7-3   行距与残余量的关系

$$r = R\sin\phi$$

球头刀球心距加工表面距离为：

$$Z = R\cos\phi$$

从图 1-7-3 可以分析出，在曲面形状及刀具半径一定的前提下，通过减少行距 ΔZ(即增加行切次数)可以减小加工表面的残留高度值 $h_允$。

7.3   B 类宏程序编程

1. 宏程序的定义

在一般的程序编制中程序字为一常量，一个程序只能描述一个几何形状，缺乏灵活性与通用性，针对这种情况，数控机床提供了另一种编程方式，即宏编程。

在程序中使用变量，通过对变量进行赋值及处理使程序具有特殊功能，这种有变量的程序叫宏程序。通过使用宏程序，能执行一些有规律变化(如非圆二次曲线轮廓)的动作。

宏程序分 A 类和 B 类两种，FANUC 0i 系统采用 B 类宏程序进行编程。

2. 宏程序中的变量

在常规的主程序和子程序内，总是将一个具体的数值赋给一个地址，为了使程序更加具有通用性、灵活性，故在宏程序中设置了变量。

(1)变量的表示

一个变量由符号"#"和变量序号组成，如：#i (i = 1, 2, 3, …)，此外，变量还可以用表达式进行表示，但其表达式必须全部写入方括号"[ ]"中。如#100，#500，#5，#[#1 + #2 + 10]等。

（2）变量的引用

将跟随在地址符后的数值用变量来代替的过程称为引用变量。同样，引用变量也可以采用表达式。

例1－7－1　G01 X#100 Y－#101 F[#101＋#103]；

当#100＝100.0、#101＝50.0、#103＝80.0时，上例即表示为G01×100.0 Y－50.0 F130；

（3）变量的种类

变量分为局部变量、公共变量（全局变量）和系统变量三种。

① 局部变量（#1～#33）

局部变量是在宏程序中局部使用的变量。当宏程序C调用宏程序D而且都有变量#1时，由于变量#1服务于不同的局部，所以C中的#1与D中的#1不是同一个变量，因此可以赋予不同的值，且互不影响。

② 公共变量（#100～#149、#500～#549）

公共变量贯穿于整个程序过程。同样，当宏程序C调用宏程序D而且都有变量#100时，由于#100是全局变量，所以C中的#100与D中的#100是同一个变量。实际加工时，常采用公共变量进行编程。

③ 系统变量

系统变量是指有固定用途的变量，它的值决定系统的状态。系统变量包括刀具偏置值变量、接口输入与接口输出信号变量及位置信号变量等。

3. 运算指令

宏程序具有赋值、算术运算、逻辑运算、函数运算等功能，见表1－7－1。

表1－7－1　变量的各种运算

功　能	格　式	备注与具体示例
定义、转换	#i＝#j	#110＝#8，#100＝300 #20＝#1＋#2 #130＝100－#2 #110＝#1*#2 #140＝#5/30
加法	#i＝#j＋#k	
减法	#i＝#j－#k	
乘法	#i＝#j*#k	
除法	#i＝#j/#k	
正弦	#i＝SIN[#j]	#500＝SIN[2] #20＝COS[#25＋45] #125＝TAN[#25＋45]
反正弦	#i＝ASIN[#j]	
余弦	#i＝COS[#j]	
反余弦	#i＝ACOS[#j]	
正切	#i＝TAN[#j]	
反正切	#i＝ATAN[#j]	

功　能	格　式	备注与具体示例
平方根	#i = SQRT[#j]	#120 = SQRT[#2 * #5 + 30] #121 = EXP[#2] #122 = ROUND[#3] #50 = EXP[#4]
绝对值	#i = ABS[#j]	
舍入	#i = ROUND[#j]	
上取整(无条件舍去小数部分)	#i = FIX[#j]	
下取整(小数部分进位到整数)	#i = FUP[#j]	
自然对数	#i = LN[#j]	
指数函数	#i = EXP[#j]	
或	#i = [#j]OR#k	#20 = #3OR#6
异或	#i = [#j]XOR#k	
与	#i = [#j]AND#k	

变量运算说明如下。

① 三角函数及反三角函数的数值均以度为单位来指定,如 90°30′表示为 90.5°而 30°18′表示为 30.3°。

② 运算的次序依次为:函数运算(SIN、COS、ATAN 等),乘除运算(* 、/、AND 等),加和减运算(+ 、-、OR、XOR 等)。

③ 函数中的括号。用"[ ]"可以改变运算顺序,最里层的括号优先运算,括号最多可以嵌套 5 级。

4. 宏程序控制指令

控制指令起到控制程序流程的作用。

(1)分支语句

格式一　GOTO n;

例 1 - 7 - 2　GOTO 450;

无条件转移语句,当执行该程序段时,无条件转移到 N450 该程序段执行。

格式二　IF[条件表达式]GOTO n;

条件转移语句,若条件成立,则转到 N 程序段执行,如果条件不成立,则执行下一句程序。条件式的种类见表 1 - 7 - 2。

表 1 - 7 - 2　条件式种类

条 件 式	意　　义	具 体 示 例
#j EQ #k	等于(=)	IF[#5EQ#6]GOTO100
#j NE #k	不等于(≠)	IF[#5NE10]GOTO100
#j GT #k	大于(>)	IF[#5GT#6]GOTO100
#j GE #k	大于等于(≥)	IF[#5GE10]GOTO100
#j LT #k	小于(<)	IF[#5LT10]GOTO100
#j LE #k	小于等于(≤)	IF[#5LE#6]GOTO100

（2）循环指令

WHILE［条件式］DO m(m = 1, 2, 3, …);

…

END m;

当条件式满足时，就循环执行 WHILE 与 END m 之间的程序段，若条件不满足就执行 END m 的下一个程序段。

5. 宏程序编程示例

例 1 - 7 - 3 用 B 类宏程序编写如图 1 - 7 - 4 所示椭圆凸台外轮廓的加工程序。

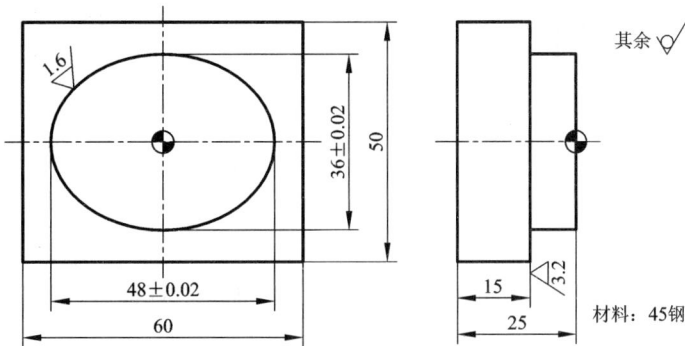

图 1 - 7 - 4 宏程序编程示例

编程提示 在椭圆上表面中心建立工件坐标系，X 方向为椭圆长轴方向。椭圆方程为 $X^2/24 + Y^2/18 = 1$。加工椭圆时，以角度 α 为自变量，则在 XY 平面内，椭圆上各点坐标表示为 $(24\cos\alpha, 18\sin\alpha)$，坐标值随角度 α 的变化而变化。编程时，使用以下变量进行运算。

\#103：角度变量；

\#104：椭圆上某点的 X 坐标；

\#105：椭圆上某点的 Y 坐标。

使用 $\phi20$ mm 立铣刀进行加工，程序如下：

O1000;	
G17 G21 G40 G49 G54 G80 G90 G94;	程序初始化
G00 Z50.0;	安全高度
M03 S800;	主轴正转
X72.0 Y10.0;	快速定位到下刀点，确保下刀时刀具不碰到工件
Z10.0;	
G01 Z - 10.0 F50;	下刀
\#103 = 360.0;	角度变量赋初值
G41 G01 X24.0 D01 F150;	建立刀具半径补偿
Y0.0;	切入
N100 \#104 = 24.0 * cos［\#103］;	X 坐标
\#105 = 18 * sin［\#103］;	Y 坐标

G01 X #104 Y#105；

#103 = #103 - 1；　　　　　　　　　　　　　角度增量为 - 1°

IF［#103 GE 0.0］GOTO 100；　　　　　　如果角度大于等于0°，则返回执行

循环

G40 G00 X40.0 Y0.0；　　　　　　　　　　取消刀具半径补偿，退出加工

Z50.0；　　　　　　　　　　　　　　　　　抬刀

M05；　　　　　　　　　　　　　　　　　　主轴停

M30；　　　　　　　　　　　　　　　　　　程序结束

7.4　任务决策和执行

1. 工艺分析

加工如图1-7-1所示凹半球曲面，以凹半球的圆弧中心为工件坐标系X、Y轴的零点，Z轴零点设置在工件上表面。

工艺过程如下：

(1)粗加工凹球面　用ϕ10 mm高速钢键槽铣刀粗加工凹球面。

(2)精加工凹球面　用ϕ8 mm高速钢球铣刀精加工凹球面。

2. 刀具与工艺参数

见表1-7-3、表1-7-4。

表1-7-3　数控加工刀具卡

单　位		数控加工刀具卡片	产品名称				零件图号	
			零件名称				程序编号	
序号	刀具号	刀具名称	刀 具		补偿值		刀补号	
			直径	长度	半径	长度	半径	长度
1	T01	键槽铣刀	ϕ10 mm					
2	T02	球刀	ϕ8 mm					

表1-7-4　数控加工工序卡

单　位		数控加工工序卡片		产品名称	零件名称	材　料	零件图号
工序号	程序编号	夹具名称	夹具编号	设备名称	编制	审核	
工步号	工步内容	刀具号	刀具规格	主轴转速/(r/min)	进给速度/(mm/min)	背吃刀量/mm	
1	粗加工凹球面	T01	ϕ10 mm 键槽刀	600	150		
2	精加工凹球面	T02	ϕ8 mm 球刀	1200	350		

3. 装夹方案

工件以定钳口和垫块为定位面, 动钳口将工件夹紧。

4. 程序编制

（1）粗加工凹球面

粗加工凹球面时, 键槽刀每次从中心垂直下刀, 向 X 正方向走第一段距离, 逆时针走整圆, 全部采用顺铣, 走完最外圈后提刀返回中心, 进给至下一层继续, 直至到达预定深度, 自上而下以层切方式去除余量。

O0001;	
#1 = 30.0;	凹球面的圆弧半径
#2 = 5.0;	键槽刀半径
#3 = 0;	Z 坐标赋初值 0
#4 = - SQRT[#1 * #1 - #2 * #2];	键槽刀到达凹球面底部时的 Z 坐标
#17 = 1.0;	Z 坐标每次递减量（每层切深）
	应确保深度#4 能被#17 整除
N10 G17 G21 G40 G54 G80 G90 G94;	程序初始化
N20 G00 Z50.0 M07;	刀具定位到安全平面, 打开切削液
N30 M03 S600;	启动主轴
N40 X0 Y0;	定位到球面中心
N50 #5 = 1.6 * #2;	步距设为刀具直径的 80%（经验值）
N60 #3 = #3 - #17;	赋第一刀出初始深度
N70 WHILE [#3 GT #4] DO 1;	如果 Z 坐标#3 > #4, 循环 1 继续
N80 Z[#3 + 1.5];	G00 下降到 Z#3 面以上 1.0 处
N90 G01 Z#3 F60;	G01 下降至当前加工深度 Z#3
N100 #7 = SQRT[#1 * #1 - #3 * #3] - #2;	任意深度时刀具中心在内腔的最大回转半径
N105 #8 = FIX[#7/#5];	任意深度时刀具中心在内腔的最大回转半径除以步距, 并上取整, 重置#8 为初始值
N108 WHILE [#8 GE 0] DO 2;	如果#8 ≥ 0（即还没有走到最外一圈）, 循环 2 继续
N110 #9 = #7 - #8 * #5;	每圈在 X 方向上移动的距离目标值（绝对值）
N120 G01 X#9 F150;	以 G01 移动到 X#9 点
N130 G03 I - #9;	逆时针走整圆
N140 #8 = #8 - 1;	#8 依次递减至 0
N150 END 2;	循环 2 结束（最外一圈已走完）
N160 G00 Z1.0;	G00 提刀至最高处以上 1.0
N170 X0 Y0;	G00 回中心, 准备下一层加工
N180 #3 = #3 - #17;	Z 坐标依次递减#17（每层切深）
N200 END1;	循环 1 结束（此时#3 = #4）
N210 G00 Z50.0;	G00 提刀到安全平面
N220 M05;	主轴停

N230 M30；   程序结束

（2）精加工凹球面

精加工凹球面时，自上而下等角度水平圆弧环绕走刀。每层都以 G03 圆弧插补，实现顺铣。在相邻的两层之间由 G03 圆弧(ZX 平面)路线相连。球刀刀位点设在球心。

O00002；

#1 = 30.0；   凹球面的圆弧半径

#2 = 4.0；   球头刀半径

#3 = 0；   (ZX 平面)角度设为自变量，赋初值 0

#4 = 90.0；   球面终止角度

#17 = 1.0；   角度每次递减量(绝对值)

                                                      应确保深度#4 能被#17 整除

N10 G17 G21 G40 G54 G80 G90 G94 ；   程序初始化

N20 G00 Z50.0 M07；   刀具定位到安全平面，打开切削液

N30 M03 S1200；   启动主轴

N40 X0 Y0；   定位到球面中心

N50 #12 = #1 - #2；   球心与刀心连线距离(常量)

N60 #5 = #12 * COS[#3]；   初始点刀心的 X 坐标

N70 #6 = - #12 * SIN[#3]；   初始点刀心的 Z 坐标

N80 X[#5 - 2.0]；   X 方向以 G00 移动刀距初始点 2.0 处

N90 Z#6；   G00 下降至初始点

N100 G01 X#5 F350；   X 方向以 G01 进给至初始点

N105 WHILE [#3 LT #4] DO 1；   如果#3 < #4，循环 1 继续

N110 #5 = #12 * COS[#3]；   任意角度时当前层刀心的 X 坐标

N120 #7 = #12 * COS[#3 + #17]；   下一层刀心的 X 坐标

N130 #8 = - #12 * SIN[#3 + #17]；   下一层刀心的 Z 坐标值

N140 G17 G03 I - #5；   G17 平面内(当前层)走整圆

N150 G18 G03 X#7 Z#8 R#12；   G18 平面内当前层以 G03 过渡到下一层

N160 #3 = #3 + #17；   角度#3 每次递增#17

N170 END1；   循环 1 结束

N200 G00 Z50.0；   G00 提刀到安全平面

N210 M05；   主轴停

N230 M30；   程序结束

7.5 巩固练习

利用数控加工仿真软件，完成如图 1 - 7 - 5 所示斜面凸台零件的加工，材料为 45 钢。

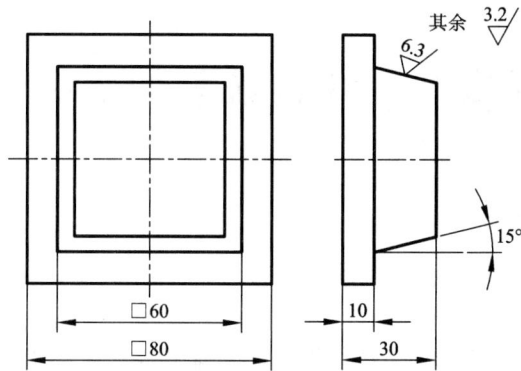

图 1-7-5　斜面零件加工练习

【技术要点】

（1）加工锥面时为精加工，所以余量不能太大，在精加工锥面前应进行去除余量的加工，即加工出 60 mm×60 mm 四方体。

（2）精加工采用宏程序编程，加工时从轮廓的切线方向切入切出，加工过程如图 1-7-6 所示，加工出四方轨迹后刀具抬高 0.2 mm，通过变量运算计算出相应的 a 值，再次加工四方轨迹，如此循环，直到刀具抬高到四棱台顶点处退出循环。变量运算时，以高度 h 为自变量，每次增加 0.1 mm，a 值为应变量，$a=20-h\tan15°$，从而求出四方体各点的坐标。

（3）首件加工初期，程序应在单段模式下运行，进给速度和快速倍率应设置较低档。

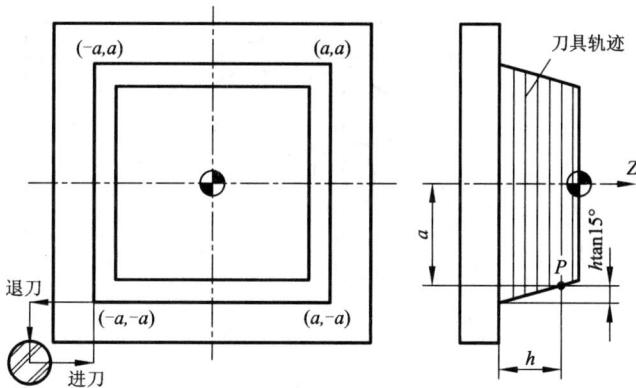

图 1-7-6　编程思路

项目八　综合铣削加工实例

8.1　任务：腰形槽底板的加工

腰形槽底板如图 1 - 8 - 1 所示，按单件生产安排其数控铣削工艺，编写出加工程序。毛坯尺寸为 (100 ± 0.027) mm × (80 ± 0.023) mm × 20 mm；长度方向侧面对宽度侧面及底面的垂直度公差为 0.03 mm；零件材料为 45 钢，表面粗糙度为 $Ra3.2$ μm。

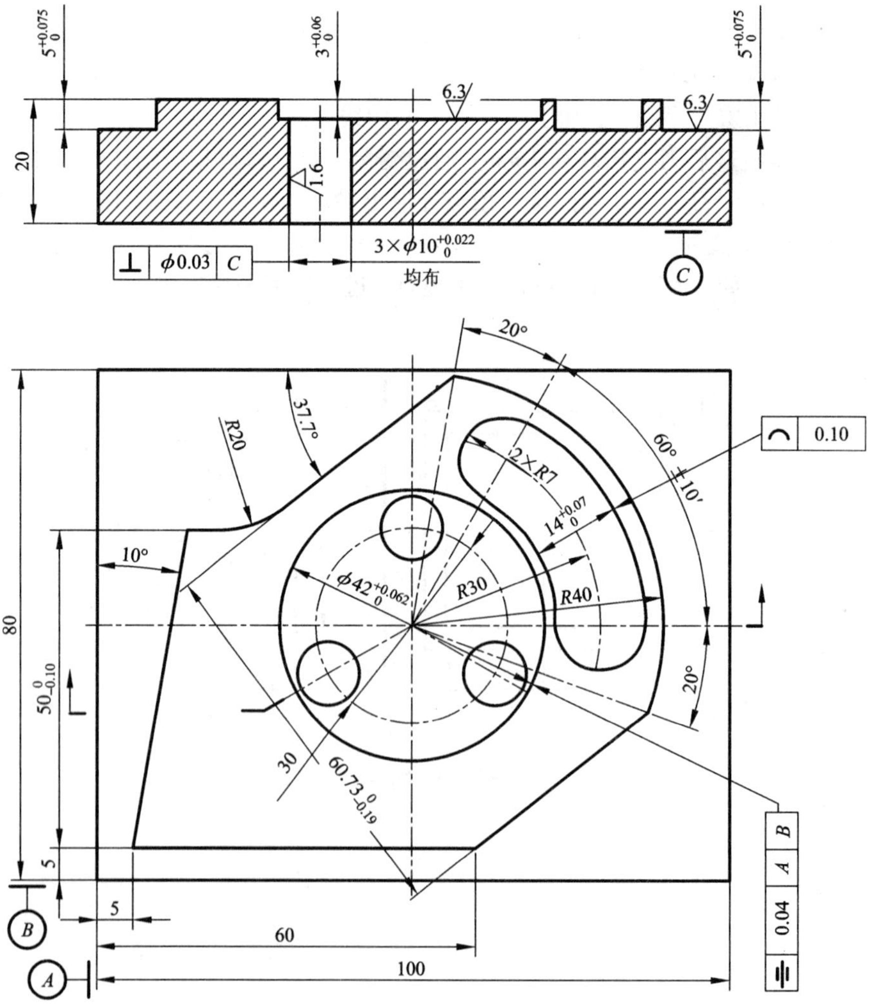

图 1 - 8 - 1　腰形槽底板零件图

知识点与技能点：

- 数控铣综合加工的工艺安排；
- 刀具半径补偿功能的应用；
- 内外轮廓加工中切入切出路线的安排；
- 内外轮廓加工中边角残料的去除；
- 孔加工循环指令的应用。

8.2 任务决策和执行

1. 工艺分析

该零件包含了外形轮廓、圆形槽、腰形槽和孔的加工，有较高的尺寸精度和垂直度、对称度等形位精度要求。编程前必须详细分析图纸中各部分的加工方法及走刀路线，选择合理的装夹方案和加工刀具，保证零件的加工精度要求。

外形轮廓中的 50 和 60.73 两尺寸的上偏差都为零，可不必将其转变为对称公差，直接通过调整刀补来达到公差要求；$3 \times \phi 10$ mm 孔尺寸精度和表面质量要求较高，并对 C 面有较高的垂直度要求，需要铰削加工，并注意以 C 面为定位基准；$\phi 42$ mm 圆形槽有较高的对称度要求，对刀时 X、Y 方向应采用寻边器碰双边，准确找到工件中心。加工过程如下：

（1）外轮廓的粗、精铣削，批量生产时，粗精加工刀具要分开，本例采用同一把刀具进行。粗加工单边留 0.2 mm 余量。

（2）加工 $3 \times \phi 10$ mm 孔和垂直进刀工艺孔。

（3）圆形槽粗、精铣削，采用同一把刀具进行。

（4）腰形槽粗、精铣削，采用同一把刀具进行。

2. 刀具与工艺参数选择

见表 1 - 8 - 1、表 1 - 8 - 2。

表 1 - 8 - 1 数控加工刀具卡

单 位		数控加工刀具卡片	产品名称			零件图号	
			零件名称			程序编号	
序号	刀具号	刀具名称	刀具		补偿值		刀补号	
			直径	长度	半径	长度	半径	长度
1	T01	立铣刀	$\phi 20$ mm		10.2(粗)/9.96(精)		D01	
2	T02	中心钻	$\phi 3$ mm					
3	T03	麻花钻	$\phi 9.7$ mm					
4	T04	铰刀	$\phi 10$ mm					
5	T05	立铣刀	$\phi 16$ mm		8.2(半精)/7.98(精)		D05	
6	T06	立铣刀	$\phi 12$ mm		6.1(半精)/5.98(精)		D06	

表 1 – 8 – 2   数控加工工序卡

单 位	数控加工工序卡片		产品名称	零件名称	材 料	零件图号
				腰形槽底板		
工序号	程序编号	夹具名称	夹具编号	设备名称	编制	审核
				XK5025		
工步号	工步内容	刀具号	刀具规格	主轴转速 /(r/min)	进给速度 /(mm/min)	背吃刀量 /mm
1	去除轮廓边角料	T01	φ20 mm 立铣刀	400	80	
2	粗铣外轮廓	T01	φ20 mm 立铣刀	500	100	
3	精铣外轮廓	T01	φ20 mm 立铣刀	700	80	
4	钻中心孔	T02	φ3 mm 中心钻	2000	80	
5	钻 3×φ10 mm 底孔和 垂直进刀工艺孔	T03	φ9.7 mm 麻花钻	600	80	
6	铰 2×φ10H7 mm 孔	T04	φ10H7 mm 铰刀	200	50	
7	粗铣圆形槽	T05	φ16 mm 立铣刀	500	80	
8	半精铣圆形槽	T05	φ16 mm 立铣刀	500	80	
9	精铣圆形槽	T05	φ16 mm 立铣刀	750	60	
10	粗铣腰形槽	T06	φ12 mm 立铣刀	600	80	
11	半精铣腰形槽	T06	φ12 mm 立铣刀	600	80	
12	精铣腰形槽	T06	φ12 mm 立铣刀	800	60	

3. 装夹方案

用平口虎钳装夹工件，工件上表面高出钳口 8 mm 左右。校正固定钳口的平行度以及工件上表面的平行度，确保精度要求。

4. 程序编制

在工件中心建立工件坐标系，Z 轴原点设在工件上表面。

(1) 外形轮廓铣削

① 去除轮廓边角料

安装 φ20 mm 立铣刀(T01)并对刀，去除轮廓边角料程序如下：

```
O0001 ;
N10 G17 G21 G40 G54 G80 G90 G94 ;        程序初始化
N20 G00 Z50.0 M07 ;                      刀具定位到安全平面，启动冷却泵
N30 M03 S400 ;                           启动主轴
N40 X – 65.0 Y32.0 ;                     去除轮廓边角料
N50 Z – 5.0 ;
N60 G01 X – 24.0 F80 ;
N70 Y55.0 ;
```

N80 G00 Z50.0;

N90 X40.0 Y55.0;

N100 Z－5.0;

N110 G01 Y35.0;

N120 X52.0;

N130 Y－32.0;

N140 X40.0;

N150 Y－55.0

N160 G00 Z50.0 M09;

N170 M05;

N180 M30;　　　　　　　　　　　　　　　　程序结束

② 粗、精加工外形轮廓

基点坐标：P_0(15，－65)

P1(15，－50)

P2(0，－35)

P3(－45，－35)

P4(－36.184，15)

P5(－31.444，15)

P6(－19.214，19.176)

P7(6.944，39.393)

P8(37.589，－13.677)

P9(10，－35)

P10(－15，－50)

P11(－15，－65)

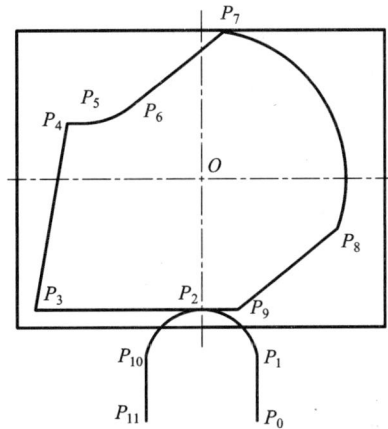

图 1－8－2　外形轮廓各点坐标及切入切出路线

刀具由 P_0 点下刀，通过 P_0P_1 直线建立左刀补，沿圆弧 P_1P_2 切向切入，顺时针走完轮廓后由圆弧 P_2P_{10} 切向切出，通过直线 $P_{10}P_{11}$ 取消刀补。粗、精加工采用同一程序，通过设置刀补值控制加工余量和达到尺寸要求。外形轮廓粗、精加工程序如下（程序中切削参数为粗加工参数）：

O00002;

N10 G17 G21 G40 G54 G80 G90 G94 ;　　　　程序初始化

N20 G00 Z50.0 M07;　　　　　　　　　　　刀具定位到安全平面，启动冷却

N30 M03 S500;　　　　　　　　　　　　　精加工时设为 700 r/min

N40 G00 X15.0 Y－65.0;　　　　　　　　　达到 P_0 点

N50 Z－5.0;　　　　　　　　　　　　　　下刀

N60 G01 G41 Y－50.0 D01 F100;　　　　　　建立刀补，粗加工时刀补设为 10.2 mm，精加工时刀补设为 9.96 mm（根据实测尺寸调整）；精加工时 F 设 80 mm/min

N70 G03 X0.0 Y－35.0 R15.0;　　　　　　　切向切入

N80 G01 X－45.0 Y－35.0;　　　　　　　　铣削外形轮廓

N90 X－36.184 Y15.0；

N100 X－31.444；

N110 G03 X－19.214 Y19.176 R20.0；

N120 G01 X6.944 Y39.393；

N130 G02 X37.589 Y－13.677 R40.0；

N140 G01 X10.0 Y－35；

N150 X0；

N160 G03 X－15.0 Y－50.0 R15；   切向切出

N170 G01 G40 Y－65.0；   取消刀补

N180 G00 Z50.0 M09；

N190 M05；

N230 M30；   程序结束

（2）加工 3×φ10 mm 孔和垂直进刀工艺孔

首先安装中心钻（T02）并对刀，孔加工程序如下：

O00003；

N10 G17 G21 G40 G54 G80 G90 G94；   程序初始化

N20 G00 Z50.0 M07；   刀具定位到安全平面，启动冷却

N30 M03 S2000；

N40 G99 G81 X12.99 Y－7.5 R5.0 Z－5.0 F80；

　　　　　　　　　　　　　　　　　　　　　钻中心孔，深度以钻出锥面为好

N50 X－12.99；

N60 X0.0 Y15.0；

N70 Y0.0；

N80 X30.0；

N100 G00 Z180.0 M09；   刀具抬到手工换刀高度

N105 X150 Y150；   移到手工换刀位置

N110 M05；

N120 M00；   程序暂停，手工换 T03 刀，换转速

N130 M03 S600；

N140 G00 Z50.0 M07；   刀具定位到安全平面

N150 G99 G83 X12.99 Y－7.5 R5.0 Z－24.0 Q4.0 F80；

　　　　　　　　　　　　　　　　　　　　　钻 3×φ10 mm 底孔和垂直进刀工艺孔

N160 X－12.99；

N170 X0.0 Y15.0；

N180 G81 Y0.0 R5.0 Z－2.9；

N190 X30.0 Z－4.9；

N200 G00 Z180.0 M09；   刀具抬到手工换刀高度

N210 X150 Y150；   移到手工换刀位置

N220 M05；

N230 M00；　　　　　　　　　　　　　程序暂停，手工换 T04 刀，换转速

N240 M03 S200；

N250 G00 Z50.0 M07；　　　　　　　刀具定位到安全平面

N260 G99 G85 X12.99 Y-7.5 R5.0 Z-24.0 F80；

　　　　　　　　　　　　　　　　　　铰 3×φ10 mm 孔

N270 X-12.99；

N280 G98 X0.0 Y15.0；

N290 G80 M05；

N300 M30；　　　　　　　　　　　　　程序结束

（3）圆形槽铣削

安装 φ16 mm 立铣刀（T05）并 Z 方向对刀，圆形槽铣削程序如下：

① 粗铣圆形槽

O0004；

N10 G17 G21 G40 G54 G80 G90 G94；　程序初始化

N20 G00 Z50.0 M07；　　　　　　　　刀具定位到安全平面，启动冷却泵

N30 M03 S500；　　　　　　　　　　　启动主轴

N40 X0.0 Y0.0；

N50 Z10.0；

N60 G01 Z-3.0 F40；　　　　　　　　下刀

N70 X5.0 F80；　　　　　　　　　　　去除圆形槽中材料

N80 G03 I-5.0；

N90 G01 X12.0；

N100 G03 I-12.0；

N110 G00 Z50 M09；

N120 M05；

N130 M30；　　　　　　　　　　　　　程序结束

② 半精、精铣圆形槽边界

半精、精加工采用同一程序，通过设置刀补值控制加工余量和达到尺寸要求。程序如下（程序中切削参数为半精加工参数）：

O0005；

N10 G17 G21 G40 G54 G80 G90 G94；　程序初始化

N20 G00 Z50.0 M07；　　　　　　　　刀具定位到安全平面，启动冷却泵

N30 M03 S600；　　　　　　　　　　　精加工时设为 750 r/min

N40 X0.0 Y0.0；

N50 Z10.0；

N60 G01 Z-3.0 F40；　　　　　　　　下刀

N70 G41 X-15.0 Y-6.0 D05 F80；　　建立刀补，半精加工时刀补设为 8.2 mm，精加工时刀补设为 7.98 mm（根据实测尺寸调整）；精加工时 F 设 60 mm/min

N80 G03 X0.0 Y-21.0 R15.0;　　　　　切向切入

N90 G03 J21.0;　　　　　　　　　　　铣削圆形槽边界

N100 G03 X15.0 Y-6.0 R15.0;　　　　切向切出

N110 G01 G40 X0.0 Y0.0;　　　　　　取消刀补

N120 G00 Z50 M09;

N130 M05;

N140 M30;　　　　　　　　　　　　　程序结束

（4）铣削腰形槽

① 粗铣腰形槽

安装 ϕ12 mm 立铣刀（T06）并对刀，粗铣腰形槽程序如下：

O0006;

N10 G17 G21 G40 G54 G80 G90 G94;　程序初始化

N20 G00 Z50.0 M07;　　　　　　　　刀具定位到安全平面，启动切削液

N30 M03 S600;

N40 X30.0 Y0.0;　　　　　　　　　　到达预钻孔上方

N50 Z10.0;

N60 G01 Z-5.0 F40;　　　　　　　　下刀

N70 G03 X15.0 Y25.981 R30.0 F80;　粗铣腰形槽

N80 G00 Z50 M09;

N90 M05;

N100 M30;　　　　　　　　　　　　程序结束

② 半精、精铣腰形槽，基点坐标如下：

A_0（30,0）

A_1（30.5, -6.5）

A_2（37,0）

A_3（18.5, 32.043）

A_4（11.5, 19.919）

A_5（23,0）

A_6（30.5, 6.5）

半精、精加工采用同一程序，通过设置刀补值控制加工余量和达到尺寸要求。程序如下（程序中切削参数为半精加工参数）：

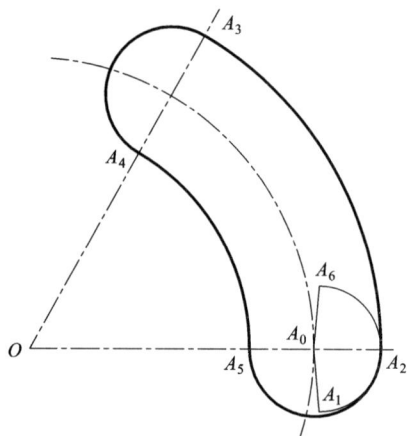

图1-8-3 腰形槽各点坐标及切入切出路线

O0007;

N10 G17 G21 G40 G54 G80 G90 G94;　程序初始化

N20 G00 Z50.0 M07;　　　　　　　　刀具定位到安全平面，启动切削液

N30 M03 S600;　　　　　　　　　　　精加工时设为800 r/min

N40 X30.0 Y0.0;

N50 Z10.0;

N60 G01 Z-3.0 F40;　　　　　　　　下刀

N70 G41 X30.5 Y – 6.5 D06 F80；   建立刀补，半精加工时刀补设为 6.1 mm，精
                                        加工时刀补设为 5.98 mm（根据实测尺寸调
                                        整）；精加工时 F 设 60 mm/min

N80 G03 X37.0 Y0.0 R6.5；   切向切入
N90 G03 X18.5 Y32.043 R37.0；   铣削腰形槽边界
N100 X11.5 Y19.919 R7.0；
N110 G02 X23.0 Y0 R23.0；
N120 G03 X37.0 R7.0；
N130 X30.5 Y6.5 R6.5；
N140 G01 G40 X30.0 Y0.0；   取消刀补
N150 G00 Z50 M09；
N160 M05；
N170 M30；   程序结束

5. 注意事项

（1）铣削外形轮廓时，刀具应在工件外面下刀，注意避免刀具快速下刀时与工件发生
碰撞；

（2）使用立铣刀粗铣圆形槽和腰形槽时，应先在工件上钻工艺孔，避免立铣刀中心垂直
切削工件；

（3）精铣时刀具应切向切入和切出工件。在进行刀具半径补偿时，切入和切出圆弧半径
应大于刀具半径补偿设定值；

（4）精铣时应采用顺铣方式，以提高尺寸精度和表面质量；

（5）铣削腰形槽的 R7 内圆弧时，注意调低刀具进给率。

项目九　数控铣床加工操作

9.1　数控铣床基本操作练习

1．开机

开机练习的步骤如下：

（1）检查气压是否达到规定要求，润滑油量是否充足。

（2）打开机床总电源开关。

（3）打开 NC 电源开关。

（4）释放急停旋钮。

（5）进行机床回零操作。

2．工件的装夹定位

工件的安装应当根据工件的定位基准的形状和位置合理选择装夹定位方式，选择简单实用但安全可靠的夹具。在实际生产中应注意以下几点：

（1）定位夹具应有较高的刚性，以便能承受大的切削力，在一次装夹下完成粗铣、粗镗等粗加工工序和精铣、精镗等精加工工序。

（2）夹具结构紧凑，为加工刀具留有足够的空间，避免干涉。

（3）定位夹紧迅速方便，优先使用组合夹具。

机用的平口钳是一种通用夹具，它适用于装夹尺寸较小，形状很规则的工件。使用平口钳装夹工件首先应将平口钳安装在机床工作台上，并进行定位，一般使钳口平行于某一移动轴（如 X 轴），具体操作步骤如下：

（1）首先检查平口钳的定位键是否安装，宽度尺寸与机床工作台 T 形槽宽度是否匹配。

（2）用棉纱擦干净平口钳底部和机床工作台。

（3）将平口钳安装在工作台的适当位置，注意不要超出机床行程范围，定位键嵌入工作台 T 形槽，然后用螺栓固定。

（4）松开两个钳口回转固定螺栓。

（5）用磁性表座将百分表吸附在机床主轴头上（如图 1 - 9 - 1 所示）。

（6）手动移动各轴使百分表表头接触平口钳的固定钳口表面，并使指针转动一定行程。

（7）移动工作台（如 X 轴），观察指针的摆动，轻轻敲打平口钳，保证固定钳口与机床 X 轴方向平行，最后用扳手将螺栓拧紧。

在平口钳上安装工件的操作步骤：

（1）用棉纱擦干净平口钳钳口和底平面（或用压缩空气吹扫）。

（2）用等高垫块将工件垫起，保证工件上表面突出钳口一定高度，保证铣削加工时刀具不碰到钳口，注意垫块应避开通孔加工的位置；工件的一个基准面靠紧平口钳的固定钳口。

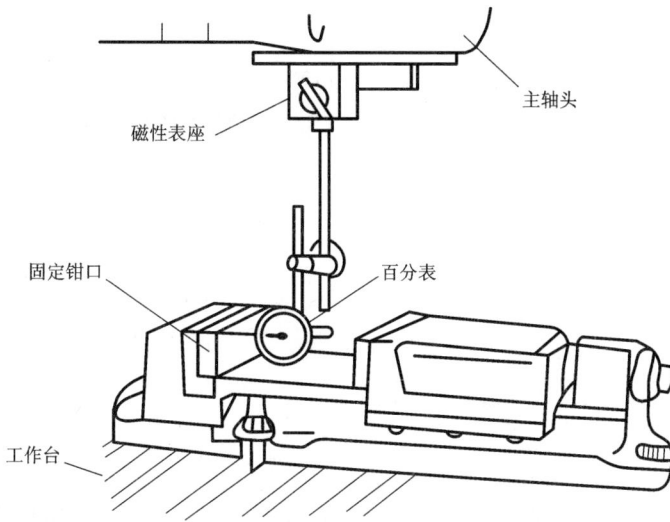

图 1 - 9 - 1 平口钳调整

(3)用扳手轻轻夹紧工件。

(4)用木榔头敲打工件上表面,保证工件紧贴所有垫块。

(5)用扳手用力夹紧工件。

3. 刀具的测量和安装

数控刀具的结构和刀柄的联结形式多种多样,装夹刀具时应根据刀具的结构形式选择对应的刀柄。装夹刀具时应该首先测量刀具的实际尺寸,特别是铰刀需要用千分尺精确测量,以确保所选用的刀具符合加工的要求。刀具装夹部分通常有直柄和锥柄两种形式。直柄一般适用于较小的麻花钻、立铣刀等刀具,切削时借助夹紧时所产生的摩擦力传递扭转力矩。直柄铣刀一般采用弹簧夹头刀柄或侧固式刀柄进行装夹,直柄的钻头可以采用钻夹头刀柄(如图 1 - 9 - 2 所示)。锥柄靠锥度承受轴向推力,并借助摩擦力传递扭矩。锥柄能传递较大的切削载荷,适用于直径较大的钻头和铣刀,根据刀具柄部锥度号(莫氏锥度)选择对应的刀柄。丝锥一般是方柄,所以装夹丝锥时应使用专用的丝锥刀柄。

(a)钻夹头刀柄常用的刀柄　　(b)侧固式刀柄　　(c)弹簧夹头刀柄

图 1 - 9 - 2 直柄刀具常用的刀柄

【技术要点】

用弹簧夹头刀柄装夹直柄刀具须注意以下问题：

(1)每个规格的弹簧夹头都有装夹的尺寸范围，必须根据刀具柄部尺寸选择合适的弹簧夹头，否则容易造成弹簧夹头的损坏。

(2)装夹刀具时，应先擦干净夹头和刀具柄部的油污，特别是新刀具表面的防锈油，否则容易造成刀具偏心或夹紧力不够。

(3)刀具的装夹部分应保证一定的长度，以保证有足够的夹紧力。

(4)对于直柄铣刀，刀具伸出的长度不宜过长，以满足加工要求为好。

4. 手动铣削毛坯

手动铣削毛坯的练习步骤如下。

(1)练习装卸刀柄

① 手工将刀柄装上主轴的方法：首先检查刀柄的拉钉是否松动，然后用棉纱擦干净刀柄锥部，右手按下松刀按钮(听到主轴内放气声)，左手握住刀柄杆部往主轴内孔插入，刀柄的键槽对准主轴两个方向键，当主轴的方向键卡入刀柄的键槽后，右手松开松刀按钮，装刀结束。

② 手工卸下主轴上刀柄的操作方法：左手握住刀柄杆部，托住刀柄(小心刀刃伤手)，右手按下松刀按钮，听到主轴内放气声后左手卸下刀柄，最后松开松刀按钮，卸刀结束。

(2)练习转动主轴

将机床工作方式置于 MDI 方式，再按"PROG"键，进入程序 00000 编辑界面，输入主轴运转指令如"S1000M03"，按"EOB"键(输入结束)，然后按"INSERT"键，最后按"循环启动"按钮，即可实现主轴的正向旋转，主轴的实际转速还与主轴转速修调旋钮的位置有关。

(3)练习用手动方式进行切削工件

进入手轮工作方式，按主轴正转键，然后移动刀具接近工件，并使刀具具有一定的切削深度，然后均匀摇动手轮进行切削工件，注意一定要控制好进给量和进给方向，切削过程中应随时注意刀具的切削状况，如切屑的厚度、切削的声音、工件加工表面质量以及机床有无异常震动的现象。如发现异常应马上抬刀，停止加工。

5. 程序传输

将程序输入机床可采用手动输入和通信传输。手动输入程序在前面数控加工仿真软件操作中已介绍，下面介绍机床与计算机的程序传输。

(1)机床通信参数的设置

① 按系统控制面板的"SYSTEM"键。

② 按数次右端的软键 ▷ (连续菜单键)。

③ 按软键[ALLIO]，显示通信参数设置画面。

④ 设置与 I/O 装置匹配的通信参数，表 1 - 9 - 1 仅供参考。

表 1-9-1　机床通信参数

参　　数	说　　明	设　　置
I/O CHANNEL	通道号	0/1
BAUDRATE	波特率	4800/9600/19200
STOP BIT	停止位	2
NULL INPUT(EIA)	出错信息输出	NO
PUNCH CODE	输出数据格式	ISO
INPUT CODE	输入数据格式	EIA/ISO
EOB OUTPUT(ISO)	程序段结束符	CR

（2）通信线路的连接

计算机与数控机床通过通信电缆连接，采用的是 9 针串行接口或 25 针串行接口。

【安全警告】

由于计算机的漏电可能引起机床 RS232C 接口的损坏，所以用计算机进行通信时必须将 PC 的地线与机床 CNC 的地线牢固连接在一起。

插拔通信插头时，机床和计算机都必须处于断电状态，否则容易引起通信接口的损坏。

（3）程序传输

虽然用于数控传输的软件很多，但其传输方法大同小异。现以 MasterCAM 软件中所带的传输功能为例说明传输的方法。

① 程序的输入

在程序传输的过程中，一般是哪一侧要输入则哪一侧先操作，FANUC 0i 系统程序传输操作过程如下：

a. 按下机床操作面板的"EDIT"按钮，按下系统控制面板的"PROG"键。

b. 按依次按下显示屏软键［操作］→ $\boxed{\triangleright}$ →［READ］→［EXEC］，显示屏上出现闪烁的"标头"字样 。

c. 在计算机上打开 MasterCAM 软件，单击"档案"→"下一页"→"DNC 传输"，进入通信参数设置窗口，具体的参数根据机床通信参数进行设置。

d. 在通信参数设置窗口按"发送"进入发送界面，在电脑中找到要传输的程序并打开，即开始传输程序。

e. 传输完成后，注意比较一下电脑和机床两端的数据，如果数据大小一致则表明传输成功。

② 程序的输出

程序的输出操作与输入操作相似，操作过程略。

6. 对刀

对刀的目的是确定工件坐标系在机床坐标系中的偏置值，对刀的精确与否将直接影响零件的加工精度，因此对刀时一定要根据零件的加工精度要求选择相应的对刀方法。

对刀操作分为 X、Y 向对刀和 Z 向对刀。

（1）X、Y 向对刀

加工中常用的对刀方法很多，下面仅列出几种方法进行说明。

① 试切对刀

这种方法一般适合于对刀精度要求不高、对刀基准为毛坯面的情况。对刀时直接采用加工时所使用的刀具进行试切对刀，具体步骤如下：

a.将刀具（一般为铣刀）装在主轴上，使主轴中速正向旋转。

b.手动移动各轴，使刀具沿 X 轴或 Y 轴方向靠近被测基准边，直到刀具的侧刃稍微接触到工件（以听到刀刃与工件的摩擦声为准，最好没有切屑）。

c.保持 X，Y 坐标值不变，将刀具沿 Z 轴正向离开工件。

d.依次按"OFFSET SETTING"键和［SETTING］水平软键进入工件偏置数据设置界面（如图1-9-3所示），将光标移到需要设置的位置（如 G54 的 X 坐标），键入当前机床坐标的 X 值（可以按"POS"键显示当前的机床坐标值），按 INPUT 键（注意不是 INSERT 键），将该值输入到工件偏置寄存器中，在该值的基础上再加上或减去一个刀具的半径值，得到新的值即为被测基准边在机床坐标系中的坐标值（基准边位于刀具中心的正向为加，负向为减）。

工件坐标系设定			O0008 N0000
（G54）			
番号	数据	番号	数据
00	X 0.000	02	Y -301.256
(EXT)	Y 0.000	(G55)	Y -372.568
	Z 0.000		Z -278.368
01	X -563.25	03	X -401.266
(G54)	Y -63.25	(G56)	Y -72.560
	Z -251.325		Z -275.348
>_			OS 100% L 0%
HND **** *** ***		13:23:46	
（补正）	（SETTING）	（C.输入）	（+输入）　（输入）

图1-9-3　工件偏置数据设置界面

以图1-9-4为例来说明该工件坐标系的测量方法。

该工件坐标系的原点位于毛坯的左下角点，刀具试切左侧基准边，刀刃接触到工件后将刀具沿 Z 轴正向离开工件，按"OFFSET SETTING"键和［SETTING］水平软键进入工件偏置数据设置界面（如图1-9-3所示），将光标移到需要设置的位置（如 G54 的 X 坐标），键入当前机床坐标的 X 值（可以按"POS"键显示当前的机床坐标值），按 INPUT 键。由于当前刀具中心与工件坐标系原点 A 距离一个

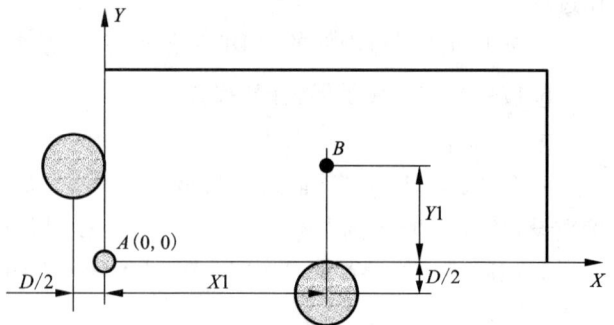

图1-9-4　工件坐标系的测量举例

刀具半径值 D/2（如图1-9-4所示），即实际对刀时刀具中心还需向工件坐标系原点方向移动 D/2 距离，因此工件坐标系的偏置值应在当前值的基础上加上 D/2 值。操作方法是：输入 D/2 具体数值，然后按［+输入］水平软键，系统自动在原有数值的基础上加上该数值。Y 轴方向可以试切下方基准边，方法同上。

如果工件坐标系的原点设置在 B 点位置（如图1-9-4所示），对刀操作方法基本相似，

但由于工件坐标系的原点距离试切的基准边有一定距离 $X1$ 和 $Y1$，因此设置工件偏置数据 X 时还应加上数值 $X1$，设置工件偏置数据 Y 时还应加上数值 $Y1$。

　　② 寻边仪对刀

　　寻边仪目前常用的有偏心式寻边仪和电子感应式寻边仪两种。

　　电子感应式寻边仪的基本结构如图 $1-9-5$ 所示，它的对刀操作较简便，具体方法是：将寻边仪装在主轴上，手动移动各轴，缓慢地将测头靠近被测基准边，直至指示灯亮，调低倍率，采用微动进给，使测头离开工件直至指示灯刚刚熄灭。记下当前的机床坐标值 X 值或 Y 值，加上或减去一个测头半径值（通常为 5 mm），得到的即为被测基准边的坐标值，操作方法同试切对刀。

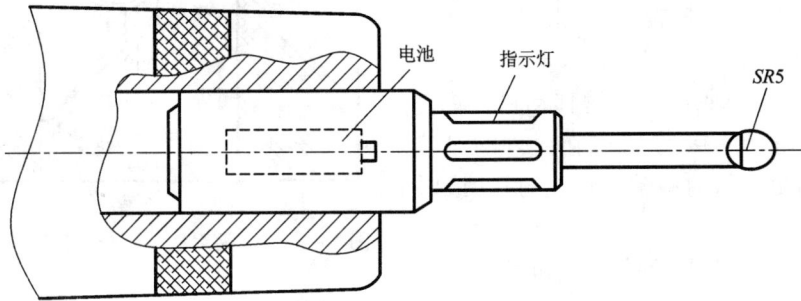

图 $1-9-5$　电子感应式寻边仪

　　偏心式寻边仪的基本结构如图 $1-9-6$ 所示，它是由固定轴和浮动轴两部分组成，中间用弹簧相连，采用离心力的原理来确定工件的位置的。用它还可以在线检测零件的长度、孔的直径和沟槽的宽度。

　　用偏心式寻边仪进行对刀的具体步骤如下：

　　a. 将偏心式寻边仪装在刀柄上，然后装到主轴上。

　　b. 在 JOG 方式下，启动主轴以中速旋转（500 ~ 600 rpm）。

　　c. 手动移动各轴，缓慢地将测定端靠近被测基准边，测定端将由摆动逐步变成同心旋转。

　　d. 调低进给倍率档，采用微动进给，直到测定端重新出现偏心。

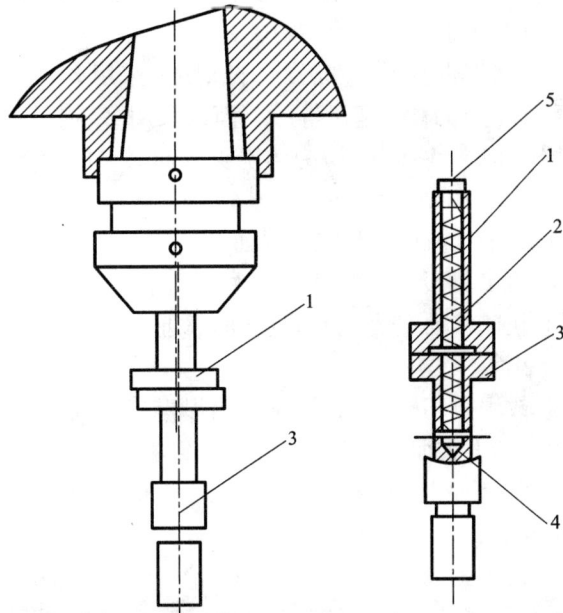

图 $1-9-6$　偏心式寻边仪的基本结构
1—固定轴；2—拉簧；3—浮动轴；4—销钉；5—拉簧盖

　　e. 记下当前机床 X 轴的或 Y 轴的坐标值，加上或减去一个浮动轴的半径值，得到的即为被测基准边的坐标值。操作方法同试切对刀。

使用偏心式寻边仪进行对刀，被测基准面最好具有较低的表面粗糙度位，否则影响对刀的精度。

③ 采用杠杆百分表(或千分表)对刀

该方法只适合于对刀点是孔或圆柱的中心。其对刀的具体方法如下：

a. 用磁性表座将杠杆百分表吸附在机床主轴的端面上(如图1-9-7所示)，在 JOG 方式下，启动主轴以低速旋转。

b. 手工移动各轴使旋转的表头逐渐靠近孔壁或圆柱面，压下表头使指针转动约 0.1 mm。

c. 逐渐减慢 X 轴和 Y 轴的移动量，使表头旋转一周时指针的跳动范围在允许的对刀误差内，此时可以认为主轴的轴线与孔(或圆柱面)的中心重合。

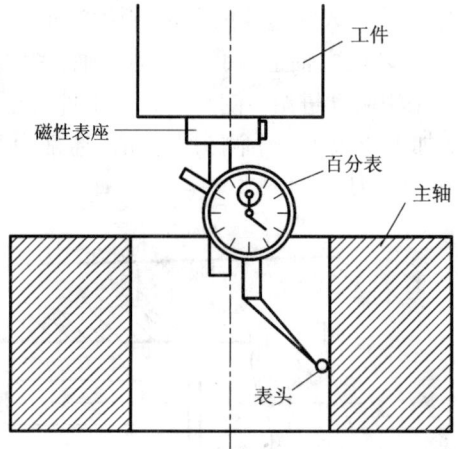

图1-9-7　采用杠杆百分表(或千分表)对刀

d. 记下此时机床坐标系中 X 和 Y 的坐标值，该值即为 G54 或 G55 等指令所建立的工件坐标系的偏置值。若采用 G92 指令建立工件坐标系，保持 X 轴和 Y 轴当前位置不变，进入 MDI 方式，执行 G92 X0 Y0 的指令。

这种操作方法对刀精度高，但对被测孔(或圆柱面)表面粗糙度的要求也较高。

(2) Z 向对刀

Z 向对刀也有很多方法，如试切法、采用 Z 向设定器、对刀块、塞尺等。下面以采用 Z 向设定器(图1-9-8所示)为例说明 Z 向对刀的过程。

① 将加工所用刀具装到主轴上。

② 将 Z 轴设定器放置在工件上平面上。

③ 快速移动主轴，让刀具端面靠近 Z 轴设定器上表面。

④ 改用微调操作，让刀具端面慢慢接触到 Z 轴设定器上表面，直到其指针指示到零位。

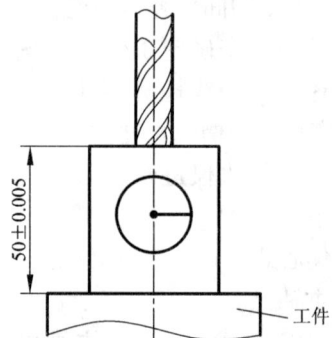

图1-9-8　Z 向设定器的使用

⑤ 记下此时机床坐标系中的 Z 值，如 -250.800 。

⑥ 设 Z 轴设定器的高度为 50 mm，当工件坐标系原点设在工件上平面时，该原点在机械坐标系中的 Z 坐标值为 -250.800 - 50 = -300.800；若工件坐标系原点设在工件下平面时，Z 坐标值还要减去工件高度。

⑦ 将原点在机械坐标系中的 Z 坐标值输入到工件偏置数据设置界面(如 G54 的 Z 坐标)。

【技术要点】

在对刀操作过程中需注意以下问题：

（1）根据加工要求采用正确的对刀工具，控制对刀误差。

（2）在对刀过程中，可通过改变微调进给量来提高对刀精度。

（3）对刀时需小心谨慎操作，尤其要注意移动方向，避免发生碰撞危险。

（4）对刀数据一定要存入与程序对应的存储地址，防止因调用错误而产生严重后果。

7. 刀具补偿值的输入和修改

依次按"OFFSET SETTING"键和［补正］水平软键进入工具补正数据设置界面（如图 1 - 9 - 9 所示）。根据刀具的实际尺寸和位置，将刀具半径补偿值和刀具长度补偿值输入到与程序对应的存储位置。

```
工具补正                                    O0008 N0000
番号    形状(H)      磨耗(H)      形状(D)      磨耗(D)
001    0.000        0.000        0.000        0.000
002    -215.600     0.000        0.000        0.000
003    -157.565     0.000        0.000        0.000
004    -215.632     0.000        0.000        0.000
005    -333.526     0.000        0.000        0.000

现在位置(相对坐标)
X  609.490                    Y   259.200
Z  270.000
>_                                       OS 100% L 0%

JOG **** *** ***              13:23:46
(NO检索) (      ) ( C.输入 ) ( +输入 ) ( 输入 )
```

图 1 - 9 - 9　工具补正数据设置界面

需要注意的是，刀具补偿值的正确与否直接影响到加工过程的安全和工件的加工结果，因此刀具补偿值务必做到和所使用的刀具相对应。在实际加工中，建议刀具补偿号最好与刀具号一致，以免造成混乱。

9.2　任务：十字槽底板加工

加工如图 1 - 9 - 10 所示十字槽底板，零件毛坯尺寸为 76 mm × 76 mm × 23 mm；六面已加工过，粗糙度为 Ra1.6，零件材料为 45 钢，数量为 1 件。

知识点与技能点：

● 数控铣综合加工的工艺安排；

● 刀具半径补偿功能的应用；

● 工件装夹；

● 机床基本操作、对刀和参数设置；

● 轮廓尺寸测量及精度分析。

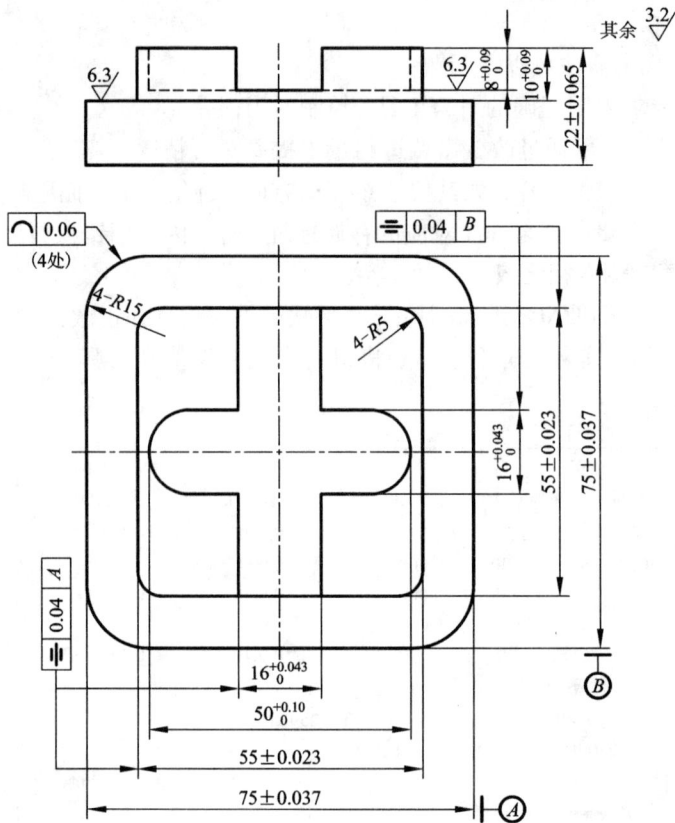

图 1-9-10　十字槽底板零件图

1. 工艺分析

该零件有较高的尺寸精度和垂直度、对称度等形位精度要求。编程前必须详细分析图纸中各部分的加工方法及走刀路线，选择合理的装夹方案和加工刀具，保证零件的加工精度要求。

75 mm×75 mm 外形轮廓的的尺寸公差为对称公差，可直接按基本尺寸编程；十字槽中的两宽度尺寸的下偏差都为零，因此不必将其转变为对称公差，直接通过调整刀补来达到公差要求；该槽对 75 mm×75 mm 外形轮廓上的 A、B 基准有较高的对称度要求，对刀时 X、Y 方向应采用寻边器碰双边，准确找到 75 mm×75 mm 外形轮廓的中心。

2. 加工步骤安排

（1）粗铣 55 mm×55 mm 外轮廓

① 用平口虎钳装夹工件，工件上表面高出钳口 12 mm 左右，用百分表找正。

② 安装寻边器，确定工件零点为坯料上表面的中心，设定零点偏置。

③ 安装 φ20 mm 立铣刀并对刀，编辑并输入程序，粗铣 55 mm×55 mm 轮廓至 60 mm×60 mm，深 10.5 mm。

（2）粗、精铣 75 mm×75 mm 及 4 个 R15 圆角

① 调头装夹，钳口夹持 9 mm 左右，用百分表找正。

② 安装寻边器，确定工件零点为坯料上表面的中心，设定零点偏置。

③ 安装 ϕ20 mm 立铣刀并对刀，编辑并输入选择程序，粗、精铣 75 mm × 75 mm 及 4 个 R5 圆角至要求尺寸。

（3）精铣 55 mm × 55 mm 外轮廓

① 调头装夹，钳口夹持 8 mm 左右，用百分表找正。

② 安装寻边器，以 75 mm × 75 mm 轮廓侧面为对刀基准，确定工件零点为 75 mm × 75 mm 轮廓的中心，设定零点偏置。

③ 安装 ϕ80 mm 面铣刀，手动完成面的粗、精铣削，确保零件厚度尺寸要求。

④ 安装 ϕ20 mm 立铣刀并对刀，将 Z 轴零点建立在精铣后的上表面。选择程序，精铣 55 mm × 55 mm 外轮廓。

（4）粗、精铣十字槽

安装 ϕ12 mm 立铣刀并对刀，粗、精铣十字槽。

3. 刀具与工艺参数选择

刀具与工艺参数选择见表 1 – 9 – 2、表 1 – 9 – 3。

表 1 – 9 – 2　数控加工刀具卡

单　　位		数控加工刀具卡片	产品名称			零件图号	
			零件名称			程序编号	
序号	刀具号	刀具名称	刀　具		补偿值		刀补号	
			直径	长度	半径	长度	半径	长度
1	T01	立铣刀	ϕ20 mm				D01	
2	T02	面铣刀	ϕ80 mm					
3	T03	立铣刀	ϕ12 mm				D03	

表 9 – 3　数控加工工序卡

单　　位		数控加工工序卡片		产品名称	零件名称	材　料	零件图号
工序号		程序编号	夹具名称	夹具编号	设备名称	编制	审核
工步号	工步内容		刀具号	刀具规格	主轴转速 /(r/min)	进给速度 /(mm/min)	背吃刀量 /mm
1	粗铣 55 mm × 55 mm 外轮廓		T01	ϕ20 mm 立铣刀	400	100	
2	调头装夹，粗铣 75 mm × 75 mm 外轮廓及其 4 个 R15 圆角		T01	ϕ20 mm 立铣刀	400	100	
3	精铣 75 mm × 75 mm 外轮廓及其 4 个 R15 圆角		T01	ϕ20 mm 立铣刀	600	80	

4	调头装夹， 粗铣上表面	T02	φ80 mm 面铣刀	500	100	
5	精铣上表面	T02	φ80 mm 面铣刀	600	80	
6	精铣 55 mm×55 mm 外轮廓及其 4 个 R5 圆角	T01	φ20 mm 立铣刀	600	80	
7	粗铣十字槽	T03	φ12 mm 立铣刀	600	100	
8	精铣十字槽	T03	φ12 mm 立铣刀	800	80	

4. 参考程序

（1）粗铣 55 mm×55 mm 外轮廓

O0001；

N10 G17 G21 G40 G54 G80 G90 G94 ；　　程序初始化

N20 G00 Z50.0；　　　　　　　　　　　刀具定位到安全平面，启动主轴

N30 M03 S400；

N40 X50.0 Y – 50.0；　　　　　　　　　移动到下刀点

N50 Z5.0；

N55 G01 Z – 10.5 F60；　　　　　　　　下刀至 – 10.5 mm 处

N60 G41 G01 X39.0 Y – 30.0 D01 F100；　建立刀补（D01 = 10），开始粗铣轮廓

N70 X – 30.0；

N80 Y30.0；

N90 X30.0；

N100 Y – 50.0；

N110 G40 G01 X50.0；

N120 G00 Z100.0；

N130 M05；

N140 M30；　　　　　　　　　　　　　程序结束

（2）粗、精铣 75 mm×75 mm 及 4 个 R15 圆角

O0002；

N10 G17 G21 G40 G54 G80 G90 G94 ；　　程序初始化

N20 G00 Z50.0；　　　　　　　　　　　刀具定位到安全平面，启动主轴

N30 M03 S400；　　　　　　　　　　　精铣时 S = 600 r/min

N40 X50.0 Y – 50.0；　　　　　　　　　移动到下刀点

N50 Z5.0；

N55 G01 Z – 12.5 F60；　　　　　　　　下刀至 – 12.5 mm 处

N60 G41 G01 X38.0 Y – 37.5 D01 F100；　建立刀补，开始铣削轮廓，粗加工时刀补设为
　　　　　　　　　　　　　　　　　　　10.2 mm，精加工时刀补设为 10 mm（根据实
　　　　　　　　　　　　　　　　　　　测尺寸调整）；精加工时 F 设 80 mm/min

N70 X − 22.5；

N80 G02 X − 37.5 Y − 22.5 R15.0；

N90 G01 Y22.5；

N100 G02 X − 22.5 Y37.5 R15.0；

N110 G01 X22.5；

N120 G02 X37.5 Y22.5 R15.0；

N130 G01 Y − 22.5；

N140 G02 X22.5 Y − 37.5 R15.0；

N150 G01 X22.0；

N160 G40 G01 Y − 50.0；

N120 G00 Z100.0；

N130 M05；

N140 M30；   程序结束

（3）精铣 55 mm × 55 mm 外轮廓及其 4 个 R5 圆角

O0003；

N10 G17 G21 G40 G54 G80 G90 G94 ；   程序初始化

N20 G00 Z50.0；   刀具定位到安全平面, 启动主轴

N30 M03 S600；

N40 X42.0 Y − 42.0；   移动到下刀点

N50 Z5.0；

N55 G01 Z − 10.0 F60；   下刀至 − 10.0 mm 处

N60 G41 G01 X30.0 Y − 27.5 D01 F80；   建立刀补, D01 = 10（根据实测尺寸调整）, 开始加工轮廓

N70 X − 22.5；

N80 G02 X − 27.5 Y − 22.5 R5；

N90 G01 Y22.5；

N100 G02 X − 22.5 Y27.5 R5；

N110 G01 X22.5；

N120 G02 X27.5 Y22.5 R5；

N130 G01 Y − 22.5；

N140 G02 X22.5 Y − 27.5 R5；

N150 G01 X22.0；

N160 G40 G01 Y − 42.0；

N120 G00 Z100.0；

N130 M05；

N140 M30；   程序结束

4. 粗、精铣十字槽

O0004；

N10 G17 G21 G40 G54 G80 G90 G94 ；   程序初始化

N20 G00 Z50.0;   刀具定位到安全平面,启动主轴
N30 M03 S600;   精加工时 S = 800 r/min
N40 X0 Y – 36.0;   移动到下刀点
N50 Z5.0
N55 G01 Z – 8.0 F60;   下刀至 – 8.0 mm 处
N60 G41 G01 X8.0 Y – 28.0 D01 F100;   建立刀补,开始铣削轮廓,粗加工时刀补设为
                                                 6.2 mm,精加工时刀补设为 5.99 mm(可根据
                                                 实测尺寸调整);精加工时 F 设 80 mm/min

N70 Y – 8.0;
N80 X17.0;
N90 G03 Y8.0 R8.0;
N100 G01 X8.0;
N110 Y36.0;
N120 X – 8.0;
N130 Y8.0;
N140 X – 17.0;
N150 G03 Y – 8.0 R8.0;
N160 G01 X – 8.0;
N170 G01 Y – 36.0;
N180 G40 G01 X0;
N120 G00 Z100.0;
N130 M05;
N140 M30;   程序结束

5. 注意事项

(1)铣削外形轮廓时,刀具应在工件外面下刀,注意避免刀具快速下刀时与工件发生碰撞;

(2)精铣时应采用顺铣方式,以提高尺寸精度和表面质量;

(3)铣削加工后,需用锉刀或油石去除毛刺后,才可进行下道工序(工步)的装夹和铣削;

(4)铣削十字槽的 R8 内圆弧时,注意调低刀具进给率。

模块二 铣削加工中心编程与加工操作

项目一 铣削加工中心编程与加工

1.1 任务：定位孔板的加工

定位孔板零件如图 2-1-1 所示，在 400 mm×300 mm×70 mm 板料上加工 4 个 ϕ30H7 mm 通孔、2 个 ϕ40H7 mm 盲孔、4 个 M10 的螺纹孔，零件上下表面和台阶面已加工至尺寸。

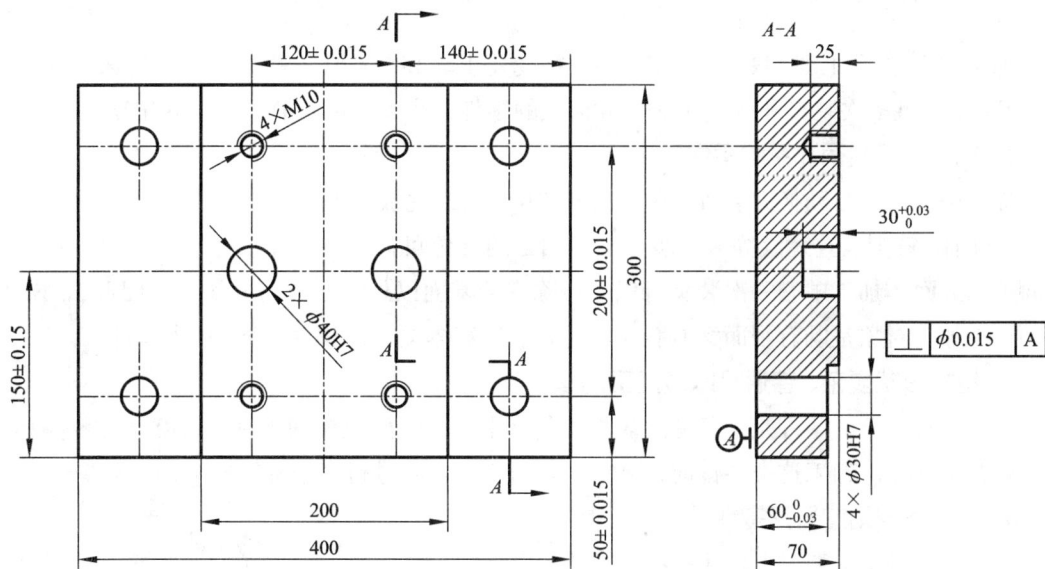

图 2-1-1 定位孔板零件图

知识点与技能点：

- 加工中心工艺特点；
- 加工中心换刀指令的编写；
- 刀具长度补偿应用。

1.2 加工中心加工对象

加工中心是在数控铣床的基础上发展起来的。它和数控铣床有很多相似之处，主要区别在于增加了刀库和自动换刀装置，能自动更换刀具对工件进行多工序加工。通过在刀库上安装不同用途的刀具，加工中心可在一次装夹中实现零件的铣、钻、镗、铰、攻螺纹等多工序加工。随着工业的发展，加工中心将逐渐取代数控铣床，成为一种主要的加工机床。图 2-1-2 所示为立式加工中心，图 2-1-3 所示为卧式加工中心。

图 2-1-2 立式加工中心

图 2-1-3 卧式加工中心

加工中心适于加工形状复杂、工序多、精度要求较高、需要多种类型普通机床和众多刀具、工装，经过多次装夹和调整才能完成加工的零件，其加工对象主要有以下几类。

1. 既有平面又有孔系的零件

加工中心具有自动换刀装置，在一次安装中，可以完成零件上平面的铣削、孔系的钻削、镗削、铰削、铣削及攻螺纹等多工步加工。加工的部位可以在一个平面上，也可以不在一个平面上。五面体加工中心一次装夹可以完成除安装基面以外的五个面的加工。因此，加工中心的首选加工对象是既有平面又有孔系的零件，如箱体类零件和盘、套、板类零件。

2. 结构形状复杂、普通机床难加工的零件

结构形状复杂的零件是指其主要表面由复杂曲线、曲面组成的零件，如模具类零件和整体叶轮类零件等。加工这类零件时，通常需采用加工中心进行多坐标轴联动加工。

3. 外形不规则的异形零件

异形零件是指支架(图 2-1-4)、拨叉类外形不规则的零件，大多采用点、线、面多工位混合加工。

4. 其他类零件

加工中心除常用于加工以上特征的零件外，还较适宜加工周期性投产的零件、加工精度要求较高的中小批量零件和新产品试制中的零件等。

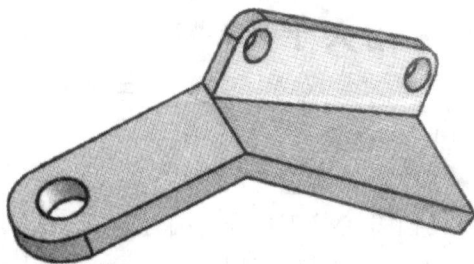

图 2-1-4 异形零件

1.3　换刀相关指令与长度补偿指令

1. 自动返回参考点 G28 指令

机床参考点(R)，是机床上一个特殊的固定点，一般位于机床坐标系原点的位置，可用 G28 指令移动刀具到这个位置。在加工中心上，机床参考点一般为主轴换刀点，使用自动返回参考点 G28 指令主要用来进行刀具交换准备。

格式：G28 X__Y__Z__；

式中，X、Y、Z 为中间点在工件坐标系中的坐标值。

该指令将刀具以快速移动速度向中间点(X__Y__Z__)定位，然后从中间点以快速移动的速度移动到原点。如 G90 G28 X200.0 Y200.0，执行该程序段时，刀具从当前点移动到参考点的路线如图 2-1-5 所示。

在立式加工中心编程中，G91 G28 Z0 比较常见，该程序段表示主轴由当前 Z 坐标(中间点，X、Y 坐标保持不变)快速移动到机床坐标系的 Z 轴零点。G90 G28 Z0 则表示主轴快速移动到工件坐标系的 Z 轴零点(中间点，X、Y 坐标保持不变)，然后快速移动到机床坐标系的 Z 轴零点。

图 2-1-5　自动返回参考点

在 G28 中指定的坐标值(中间点)会被记忆，如果在其他的 G28 指令中没有指定坐标值，就以前 G28 指令中指定的坐标值为中间点。

2. 换刀功能及应用

(1) T 指令

T 指令用来选择机床上的刀具，如 T02 表示选 2 号刀，执行该指令时刀库将 2 号刀具放到换刀位置做换刀准备。

(2) M06 指令

M06 指令实施换刀，即将当前刀具与 T 指令选择的刀具进行交换。

(3) 自动换刀程序的编写

① 无机械手的加工中心换刀程序

T02 M06 或 M06 T02；

换刀程序的含义：将 2 号刀具安装到主轴上。

换刀过程：先把主轴上的旧刀具送回到它原来所在的刀座上去，刀库回转寻刀，将 2 号刀转换到当前换刀位置，再将 2 号刀装入主轴。无机械手换刀中，刀库选刀时，机床必须等待，因此换刀将浪费一定时间。

② 带机械手的加工中心换刀程序

…

T02；　　　刀库选刀(选 2 号刀)

…　　　　使用当前主轴上的刀具切削……

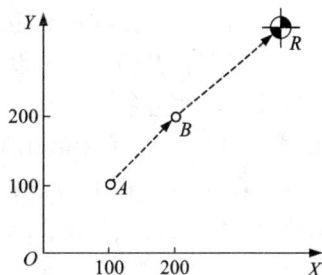

M06；　　实际换刀，将当前刀具与 2 号刀进行位置交换(2 号刀到主轴)

…　　　　使用当前主轴上的刀具切削……

T05；   下一把刀准备（选 5 号刀）

…   使用当前主轴上的刀具切削（还是 2 号刀）……

这种换刀方法，选刀动作可与前一把刀具的加工动作相重合，换刀时间不受选刀时间长短的影响，因此换刀时间较短。

3．刀具长度补偿

（1）长度补偿的目的

刀具长度补偿功能用于在 Z 轴方向的刀具补偿，它可使刀具在 Z 轴方向的实际位移量大于或小于编程给定位移量。

有了刀具长度补偿功能，当加工中刀具因磨损、重磨、换新刀而长度发生变化时，可不必修改程序中的坐标值，只要修改存放在寄存器中刀具长度补偿值即可。

其次，若加工一个零件需用几把刀，各刀的长度不同，编程时不必考虑刀具长短对坐标值的影响，只要把其中一把刀设为标准刀，其余各刀相对标准刀设置长度补偿值即可。

（2）长度补偿指令

格式：G43（G44） G00（G01） Z__H__；

　　　G49 G00（G01） Z__；

G43 为刀具长度正补偿，G44 为刀具长度负补偿，G49 为取消刀具长度补偿指令，均为模态 G 代码。格式中，Z 值是属于 G00 或 G01 的程序指令值。H 为刀具长度补偿寄存器的地址字，它后面的两位数字是刀具补偿寄存器的地址号，如 H01 是指 01 号寄存器，在该寄存器中存放刀具长度的补偿值。在 G17 的情况下，刀具长度补偿 G43、G44 只用于 Z 轴的补偿，而对 X 轴和 Y 轴无效。

执行 G43 时，$Z_{基准刀} = Z_{指令值} + H\_\_$；执行 G44 时，$Z_{基准刀} = Z_{指令值} - H\_\_$。

例 2 - 1 - 1　钻图 2 - 1 - 6 所示的孔，设在编程时以主轴端部中心作为基准刀的刀位点。钻头安装在主轴上后，测得刀尖到主轴端部的距离为 100 mm，刀具起始位置如图中所示。

钻头比基准刀长 100 mm，将 100 mm 作为长度偏置量存入 H01 地址单元中。加工程序为：

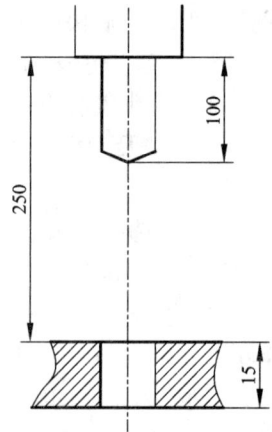

图 2 - 1 - 6　刀具长度补偿实例

N10 G92 X0 Y0 Z0；　　　　　　　　坐标原点设在主轴端面中心

N20 S300 M03；　　　　　　　　　　主轴正转

N30 G90 G43 G00 Z - 245 H01；　　　钻头快速移到离工件表面 5 mm 处

N40 G01 Z - 270 F60；　　　　　　　钻头钻孔并超出工件下表面 5 mm

N50 G49 G00 Z0；　　　　　　　　　取消长度补偿，快速退回

在 N30 程序段中，通过 G43 建立了刀具长度补偿。由于是正补偿，基准刀刀位点（主轴端部中心）到达的 Z 轴终点坐标值为（ - 245 + (H01)）mm = - 145 mm，从而确保钻头刀尖到达 - 245 mm 处。同样，在 N40 程序段中，确保了钻头刀尖到达 - 270 mm 处。在 N50 中，通过 G49 取消了刀具长度补偿，基准刀刀位点（主轴端部中心）回到 Z 轴原点，钻头刀尖位于

-100 mm 处。

(3)刀具长度补偿量的确定

方法一：

① 依次将刀具装在主轴上，利用 Z 向设定器确定每把刀具 Z 轴返回机床参考点时刀位点相对工件坐标系 Z 向零点的距离，如图 $2-1-7$ 所示的 A、B、C(A、B、C 均为负值，即各刀具刀位点刚接触工件坐标系 Z 向零点处时显示的机床坐标系 Z 坐标)，并记录下来。

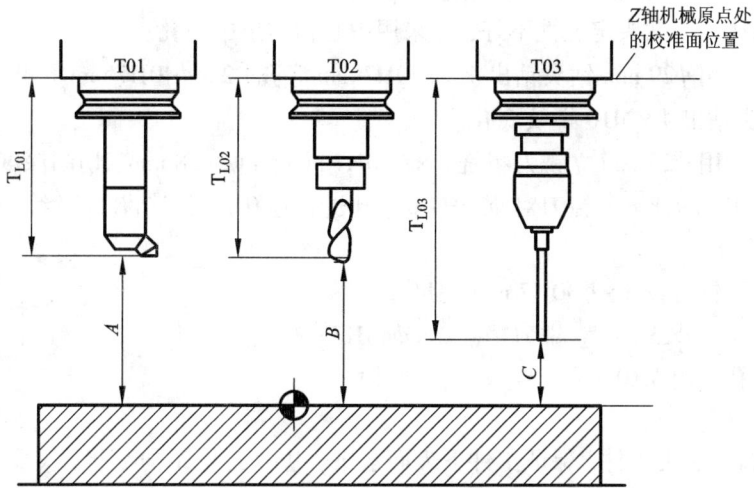

图 $2-1-7$ 刀具长度补偿量的确定

② 选择一把刀作为基准刀(通常为最长的刀具)，如图中的 T03，将其对刀值 C 作为工件坐标系中 Z 向偏置值，并将长度补偿值 H03 设为 0。

③ 确定其他刀具的长度补偿值，即 H01 $= \pm |A-C|$，H02 $= \pm |B-C|$。当用 G43 时，若该刀具比基准刀长则取正号，比基准刀短取负号；用 G44 时则相反。

方法二：

① 工件坐标系中(如 G54)Z 向偏置值设定为 0，即基准刀为假想的刀具且足够长，刀位点接触工件坐标系 Z 向零点处时显示的机床坐标系 Z 值为零。

② 通过机内对刀，确定每把刀具刀位点刚接触工件坐标系 Z 向零点处时显示的机床坐标系 Z 坐标(为负值)，G43 时就将该值输入到相应长度补偿号中即可，G44 时则需要将 Z 坐标值取反后再设定为刀具长度补偿值。

方法一和方法二的比较：方法一是利用与基准刀的差值输入，但若基准刀打坏重新对刀，将会影响其他刀的位置，故方法二较好。

1.4 任务决策和执行

1. 图样分析

根据图样(见图 $2-1-1$)需加工 $4 \times \phi30$H7 mm 导柱孔，孔距为 300 ± 0.015、200 ± 0.015，孔边距 50 ± 0.015，孔轴线对底面 A 的垂直度公差为 $\phi0.015$ mm，表面粗糙度为 $Ra1.6$

μm；2 × φ40H7 mm 孔，孔距为 120 ± 0.015，表面粗糙度为 Ra1.6 μm；4 × M10 螺纹孔，深 25。零件上下表面和台阶面已加工至尺寸。

2. 工艺分析与设计

4 × φ30H7 mm 导柱孔为 7 级精度孔，垂直度要求为 0.015 mm，底孔可钻削完成，考虑其垂直度要求，采用镗孔加工消除钻孔时产生的轴线偏斜影响，最后用铰刀完成孔的精加工。2 × φ40H7 mm 孔为盲孔，孔底为平面，精度为 7 级，可采用钻孔、粗铣、精铣孔方式完成。螺纹孔钻底孔，然后攻螺纹完成。工艺过程如下：

1）钻中心孔　因钻头定位性不好，先采用中心钻钻出中心孔。

2）钻底孔　用 φ29 mm 钻头钻出 4 × φ30H7 mm 底孔，2 × φ40H7 mm 孔钻深到 29.8 mm，用 φ8.7 mm 钻头钻出 4 × M10 螺纹底孔。

3）粗铣孔　用 φ25 mm 立铣刀粗铣 2 × φ40H7 mm 到 φ39.8 mm，切削深度分两层完成。

4）镗孔　用 φ29.8 mm 镗刀对 φ30H7 mm 孔进行镗孔，纠正钻孔时轴线的偏斜，并且保证铰孔时加工余量。

5）铰孔　用铰刀铰 4 × φ30H7 mm 到尺寸。

6）精铣孔　用 φ25 mm 立铣刀精铣 2 × φ40H7 mm 孔到尺寸。

7）攻螺纹孔　用 M10 mm 丝锥攻螺纹到尺寸。

3. 装夹方案

用精密平口钳装夹工件，保证工件下表面水平，基准面与 X 向平行，夹紧时注意工件是否产生上浮。

4. 刀具与工艺参数

刀具与工艺参数见表 2 - 1、表 2 - 2。

表 2 - 1　数控加工刀具卡

单　　位		数控加工刀具卡片	产品名称			零件图号	
			零件名称			程序编号	
序号	刀具号	刀具名称	刀　具		补偿值		刀补号	
			直径	长度	半径	长度	半径	长度
1	T01	中心钻	φ5 mm					H01
2	T02	麻花钻	φ29 mm					H02
3	T03	麻花钻	φ8.5 mm					H03
4	T04	立铣刀	φ25 mm		12.6		D04	H04
5	T05	镗刀	φ29.8 mm					H05
6	T06	铰刀	φ30H7 mm					H06
7	T07	丝锥	M10					H07
8	T04	立铣刀	φ25 mm		12.5（根据测量值定）		D05	H04

表 5 - 2 数控加工工序卡

单 位	数控加工工序卡片		产品名称	零件名称	材 料	零件图号
工序号	程序编号	夹具名称	夹具编号	设备名称	编制	审核
工步号	工步内容	刀具号	刀具规格	主轴转速 /(r/min)	进给速度 /(mm/min)	背吃刀量 /mm
1	钻所有孔的中心孔	T01	ϕ5 mm 中心钻	1250	30	
2	钻 4 × ϕ30H7 mm 底孔，钻 2 × ϕ40H7 mm 底孔深度到 29.8 mm	T02	ϕ29 mm 麻花钻	300	30	
3	钻 M10 螺纹底孔	T03	ϕ8.5 mm 麻花钻	600	60	
4	粗铣 2 × ϕ40H7 mm 孔到 39.8 mm，深度 29.8 mm	T04	ϕ25 mm 立铣刀	400	160	
5	镗 4 × ϕ30H7 mm 孔到 29.8 mm	T05	ϕ29.8 mm 镗刀	300	50	
6	精铰 4 × ϕ30H7 mm 孔到尺寸	T06	ϕ30H7 mm 铰刀	80	30	
7	精铣 2 × ϕ40H7 mm 孔到尺寸	T04	ϕ25 mm 立铣刀	600	160	
8	攻 M10 螺纹	T07	M10 丝锥	60	90	

5. 程序编制

工件坐标系 X、Y 轴原点设置在工件右下角，Z 轴原点设在零件最高表面上。程序如下（立式加工中心，无机械手换刀）。

O0010；   主程序名
N10 G17 G21 G40 G54 G80 G90 G94 ；   程序初始化
N20 G28 G91 Z0；   回换刀点
N25 T01 M06；   换 1 号刀
N30 G00 G90 G54 X - 50.0 Y50.0 M03 S400；   建立工件坐标系，快速定位到点
N40 G43 Z10.0 H01；   长度补偿
N50 G98 G81 Z - 16.0 R - 5.0 F100；   中心钻孔循环
N60 Y250.0；
N70 X - 350.0；
N80 Y50.0；
N90 G99 X - 140.0 Z - 6.0 R5.0；
N100 Y250.0；

N110 X − 260.0;

N120 Y50.0;

N130 Y150.0;

N140 X − 140.0;

N150 G80 M05;

N160 G28 G91 Z0;   回换刀点

N170 G28 X0 Y0;

N180 T02 M06;   换 2 号刀

N190 G00 G90 G54 X − 50.0 Y50.0 M03 S300;

N200 G43 Z10.0 H02;

N210 G99 G83 Z − 79.0 R15.0 Q5.0 F30;   钻 ϕ30 mm 底孔

N220 Y250.0;

N230 X − 350.0;

N240 Y50.0;

N250 G80;

N260 G00 X − 140.0 Y150.0;

N270 G99 G83 Z − 29.8 R5.0 Q5.0 F30;   钻 ϕ40 mm 底孔

N280 X − 260.0;

N290 G80 M05;

N300 G28 G91 Z0;

N310 G28 X0 Y0;

N320 T03 M06;   换 3 号刀

N330 G00 G90 G54 X − 140.0 Y50.0 M03 S600;

N340 G43 Z10.0 H03;

N350 G99 G83 Z − 28.0 R5.0 Q5.0 F60;   钻 M10 螺纹底孔

N360 Y250.0;

N370 X − 260.0;

N380 Y50.0;

N390 G80 M05;

N400 G28 G91 Z0;

N410 G28 X0 Y0;

N420 T04 M06;   换 4 号刀

N430 G00 G90 G54 X − 140.0 Y150.0 M03 S400;   定位在第一个 ϕ40 mm 孔上

N440 G43 Z50 H04;   铣刀长度补偿

N450 Z5.0;

N460 G01 Z − 15.0 F160;   第一次铣削深度下刀

N470 G91 G41 X5.0 Y − 15.0 D04;

N480 M98 P0001;   调用铣削子程序

N490 G90 G01 Z − 29.8 F160;   第二次铣削深度下刀

N500 G01 G91 G41 X5.0 Y - 15.0 D04;

N510 M98 P0001;　　　　　　　　　　　　调用铣削子程序

N520 G90 G00 X - 260.0 Y150.0;　　　　　定位在第二个 ϕ40 mm 孔上

N530 G01 Z - 15.0 F160;　　　　　　　　 第一次铣削深度下刀

N540 G91 G41 X5.0 Y - 15.0 D04;

N550 M98 P0001;　　　　　　　　　　　　调用铣削子程序

N560 G90 G01 Z - 29.8 F160;　　　　　　 第二次铣削深度下刀

N570 G91 G41 X5.0 Y - 15.0 D04;

N580 M98 P0001;　　　　　　　　　　　　调用铣削子程序

N590 M05;

N600 G28 G91 Z0;

N610 G28 X0 Y0;

N620 T05 M06;　　　　　　　　　　　　　换 5 号刀

N630 G00 G90 G54 X - 50.0 Y50.0 M03 S300;

N640 G43 Z10.0 H05;

N650 G98 G85 Z - 75.0 R - 5.0 F50;　　　 粗镗 ϕ30 mm 孔

N660 Y250.0;

N670 X - 350.0;

N680 Y50.0;

N690 G80 M05;

N700 G28 G91 Z0;

N710 G28 X0 Y0;

N720 T06 M06;　　　　　　　　　　　　　换 6 号刀

N730 G00 G90 G54 X - 50.0 Y50.0 M03 S80;　铰 ϕ30 mm 孔

N740 G43 Z10.0 H06;

N750 G98 G85 Z - 75.0 R - 5.0 F30;

N760 Y250.0;

N770 X - 350.0;

N780 Y50.0;

N800 G80 M05;

N810 G28 G91 Z0;

N820 G28 X0 Y0;

N830 T04 M06;　　　　　　　　　　　　　换 4 号刀

N840 G00 G90 G54 X - 140.0 Y150.0 M03 S400;　定位在第一个 ϕ40 mm 孔上

N850 G43 Z50.0 H04;

N860 Z10.0;

N870 G01 Z - 30.0 F160;

N880 G91 G41 X5.0 Y - 15.0 D05;　　　　 半径补偿 D05

N890 M98 P0001;　　　　　　　　　　　　调用铣削子程序，精铣孔

N900 G00 X − 260.0 Y150.0；　　　　　　　定位在第二个 φ40 mm 孔上

N910 G90 Z − 30.0；

N920 G01 G91 G41 X5.0 Y − 15.0 D05；　　　半径补偿 D05

N930 M98 P0001；　　　　　　　　　　　调用铣削子程序，精铣孔

N940 M05；

N950 G28 G91 Z0；

N960 G28 X0 Y0；

N970 T07 M06；　　　　　　　　　　　　换 7 号刀

N980 G00 G90 G54 X − 140.0 Y50.0 M03 S60；　定位在第一个螺纹孔上

N990 G43 Z10.0 H07；

N1000 G99 G84 Z − 25.0 R5.0 F90；　　　　攻螺纹

N1010 Y250.0；

N1020 X − 260.0；

N1030 Y50.0；

N1040 G80 M05；

N1050 G28 G91 Z0；

N1060 G28 X0 Y0；

N1070 M30；　　　　　　　　　　　　　程序结束

铣削子程序：

O0001；

N10 G91 G03 X15.0 Y15.0 R15.0 F160；

N20 I − 20.0 J0；

N30 X − 15.0 Y15.0 R15.0；

N40 G40 X − 5.0 Y − 15.0；

N50 G90 G00 Z10.0；

N230 M99；

1.5　巩固练习

　　加工图 2 − 1 − 8 所示端盖零件，单件。材料为 HT200，毛坯尺寸为 170 mm × 110 mm × 50 mm，分析该零件加工中心加工工艺(如零件图分析、装夹方案、加工顺序、刀具卡、工艺卡等)，进行程序编写和调试，完成零件加工或仿真加工。

【技术要点】

　　(1)加工中心和数控铣床的主要区别在于其具有自动换刀功能。由于加工中心的刀库类型和换刀方式多种多样，因此对于不同的系统和机床，换刀程序有不同的编制方法。另外，编程时还应注意以下几点：

　　① 换刀前是否需要用返回换刀点指令或主轴定向。

　　② 换刀后，绝对编程或增量编程是否改变。

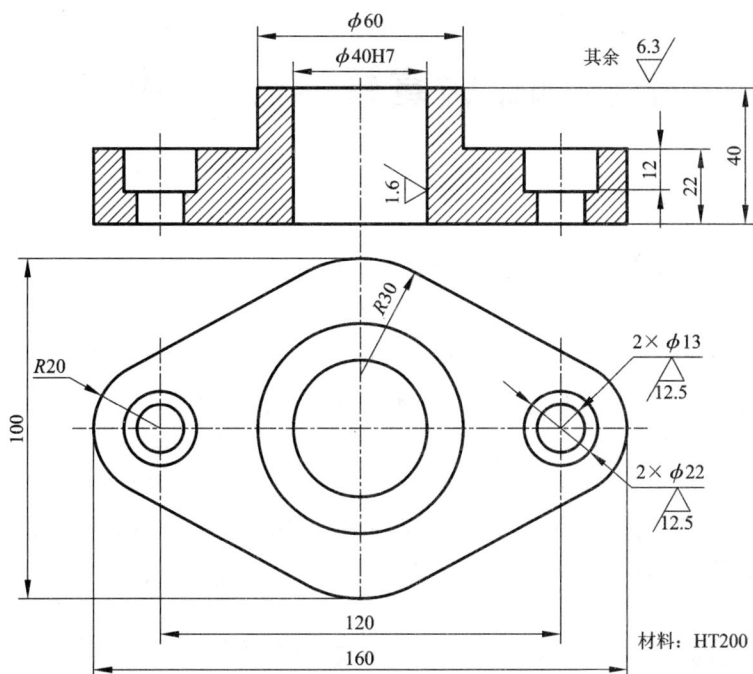

图 2 - 1 - 8　端盖零件加工

③ 换刀后，工件坐标系是否需要重新定义。

(2)根据该零件的特点，加工上表面、φ60 mm 外圆及其台阶面和孔系时可选用平口虎钳夹紧；铣削外轮廓时，采用一面两孔的定位方式，即以底面、φ40H7 mm 和 φ13 mm 孔定位。

(3)按照基面先行、先面后孔、先粗后精的原则确定加工顺序，即粗加工定位基准面(底面)——φ60 mm 外圆及其台阶面——孔系加工——外轮廓铣削——精加工底面——并保证尺寸为 40。

项目二 数控加工仿真软件(加工中心)的使用

2.1 数控加工仿真软件(加工中心)的基本操作

加工中心的仿真仍以上海宇龙数控加工仿真软件为例进行介绍。由于大部分内容已在模块一中介绍,现在仅对加工中心与数控铣床不一样的内容加以叙述。

1. 选择数控机床和系统

当进入数控加工仿真系统之后,屏幕会出现一个默认的机床和系统界面。一般情况下这不是我们需要的机床和系统,可以通过"机床/选择机床"菜单,在选择机床对话框中选择需要的控制系统类型和相应的机床(如图2-2-1所示),并按确定按钮。

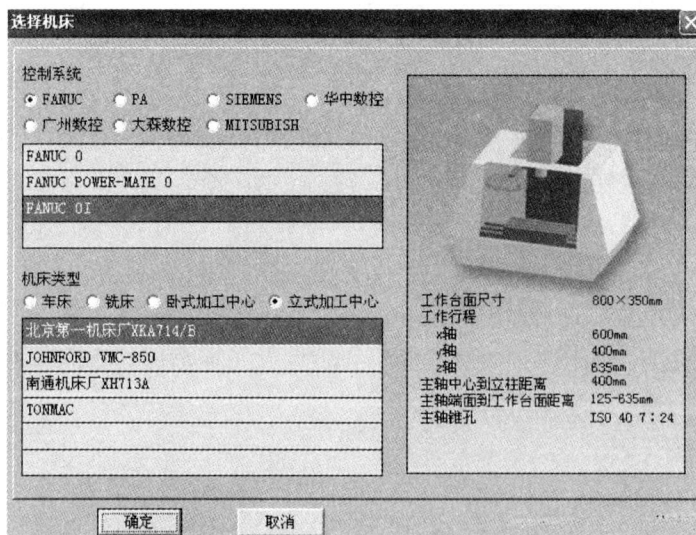

图2-2-1 选择系统和机床

在控制系统中所选择的控制系统类型是FANUC 0i,机床类型是立式加工中心,北京第一机床厂XKA714/B。此时界面如图2-2-2所示。

2. 选刀

打开"机床/选择刀具"菜单或者在工具条中选择" ",系统弹出刀具选择对话框(如图2-2-3所示)。

当选取多把刀具时,应先用鼠标点击"已经选择刀具"列表中刀位号所在行,再用鼠标点击"可选刀具"列表中所需的刀具。如选3号刀时,先在"已经选择刀具"列表中用鼠标点击序号3所在行,再用鼠标点击"可选刀具"列表中所需的刀具。刀具选择完毕后按下"确定"

图 2 - 2 - 2　机床界面

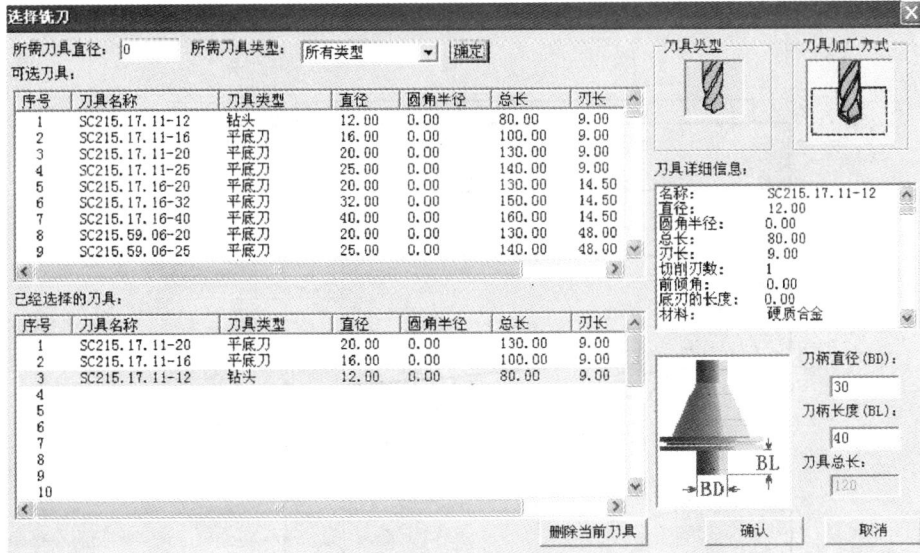

图 2 - 2 - 3　选择刀具

完成刀具选择，这时选择的所有刀具装在刀库中。

3. 设置刀具长度补偿参数

(1) 在 MDI 键盘上点击 ▦▦ 键，按软键"补正"进入工具补偿设定界面，如图 2 - 2 - 4 所示。

(2) 用方位键 ↑ ↓ 选择所需的补偿号，并用 ← → 长度补偿 H，将光标移到相应的区域。

（3）通过 MDI 键盘上的数字/字母键，输入刀具补偿值，按软键"输入"或按 **INPUT**。例如在前面选择了 T01、T02、T03 三把刀具，若将 130 mm 长的 1 号刀（φ20 mm 平底铣刀）做为标准刀进行对刀，则 H01 = 0，当使用 G43 长度正补偿时，H02 = 100 - 130 = -30，H03 = 80 - 130 = -50；当使用 G44 长度负补偿时，H02、H03 分别设置为 30 和 50。

另外也可采用上个项目中所介绍的长度补偿值确定方法进行补偿值设置。

4. 将刀具装在主轴上

在选择完刀具后，所有刀具都被装在刀库中。

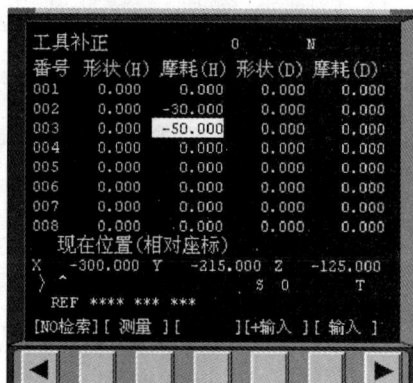

图 2 - 2 - 4　刀具补偿设定界面

在对刀时通常需要将基准刀具装在主轴上，可在 MDI 方式下，运行"G28 G91 Z0；T01 M06"（T01 为基准刀）指令即可。

2.2　巩固练习

图 2 - 2 - 5 所示为一扳手零件，四周有 4 个 φ4 mm 的通孔，另 1 个 φ4 mm 深度为 10 mm。零件毛坯尺寸为 75 mm × 50 mm × 20 mm。对零件进行工艺分析和编程，并通过数控仿真软件完成程序调试和加工仿真。

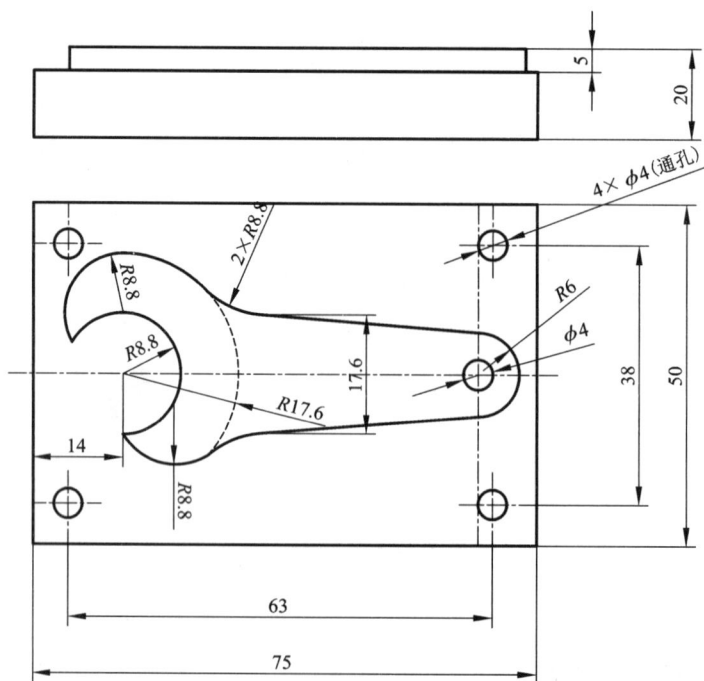

图 2 - 2 - 5　扳手零件的加工仿真

【技术要点】

(1)首先选用较大的刀具对工件外形进行粗铣，去除多余的毛坯余量，然后根据工件的外形选用合适的精加工刀具精铣轮廓，最后进行钻孔。

(2)在加工中心加工仿真过程中，如果要换刀，则需要用 M05 指令先让主轴停下来，再进行换刀，否则会出现报警。

模块三　数控车床编程与加工操作

项目一　数控车床的坐标系

1.1　机床坐标系确定原则

在数控车床上，车床的动作是由数控装置来控制的，为了确定数控车床上的成形运动和辅助运动，必须先确定机床上运动的位移和运动的方向，这就需要通过坐标系来实现，这个坐标系被称之为机床坐标系。

数控车床的坐标系统采用右手笛卡尔直角坐标系，如图 1－1－1 所示。基本坐标轴为 X、Y、Z，相对于每个坐标轴的旋转运动坐标轴为 A、B、C。大拇指方向为 X 轴的正方向；食指为 Y 轴的正方向；中指为 Z 轴的正方向。

（1）Z 轴的确定　Z 轴定义为平行于车床主轴的坐标轴，数控车床 Z 坐标的正向为刀具离开工件的方向，如图 3－1－1 所示。

（2）X 轴的确定　X 轴为水平的、平行于工件装夹平面的坐标轴，数控车床 X 坐标的方向在工件的径向上，且平行于横滑座。刀具远离工作旋转中心的方向为 X 轴的正方向，如图 3－1－1所示。

（3）Y 轴的确定　按笛卡尔直角坐标系右手定则法来确定。数控车床通常未使用 Y 轴。

（4）A、B、C 轴的确定　旋转坐标轴 A、B 和 C 的正方向相应地在 X、Y、Z 坐标轴正方向上，按右手螺旋定则来确定。

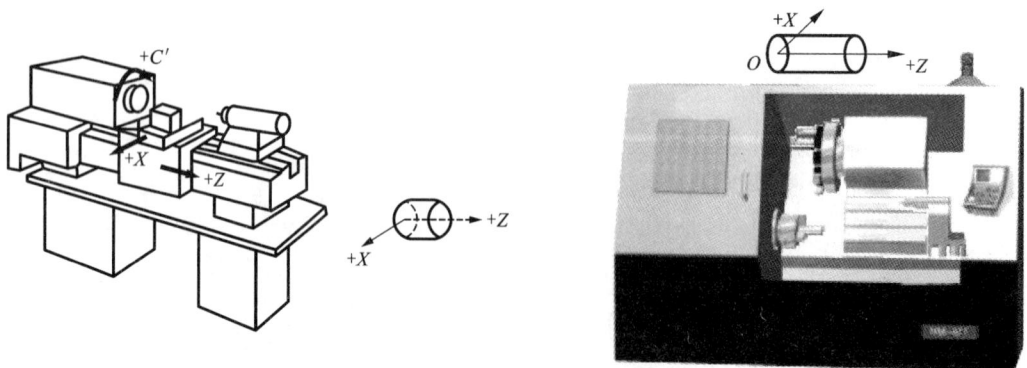

图 3－1－1　数控车床的坐标系

1.2　机床原点与参考点

1. 机床原点

机床原点是指在机床上设置的一个固定点，即机床坐标系的原点。它在机床装配、调试时就已确定下来，是数控机床进行加工运动的基准参考点。在数控车床上，机床原点一般取在卡盘端面与主轴中心线的交点处，见图3－1－2。

2. 机床参考点

机床参考点是用于对机床运动进行检测和控制的固定位置点。机床参考点

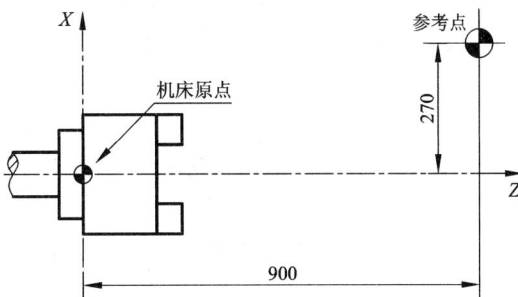

图3－1－2　数控车床机床原点与参考点

的位置是由机床制造厂家在每个进给轴上用限位开关精确调整好的，坐标值已输入数控系统中。因此参考点对机床原点的坐标是一个已知数。通常在数控车床上机床参考点是离机床原点最远的极限点。图3－1－2所示为数控车床的参考点与机床原点。

数控机床开机时，必须先确定机床原点，而确定机床原点的运动就是刀架返回参考点的操作，这样通过确认参考点，就确定了机床原点。只有机床参考点被确认后，刀具（或工作台）移动才有基准。

1.3　工件坐标系及其设定

1. 工件坐标系

工件坐标系是编程使用的坐标系，又称编程坐标系。工件坐标系坐标轴的方向与机床坐标轴相同。工件坐标系的原点，也称工件零点或编程零点，其位置由编程者自行确定。数控车床的工件原点一般选在主轴中心线与工件右端面或左端面的交点处，如图3－1－3所示。

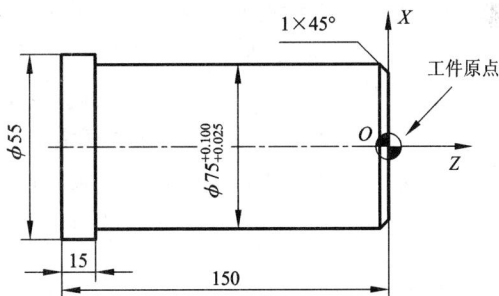

图3－1－3　编程坐标系与编程原点

2. 工件坐标系的设定

（1）通过刀具起始点来设定工件坐标系

当机床开机回参考点之后，无论刀具运动到哪一点，数控系统对其位置都是已知的。也就是说，刀具起始点是一个已知点。因此，工件坐标系的原点可设定在相对于刀具起始点的某一符合加工要求的空间点上。

G50为数控车床设定工件坐标系指令。在程序中出现G50程序段时，即通过刀具当前所在位置（刀具起始点）来设定加工坐标系。

指令格式：G50 X__Z__

式中：X、Z值分别为刀尖（刀位点）起始点距离工件原点的X向和Z向坐标。

指令说明：

①一旦执行 G50 指令建立坐标系，后续的绝对值指令坐标位置都是此工件坐标系中的坐标值。

②G50 指令必须跟坐标地址字，须单独一个程序段指定，且一般写在程序开始处。

③在执行指令之前必须先进行对刀，通过调整机床，将刀尖放在程序所要求的起刀点位置上。

④执行此指令刀具并不会产生机械位移，只建立一个工件坐标系。

⑤用 G50 指令设定工件坐标系时，程序起点和终点必须一致，这样才能保证重复加工不乱刀。

⑥采用 G50 设定的工件坐标系，不具有记忆功能，当机床关机后，设定的坐标系立即失效，故使用起来不是十分方便。

例 3 – 1 – 1 图 3 – 1 – 4 中以刀具当前所在位置为起刀点，试分别以 O_1 和 O_2 为原点设定工件坐标系。

若设定 O_1 为工件原点，程序段为：

G50 X 110. Z 50；

若设定 O_2 为工件原点，程序段为：

G50 X 110. Z 110；

（2）G54 ~ G59 设定工件坐标系

为了编程方便，系统允许编程人员使用 6

图 3 – 1 – 4 工件坐标系的设定

个特殊的工件坐标系。这 6 个工件坐标系可以预先通过 CRT/MDI 操作面板在参数设置方式下进行，并在程序中用 G54 ~ G59 来选择它们。工件坐标系一旦选定，后续程序段中绝对值编程时的指令值均为相对此坐标系原点的值。

G54 ~ G59 设定的工件原点在机床坐标系中的位置是不变的，在系统断电后也不破坏，再次开机后仍然有效，并与刀具的当前位置无关，除非再通过 CRT/MDI 方式更改。用 G54 ~ G59 建立工件坐标系不像 G50 那样需要在程序段中给出预置寄存的坐标数据，操作者在安装工件后，测量工件原点相对于机床原点的偏置，并把工件坐标系在各轴方向上相对于机床坐标系的位置偏置量输入到工件坐标系偏置存储器中（操作参见本模块项目二），其后系统在执行程序时，就可以按照工件坐标系的坐标值来运动了。

（3）T 指令建立工件坐标系

在数控车床上进行粗车、精车、车螺纹、切槽等加工时，对加工中所需要的每一把刀具分配一个号码，通过在程序中指定所需刀具的号码，机床就选择相应的刀具。

编程时，常设定刀架上各刀在工作位时，其刀尖位置是一致的。但由于刀具的几何形状、及安装的不同，其刀尖位置是不一致的，各刀具相对于工件原点的距离也是不同的。因此需要将各刀具的位置值进行比较或设定，称为刀具偏置补偿。刀具的补偿功能由 T 指令指定。

T 指令格式 T□□□□；

其中指令 T 后的前两位表示刀具号，后两位为刀具补偿号。刀具补偿号是刀具偏置补偿寄存器的地址号，该寄存器存放刀具的 X 轴和 Z 轴偏置补偿值、刀具 X 轴和 Z 轴磨损补偿值。系统对刀具的补偿或取消都是通过拖板的移动来实现的。

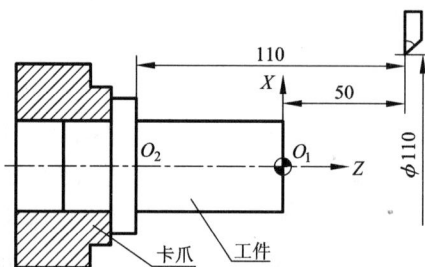

例 3 - 1 - 2 T0202；表示选择 2 号刀具和 2 号刀补。

T0200；补偿号为 00 表示补偿量为 0，即取消 2 号刀具补偿功能。

工件原点的设定方式，也常用刀具补偿量来进行设定，用 T 指令设定的工件坐标系，在刀具与工件不干涉的前提下，刀架在任何位置都可以启动程序加工。如执行 T0101，则 01 号车刀的工件坐标系即可建立完成。用 T 指令建立工件坐标系时的对刀操作参见本模块项目二。

项目二　数控加工仿真软件(车床)的使用

2.1　数控加工仿真软件(车床)的基本操作

1. 数控车削仿真系统机床的选择

(1)进入仿真系统

① 鼠标左键点击"开始"按钮，在"程序"目录中弹出"数控加工仿真系统"的子目录，在接着弹出的下级子目录中点击"加密锁管理程序"，如图3-2-1所示。加密锁程序启动后，屏幕右下方工具栏中出现 的图标。

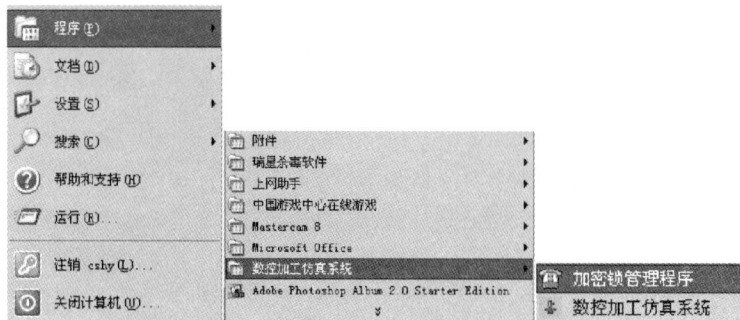

图3-2-1　数控加工仿真系统运行加密锁

② 重复上面的步骤，在最后弹出的目录中点击所需的数控加工仿真系统，系统弹出"用户登录"界面，如图3-2-2所示。点击"快速登录"按钮或输入用户名和密码，再点击"登录"按钮，进入数控加工仿真系统。

(2)选择机床类型

打开菜单"机床/选择机床"(或在工具栏中选择" "按钮)，在选择机床对话框中选择如图3-2-3所示的控制系统类型和相应的机床并按确定。

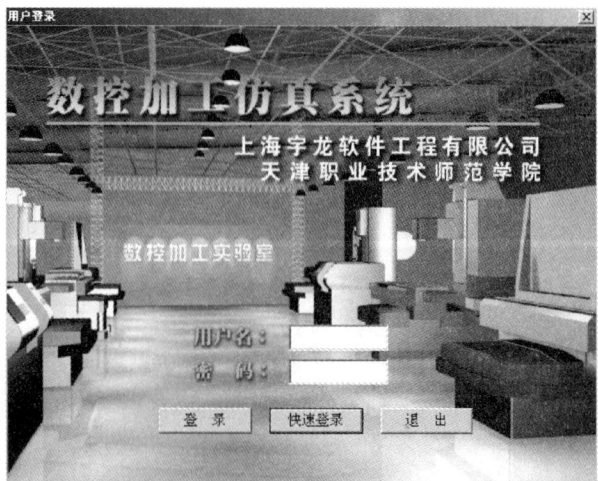

图3-2-2　数控加工仿真系统登录界面

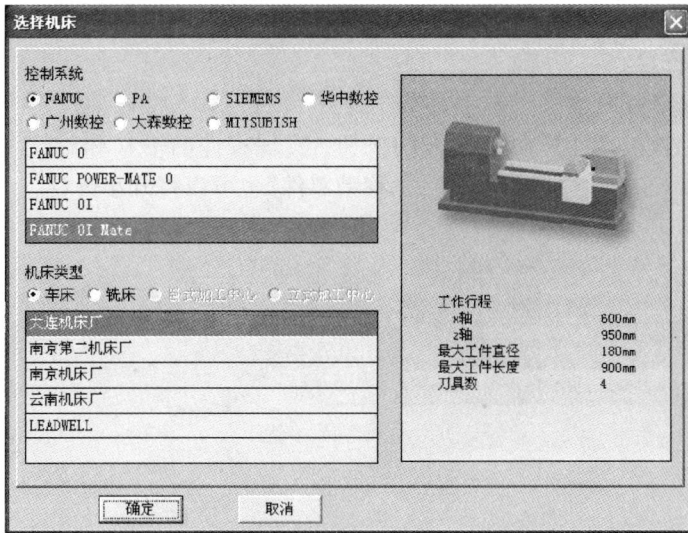

图 3 - 2 - 3　机床选择

2. 毛坯设定

(1)定义毛坯

打开菜单"零件/定义毛坯"或在工具条上选择" "，系统打开图 3 - 2 - 4 所示对话框。

名字输入：在毛坯名字输入框内输入毛坯名，也可使用缺省值。

选择毛坯材料：毛坯材料列表框中提供了多种供加工的毛坯材料，可根据需要在"材料"下拉列表中选择毛坯材料。

参数输入：尺寸输入框用于输入尺寸，单位为毫米。

(2)放置零件

打开菜单"零件/放置零件"命令或者在工具条上选择图标 ，系统弹出操作对话框，如图 3 - 2 - 5 所示。

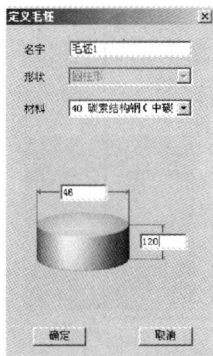

图 3 - 2 - 4　毛坯定义

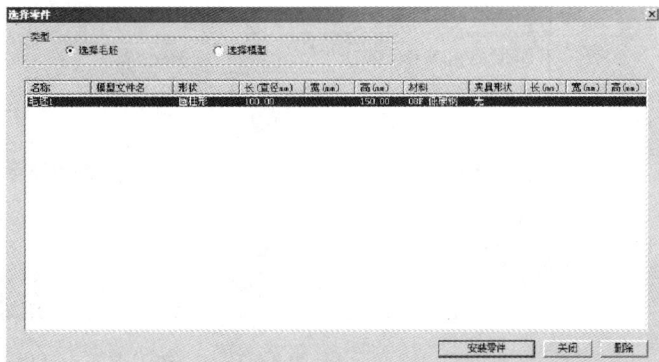

图 3 - 2 - 5　"选择零件"对话框

在列表中点击所需的零件，选中的零件信息加亮显示，按下"安装零件"按钮，系统自动关闭对话框，零件将被放到机床上。

（3）调整零件位置

零件可以在工作台面上移动。毛坯放上工作台后，系统将自动弹出一个小键盘（如图3-2-6所示），通过按动小键盘上的方向按钮，实现零件的平移和旋转。小键盘上的"退出"按钮用于关闭小键盘。选择菜单"零件/移动零件"也可以打开小键盘。

图3-2-6　调整零件位置

3. 数控车床选刀

打开菜单"机床/选择刀具"或者在工具条中选择" "，系统弹出刀具选择对话框。

系统中数控车床允许同时安装8把刀具（后置刀架）或者4把刀具（前置刀架）（前置刀架如图3-2-7所示）。

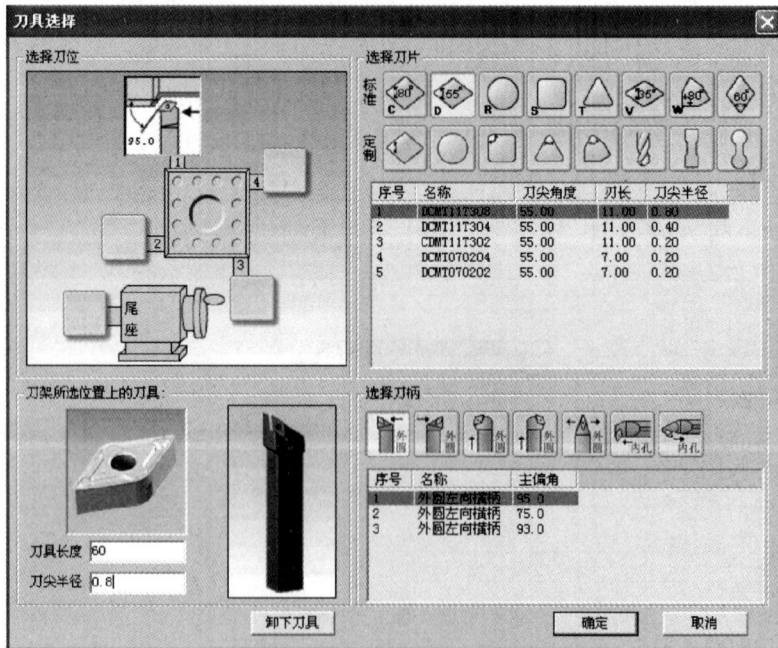

图3-2-7　车刀选择对话框

（1）在刀架图中点击所需的刀位。该刀位对应程序中的T01～T04。

（2）在刀片列表框中选择刀片。

（3）在刀柄列表框中选择刀柄。

（4）变更刀具长度和刀尖半径：刀具选择界面的左下部位显示所选的刀具。其中"刀具长度"和"刀尖半径"均可以由操作者修改。

（5）拆除刀具：在刀架图中点击要拆除刀具的刀位，点击"卸下刀具"按钮。

（6）确认操作完成：点击"确认"按钮。

4．FANUC－0iMate 面板操作

（1）控制系统操作面板说明

① MDI 键盘（图 3－2－8）

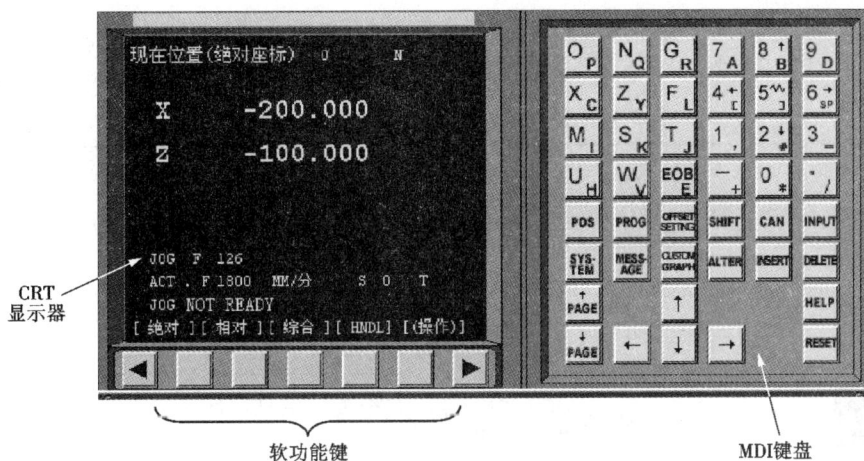

图 3－2－8 FANUC－0iMate 系统的控制面板

- 常用功能键

  POS   当前机床位置显示

  PROGRAM   程序显示

  MENU/OFFSET   偏置量显示

- 常用的编辑键

  RESET 复位键：终止当前一切操作、CNC 复位、解除报警。

  INPUT   用于参数、偏置量的输入

  地址/数字键   用于字母、数字等的输入

  CAN 取消输入键   用于删除已输入到缓冲器的文字或符号

  ↑↓→←   光标的移动键

  PAGE↑↓   翻页键

  ALTER   字符替换键

  INSERT   字符输入（插入）

  DELETE   字符、程序删除

② 操作面板

操作面板及功能见图 3－2－9、表 3－2－1。

图 3 - 2 - 9   FANUC - 0iMate 系统的操作面板

表 3 - 2 - 1   机床控制面板功能键的主要作用

按 钮	名 称	功 能 说 明
系统启动	系统启动	启动控制系统。
系统停止	系统停止	关闭控制系统。
循环启动	循环启动	程序运行开始；系统处于"自动运行"或"MDI"位置时按下有效，其余模式下使用无效。
循环暂停	循环暂停	程序运行暂停，在程序运行过程中，按下此按钮运行暂停（进给保持）。
极限复位	极限复位	系统超程释放。
快速	快速按钮	在手动状态下。此按钮被按下后，系统进入手动快速状态
手动进给按钮	手动进给按钮	该按钮用于在手动状态下控制进给轴的进给。
进给倍率	进给倍率	调节进给轴运行时的进给速度倍率。
手摇快速倍率旋钮	手摇快速倍率旋钮	手轮/手动点动模式下将光标移至此旋钮上后，通过点击鼠标的左键或右键来调节手轮步长。×1、×10、×100 分别代表移动量为 0.001 mm、0.01 mm、0.1 mm。
手轮	手轮	将光标移至此旋钮上后，通过点击鼠标的左键或右键来转动手轮。

按　　钮	名　　称	功　能　说　明
模式选择	编辑	旋钮被打在此状态后,系统进入程序编辑状态,用于直接通过操作面板输入数控程序和编辑程序。
	自动	旋钮被打在此状态后,系统进入自动加工模式。
	MDI	旋钮被打在此状态后,系统进入 MDI 模式,手动输入并执行指令。
	手轮/单步	旋钮被打在此状态后,系统进入手轮/单步状态。点击手轮将实现手轮连续进给,点击 X 或 Z 轴进给按钮将实现手动点动进给。
	JOG	旋钮被打在此状态后,系统手动连续进给状态。
	手轮轴选择旋钮	手轮模式下,将光标移至此旋钮上后,通过点击鼠标的左键或右键来选择进给轴。

(2)MDI 运行

① 主轴运动控制

将"模式选择"旋至"MDI",依次按 、 和 键,输入指令(如 M03 S800),按 和 键,再按 。

说明:主轴反转指令为 M04,主轴停止指令为 M05。

② 刀架转换

将"模式选择"旋至"MDI",依次按 、 和 键,输入刀具指令(如 T0101),按 和 键,再按 。

(3)手动操作

① 手动/连续方式

a.将控制面板上的模式选择旋钮指向"JOG",机床进入手动模式。

b.分别点击 ,,, 键,控制机床的移动方向。

注:刀具切削零件时,主轴需转动。加工过程中刀具与零件发生非正常碰撞后,系统弹出警告对话框,同时主轴自动停止转动。

② 手动脉冲方式

a.将控制面板上的模式选择旋钮指向"手轮/单步",机床进入手动脉冲模式。

b.鼠标对准"轴选择"旋钮 ,点击左键或右键,选择坐标轴。

c.鼠标对准"手轮进给速度"旋钮 ,点击左键或右键,选择合适的脉冲当量。

d.鼠标对准手轮 ,点击左键或右键,精确控制机床的移动。

③ 手动/点动方式

a.将控制面板上的模式选择旋钮指向"手轮/单步",机床进入手动脉冲模式。

b.分别点击 [图标], [图标], [图标], [图标] 键,控制机床的移动方向,可实现机床的手动点动运行。

c.鼠标对准"手摇快速倍率"旋钮 [图标],点击左键或右键,选择合适的点动步长。

2.2 数控车床加工仿真实例

零件如图 3-2-10 所示,在宇龙数控仿真软件中选择 Fanuc-0iMate 数控系统,并完成数控程序的输入和零件的仿真加工。毛坯为 $\phi40$ mm 的棒料,欲加工最大直径为 $\phi35$ mm、总长为 70 mm 的零件。

将工件起刀点位置设在 X100 Z100 的位置,编程原点 o 设置在零件右端面中心(如图 3-2-11 所示)。选用 90° 外圆车刀。切削深度为 2 mm,退刀量为 1 mm,x

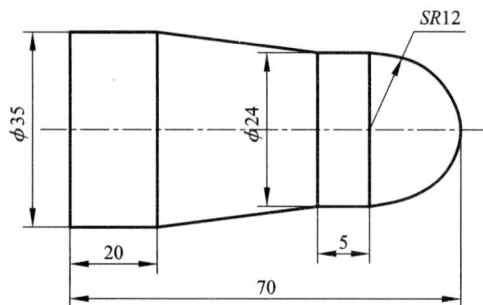

图 3-2-10　仿真实例图样

方向精加工余量为 0.5 mm,z 方向精加工余量为 0.15 mm。仿真操作步骤如下:

1.回参考点

(1)将操作面板上回原点模式选择旋钮打在"Ⅰ",系统进入回原点模式。

(2)点击操作面板上的"x 轴正方向"按钮 [图标],使 x 轴回原点。

(3)再点击"z 轴正方向"按钮 [图标],使 Z 轴回原点。

2.毛坯设定

3.刀具选用

4.程序输入和对刀操作

若分别采用程序段 G50、G54~G59 和 T 指令设定坐标系,其程序和对刀步骤分别为:

(1)G50 设定坐标系

① 参考程序:

O1000;

N10 G50 X100 Z100;

N20 G98;

N30 G00 X40 Z2;

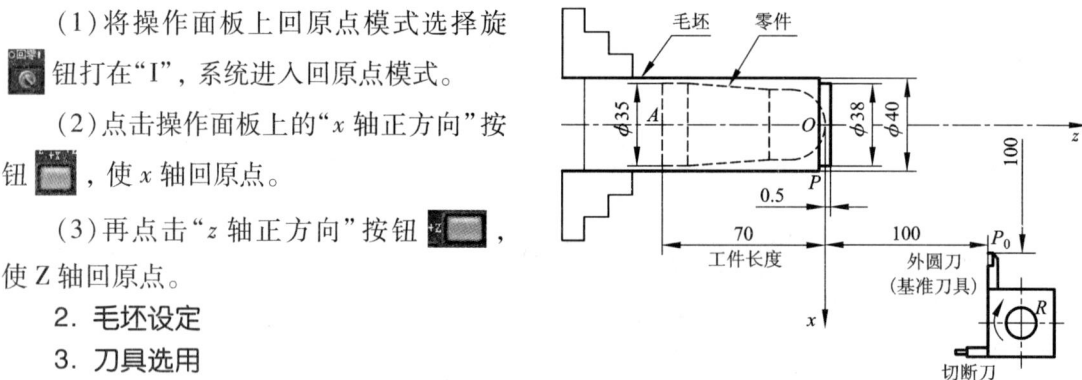

图 3-2-11　对刀示意图

N40 M03 S600；

N50 G71 U2 R1；

N55G71 P60 Q110 U0.5 W0.15 F200；

N60 G01 X0 F150；

N65 Z0；

N70 G03 X24 Z－12 R12；

N80 G01 Z－17；

N90 X35 Z－50；

N100 Z－70；

N110 X40；

N120 G70 P60 Q110；

N130 G00 X100 Z100；

N140 M30；

② 对刀操作

通过对刀操作，使刀位点位于工件坐标系中的(100，100)处。

a.用外圆车刀先试切一外圆(如图3－2－12所示)，选择 ██相对██ 、输入U0，按软键"预定"。

b.将刀具沿Z轴正方向退出，停止主轴，测量外圆直径(假设为φ38.5 mm)。

c.将刀具沿Z轴负方向靠近工件，选择"MDI"模式，启动主轴，并执行G01 U－38.5 F0.3 指令(38.5 为外圆直径测量值)，切端面到中心，如图3－2－13所示。

d.选择"MDI"模式，输入G50 X0 Z0，启动"循环启动"键，把当前点(端面中心)设为零点。

e.选择"MDI"模式，输入G0 X100 Z100，启动"循环启动"键，使刀具离开工件到达坐标为(100，100)处。

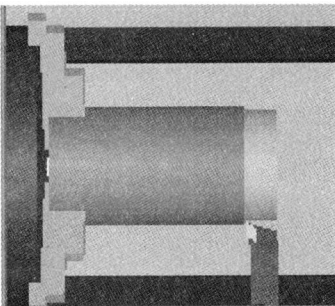

图3－2－12　试切外圆

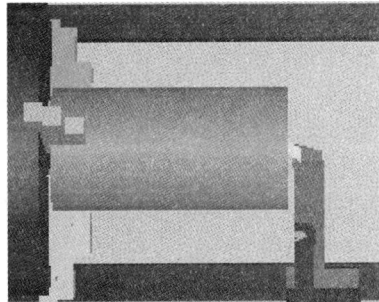

图3－2－13　试切端面

(2)G54~G59 设定坐标系及对刀操作

① 参考程序：

O1000；

N10 G54 G00 X100 Z100；

N20 G98；

N30 G00 X40 Z2；

N40 M03 S600；

N50 G71 U2 R1；

N55G71 P60 Q110 U0.5 W0.15 F200；

N60 G01 X0 F150；

N65 Z0；

N70 G03 X24 Z－12 R12；

N80 G01 Z－17；

N90 X35 Z－50；

N100 Z－70；

N110 X40；

N120 G70 P60 Q110；

N130 G00 X100 Z100；

N140 M30；

② 对刀操作

其操作步骤如下：

a.返回机床零点：分别操作车床使 X 向、Z 向返回机床零点。

b.车削毛坯外圆：手动（或用手轮）车削约 10 mm 长的零件外圆，沿 Z 轴正方向退刀（如图 3－2－12 所示）。

c.测量尺寸：主轴停止，点击菜单"测量/坐标测量"，得到试切后的工件直径（假设 ϕ37.6 mm）。

d.输入 X 轴方向的坐标尺寸：按" OFSET SET "键，按软键操作区的"坐标系"软键，将光标移动到 G54 处，输入"X37.6(测得的直径值)"，按软键操作区的"测量"软键。

e.车削毛坯端面：手动（或用手轮）车削零件端面，沿 X 轴正方向退刀（如图 3－2－13 所示）。

f.输入 Z 轴方向的坐标尺寸：按" OFSET SET "键，按软键操作区的"坐标系"软键，将"光标移动"键把光标移动到 G54 处，输入"Z0"，按软键操作区的"测量"软键。

（3）T 指令设定坐标系与对刀操作

① 参考程序

O1000；

N10 T0101；

N20 G00 X100 Z100；

N30 G98 G00 X40 Z2；

N40 M03 S600；

N50 G71 U2 R1；

N55G71 P60 Q110 U0.5 W0.15 F200；

N60 G01 X0 F150；

N65 Z0;

N70 G03 X24 Z – 12 R12;

N80 G01 Z – 17;

N90 X35 Z – 50;

N100 Z – 70;

N110 X40;

N120 G70 P60 Q110;

N130 G00 X100 Z100;

N140 M30;

② T 指令对刀操作

a. 返回机床零点:分别操作车床使 X 向、Z 向返回机床零点。

b. 车削毛坯外圆:手动(或用手轮)车削约 10 mm 长的零件外圆(如图 3 – 2 – 12 所示),沿 Z 轴正方向退刀。

c. 测量尺寸:主轴停止,测量车削后的外圆直径(假设 ϕ37.6 mm)。

d. 输入 X 向几何形状数据:按 OFSET SET → 补正 → 形状 输入"X37.6 (外圆直径值)",按 测量 键,刀具"X"补偿值即自动输入到几何形状里。

e. 车削毛坯端面:手动(或用手轮)车削零件端面,沿 X 轴正方向退刀(如图 3 – 2 – 13 所示)。

f. 输入 Z 向几何形状数据:按 OFSET SET → 补正 → 形状 输入"Z 0",按 测量 键,刀具"Z"补偿值即自动输入到几何形状里。

6. 零件仿真加工

(1)轨迹校验

① 将控制面板上的模式选择旋钮指向"自动",系统进入自动运行模式,

② 点击 MDI 键盘上的 PROG 按钮,点击数字/字母键,输入"Ox"(x 为所需要检查运行轨迹的数控程序号),按 ↓ 开始搜索,找到后,程序显示在 CRT 界面上。

③ 点击 CUSTOM GRAPH 按钮,进入检查运行轨迹模式,点击操作面板上的"循环启动"按钮 循环启动,即可观察数控程序的运行轨迹,此时也可通过"视图"菜单中的动态旋转、动态放缩、动态平移等方式对三维运行轨迹进行全方位的动态观察。

(2)零件的仿真加工

① 自动/连续方式

a. 检查机床是否机床回零。若未回零,先将机床回零。

b. 导入数控程序或自行编写一段程序。

c. 将控制面板上"模式选择"旋钮是否置于"自动"档,进入自动加工模式。

d. 按"循环启动"按钮,数控程序开始运行。

② 自动/单段方式

a. 检查机床是否机床回零。若未回零,先将机床回零。

b. 导入数控程序。

c. 将控制面板上的模式选择旋钮指向"自动",系统进入自动运行模式。

d. 点击操作面板上的"单段"旋钮 ,使它指向"Ⅰ"位置。

e. 点击操作面板上的"循环启动"按钮 ,程序开始执行。

注:自动/单段方式执行每一行程序均需点击一次"循环启动" 按钮。

注:点击"跳选"旋钮 ,使它指向"Ⅰ"位置,则程序运行时跳过符号"/"有效,该行成

为注释行,不执行;可以通过"进给倍率"旋钮 来调节主轴移动的速度。

按 键可将程序重置。

③ 中断运行

数控程序在运行过程中可根据需要实现暂停、停止、急停和重新运行。

a. 数控程序在运行时,按 按钮,程序停止执行;再点击"循环启动"按钮 ,程序从暂停位置开始执行。

b. 数控程序在运行时,按下"急停"按钮,数控程序中断运行。继续运行时,先将急停按钮松开,再按"循环启动"按钮,余下的数控程序从中断行开始作为一个独立的程序执行。

项目三 外圆柱/圆锥类零件加工

3.1 任务：短轴零件加工

短轴零件如3-3-1所示，按单件生产安排其数控加工工艺，编写出加工程序。毛坯为$\phi42$ mm棒料，材料为45钢。

知识点与技能点：

- 外圆柱/圆锥类零件加工方法选择；
- 外圆柱/圆锥类零件走刀路线安排；
- 车削轴类零件工艺参数选择；
- 外圆柱/圆锥类零件加工指令应用；
- 外圆柱/圆锥类零件的仿真加工操作与程序调试。

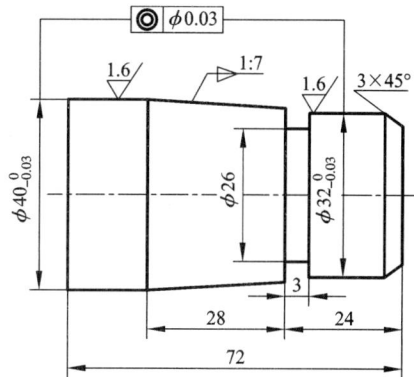

图3-3-1 外圆柱/圆锥轴的加工

3.2 数控车削外圆柱/圆锥面工艺知识

1. 刀具的选用

车削外圆柱(锥)面常用的刀具如图3-3-2所示。

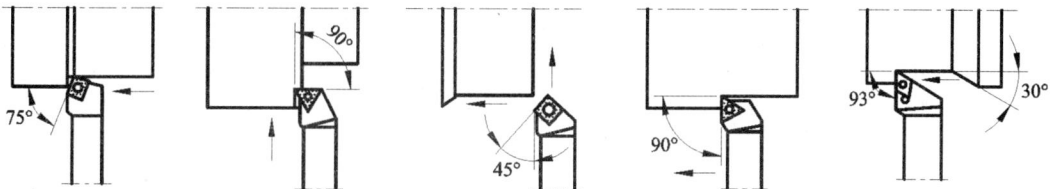

(a)75°偏头外圆车刀 (b)90°偏头端面车刀 (c)45°偏头外圆车刀 (d)90°偏头外圆车刀 (e)93°偏头外圆车刀

图3-3-2 车削外圆柱(锥)面常用刀具

2. 加工顺序的确定

（1）先粗后精

为了提高生产效率并保证零件的精加工质量，在切削加工时，应先安排粗加工工序，在较短的时间内，将精加工前大量的加工余量(如图3-3-3中的虚线内所示部分)去掉，同时尽量满足精加工的余量均匀性要求。粗车的另一作用是及时发现毛坯材料内部的缺陷，如砂眼、裂纹等。在机床动力条件许可下，粗车通常采用较大的背吃刀量和进给量，转速不应过高。

当粗加工工序安排完后，应接着安排换刀后进行的半精加工和精加工。其中，安排半精加工的目的是，当粗加工后所留余量的均匀性满足不了精加工要求时，则可安排半精加工作为过渡性工序，以便使精加工余量小而均匀。

在安排可以一刀或多刀进行的精加工工序时，其零件的最终轮廓应由最后一刀连续加工而成。这时，加工刀具的进退刀位置要考虑妥当，尽量不要在连续的轮廓中安排切入和切出或换刀及停顿，以免因切削力突然变化而造成弹性变形，致使光滑连接轮廓上产生表面划伤、形状突变或滞留刀痕等疵病。

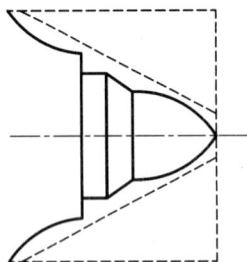

图 3 - 3 - 3　先粗后精示例　　　　　　　图 3 - 3 - 4　先近后远示例

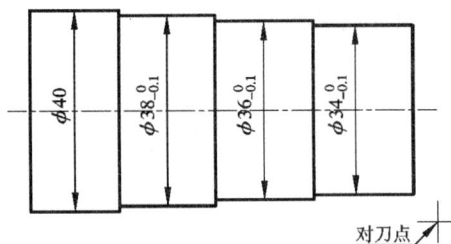

（2）先近后远加工，减少空行程时间

在一般情况下，特别是在粗加工时，通常安排离对刀点近的部位先加工，离对刀点远的部位后加工，以便缩短刀具移动距离，减少空行程时间。对于车削加工，先近后远有利于保持毛坯件或半成品件的刚性，改善其切削条件。如加工图 3 - 3 - 4 所示零件时，宜按 $\phi34$ mm $\to\phi36$ mm $\to\phi38$ mm 的次序先近后远地安排车削。

（3）内外交叉

对既有内表面（内型腔）又有外表面需加工的零件，安排加工顺序时，应先进行内外表面粗加工，后进行内外表面精加工。切不可将零件上一部分表面（外表面或内表面）加工完毕后，再加工其他表面（内表面或外表面）。

（4）基面先行原则

用作精基准的表面应优先加工出来，因为定位基准的表面越精确，装夹误差就越小。例如轴类零件加工时，总是先加工中心孔，再以中心孔为精基准加工外圆表面和端面。

对于某些特殊情况，则需要采取灵活可变的方案。这有赖于工艺设计人员实际加工经验的不断积累与学习。

3. 进给路线的确定

进给路线的确定首先必须保证被加工零件的尺寸精度和表面质量，其次考虑数值计算简单、走刀路线尽量短、效率较高等。因精加工的进给路线基本上都是沿其零件轮廓顺序进行的，因此确定进给路线的工作重点是确定粗加工及空行程的进给路线。

（1）进给路线与加工余量的关系

在数控车床还未达到普及使用的条件下，一般应把毛坯件上过多的余量，特别是含有锻、铸硬皮层的余量安排在普通车床上加工。如必须用数控车床加工时，则要注意程序的灵活安排。安排一些子程序对余量过多的部位先作一定的切削加工。

① 对大余量毛坯进行阶梯切削时的加工路线

图 3 - 3 - 5 所示为车削大余量工件的两种加工路线，图（a）是错误的阶梯切削路线，图

（b）按 1→5 的顺序切削，每次切削所留余量相等，是正确的阶梯切削路线。因为在同样背吃刀量的条件下，按图(3－3－5(a))方式加工所剩的余量过多。

　　根据数控加工的特点，还可以放弃常用的阶梯车削法，改用依次从轴向和径向进刀、顺工件毛坯轮廓走刀的路线(如图3－3－6所示)。

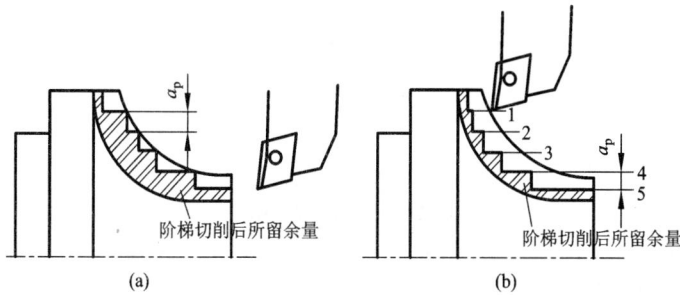

图 3－3－5　车削大余量毛坯的阶梯路线　　　图 3－3－6　双向进刀走刀路线

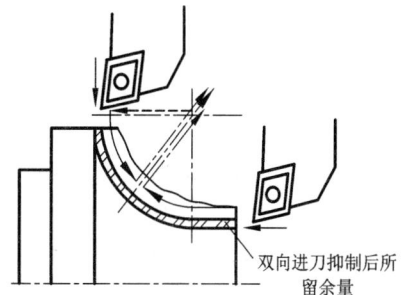

　　② 分层切削时刀具的终止位置

　　当某表面的余量较多需分层多次走刀切削时，从第二刀开始就要注意防止走刀到终点时切削深度的猛增。如图 3－3－7 所示，设以 90° 主偏角刀分层车削外圆，合理的安排应是每一刀的切削终点依次提前一小段距离 e(例如可取 $e = 0.05$ mm)。如果 $e = 0$，则每一刀都终止在同一轴向位置上，主切削刃就可能受到瞬时的重负荷冲击。当刀具的主偏角大于 90°，但仍然接近 90° 时，也宜作出层层递退的安排，经验表明，这对延长粗加工刀具的寿命是有利的。

图 3－3－7　分层切削时刀具的终止位置

　　③ 刀具的切入、切出

　　在数控机床上进行加工时，要安排好刀具的切入、切出路线，尽量使刀具沿轮廓的切线方向切入、切出。

　　④ 确定最短的空行程路线

　　确定最短的走刀路线，除了依靠大量的实践经验外，还应善于分析，必要时辅以一些简单计算。现将实践中的部分设计方法或思路介绍如下。

　　a. 巧用对刀点与换刀。图 3－3－8(a) 为采用矩形循环方式进行粗车的一般情况示例。其起刀点 A 的设定是考虑到精车等加工过程中需方便地换刀，故设置在离坯料较远的位置处，同时将起刀点与其对刀点重合在一起。

　　图 3－3－8(b) 则是巧将起刀点与对刀点分离，并设于图示 B 点位置，起刀点与对刀点分离的空行程为 A→B。显然，图 3－3－8(b) 所示的走刀路线短。

　　b. 确定最短的切削进给路线。图 3－3－9 为粗车工件时几种不同切削进给路线的安排示

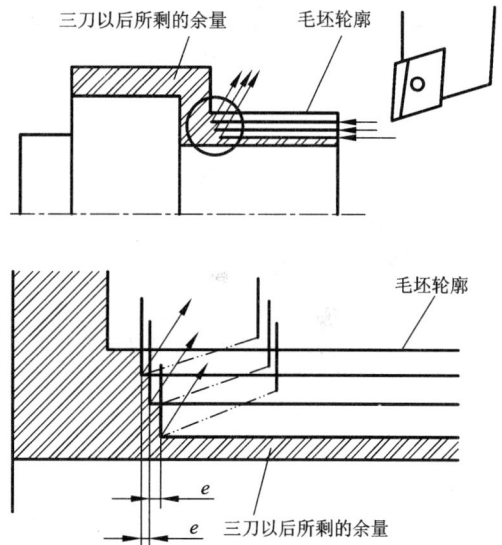

例。其中,图3-3-9(a)表示利用数控系统具有的封闭式复合循环功能而控制车刀沿着工件轮廓进行走刀的路线;图3-3-9(b)为利用其程序循环功能安排的"三角形"走刀路线;图3-3-9(c)为利用其矩形循环功能而安排的"矩形"走刀路线。以上三种切削进给路线,矩形循环进给路线的走刀长度总和为最短。因此,在同等条件下,其切削

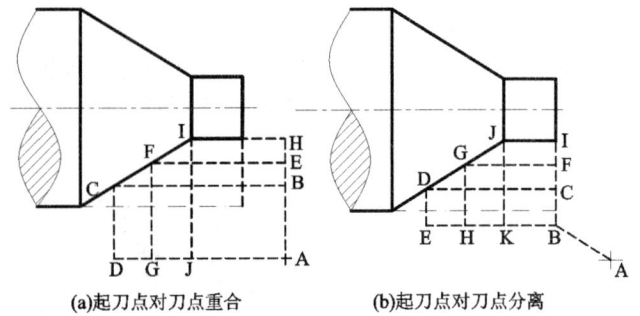

(a)起刀点对刀点重合   (b)起刀点对刀点分离

图3-3-8　巧用起刀点

所需时间(不含空行程)为最短,刀具的损耗小。另外,矩形循环加工的程序段格式较简单,所以这种进给路线的安排,在制定加工方案时应用较多。

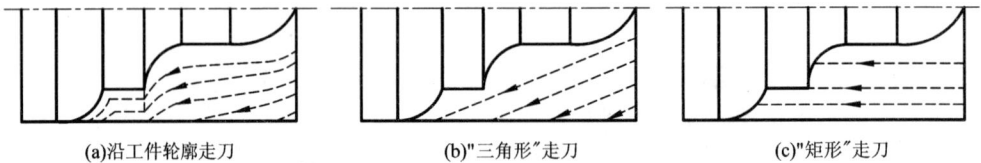

(a)沿工件轮廓走刀   (b)"三角形"走刀   (c)"矩形"走刀

图3-3-9　走刀路线示例

4. 数控加工余量的确定

为方便数控车削加工工艺的具体制定,给出按查表法确定轧制圆棒料毛坯、模锻毛坯用于加工轴类零件的余量,见表3-3-1和表3-3-2。

表3-3-1　普通精度轧制用于轴类(外旋转面)零件的数控车削加工余量

直径	表面加工方法	直径余量(按轴长取)							
		到120		>120~260		>260~500		>500~800	
30	粗车和一次车	1.1	1.3	1.7	1.7	–	–		
	半精车	0.45	0.45	0.5	0.5	–	–		
	精车	0.2	0.25	0.25	0.25	–	–		
	细车	0.12	0.13	0.15	0.15	–	–		
30~50	粗车和一次车	1.1	1.3	1.8	1.8	2.2	2.2	–	
	半精车	0.45	0.45	0.45	0.45	0.5	0.5	–	
	精车	0.2	0.25	0.25	0.25	0.3	0.3	–	
	细车	0.12	0.13	0.13	0.14	0.16	0.16	–	
50~80	粗车和一次车	1.1	1.5	1.8	1.9	2.2	2.3	2.3	2.6
	半精车	0.45	0.45	0.45	0.5	0.5	0.5	0.5	0.5
	精车	0.2	0.25	0.25	0.25	0.25	0.3	0.17	0.3
	细车	0.12	0.13	0.13	0.15	0.14	0.16	0.18	0.18

注:① 直径小于30 mm的毛坯规定校直,不校直时必须增加直径,以达到能够补偿弯曲所需的数值。

　② 阶梯轴按最大阶梯直径选取毛坯。

　③ 表中每格前列数值是用中心孔安装时的车削余量,后列数值是用卡盘安装时的车削余量。

表 3 - 3 - 2   模锻毛坯用于轴类(外旋转面)零件的数控车削加工余量

直径	表面加工方法	直径余量(按轴长取)							
		到 120		>120~260		>260~500		>500~800	
18	粗车和一次车	1.4	1.5	1.9	1.9	–	–		
	精车	0.25	0.25	0.3	0.3	–	–		
	细车	0.14	0.14	0.15	0.15	–	–		
18~30	粗车和一次车	1.5	1.6	1.9	2.0	2.3	2.3	–	
	精车	0.25	0.25	0.25	0.3	0.3	0.3	–	
	细车	0.14	0.14	0.14	0.15	0.16	0.16	–	
30~50	粗车和一次车	1.7	1.8	2.0	2.3	2.7	30.	3.5	3.5
	精车	0.25	0.3	0.3	0.3	0.3	0.3	0.35	0.35
	细车	0.15	0.15	0.15	0.16	0.17	0.19	0.21	0.21
50~80	粗车和一次车	2.0	2.2	2.6	2.9	2.9	3.4	3.6	4.2
	精车	0.3	0.3	0.3	0.3	0.3	0.35	0.35	0.4
	细车	0.16	0.16	0.17	0.18	0.18	0.2	0.2	0.22

注:① 直径小于 30 mm 的毛坯规定校直,不校直时必须增加直径,以达到能够补偿弯曲所需的数值。

② 阶梯轴按最大阶梯直径选取毛坯。

③ 表中每格前列数值是用中心孔安装时的车削余量,后列数值是用卡盘安装时的车削余量。

5. 切削用量的选择

(1)背吃刀量 a_p 的确定

背吃刀量的选择根据加工余量确定。

粗加工时(表面粗糙度 $Ra50~12.5~\mu m$),在允许的条件下,尽量一次切除该工序的全部余量。中等功率机床,背吃刀量可达 8~10 mm。但对于加工余量大,一次走刀会造成机床功率或刀具强度不够;或加工余量不均匀,引起振动;或刀具受冲击严重出现打刀这几种情况,需要采用多次走刀。如分两次走刀,则第一次背吃刀量尽量取大,一般为加工余量的 2/3~3/4。第二次背吃刀量尽量取小些,第二次背吃刀量可取加工余量的 1/4~1/3。

半精加工时(表面粗糙度 $Ra6.3~3.2\mu m$),背吃刀量一般为 0.5~2 mm。

精加工时(表面粗糙度 $Ra1.6~0.8\mu m$),背吃刀量为 0.1~0.4 mm。

(2)进给量 f

进给量 f 的选取应该与背吃刀量和主轴转速相适应。在保证工件加工质量的前提下,可以选择较高的进给速度(2000 mm/min 以下)。

粗加工时,根据工件材料、车刀刀杆直径、工件直径和背吃刀量按表 3 - 3 - 3 进行选取。从表 3 - 3 - 3 可以看出,在背吃刀量一定时,进给量随着刀杆尺寸和工件尺寸的增大而增大;加工铸铁时,切削力比加工钢件时小,可以选取较大的进给量。

精加工与半精加工时,可根据加工表面粗糙度要求按表选取,同时考虑切削速度和刀尖圆弧半径因素,如表 3 - 3 - 4 所示。

表 3 - 3 - 3　硬质合金车刀粗车外圆及端面的进给量参考值

工件材料	车刀刀杆尺寸/mm	工件直径/mm	背 吃 刀 量 a_p/mm				
			≤3	>3~5	>5~8	>8~12	>12
			进 给 量 f/(mm/r)				
碳素结构钢合金结构钢耐热钢	16×25	20	0.3~0.4	–	–	–	–
		40	0.4~0.5	0.3~0.4	–	–	–
		60	0.5~0.7	0.4~0.6	0.3~0.5	–	–
		100	0.6~0.9	0.5~0.7	0.5~0.6	0.4~0.5	–
		400	0.8~1.2	0.7~1.0	0.6~0.8	0.5~0.6	–
	20×30 25×25	20	0.3~0.4	–	–	–	–
		40	0.4~0.5	0.3~0.4	–	–	–
		60	0.6~0.7	0.5~0.7	0.4~0.6	–	–
		100	0.8~1.0	0.7~0.9	0.5~0.7	0.4~0.7	–
		400	1.2~1.4	1.0~1.2	0.8~1.0	0.6~0.9	0.4~0.6
铸铁及合金钢	16×25	40	0.4~0.5	–	–	–	–
		60	0.6~0.8	0.5~0.8	0.4~0.6	–	–
		100	0.8~1.2	0.7~1.0	0.6~0.8	0.5~0.7	–
		400	1.0~1.4	1.0~1.2	0.8~1.0	0.6~0.8	–
	20×30 25×25	40	0.4~0.5	–	–	–	–
		60	0.6~0.9	0.5~0.8	0.4~0.7	–	–
		100	0.9~1.3	0.8~1.2	0.7~1.0	0.5~0.78	–
		400	1.2~1.8	1.2~1.6	1.0~1.3	0.9~1.0	0.7~0.9

表 3 - 3 - 4　按表面粗糙度选择进给量的参考值

工件材料	表面粗糙度 Ra/μm	切削速度范围 v_c/(m/min)	刀 尖 圆 弧 半 径 r_ε/mm		
			0.5	1.0	2.0
			进 给 量 f/(mm/r)		
铸铁青铜铝合金	>5~10	不限	0.25~0.40	0.40~0.50	0.50~0.60
	>2.5~5		0.15~0.25	0.25~0.40	0.40~0.60
	>1.25~2.5		0.10~0.15	0.15~0.20	0.20~0.35
碳钢合金钢	>5~10	<50	0.30~0.50	0.45~0.60	0.55~0.70
		>50	0.40~0.55	0.55~0.65	0.65~0.70
	>2.5~5	<50	0.18~0.25	0.25~0.30	0.30~0.40
		>50	0.25~0.30	0.30~0.35	0.30~0.50
	>1.25~2.5	<50	0.10~0.15	0.11~0.15	0.15~0.22
		50~100	0.11~0.16	0.16~0.25	0.25~0.35
		>100	0.16~0.20	0.20~0.25	0.25~0.35

（3）主轴转速的确定

切削速度的选取原则是：粗车时，因背吃刀量和进给量都较大，受机床功率限制，应选较低的切削速度，精加工时则选择较高的切削速度；加工材料强度硬度较高时，选较低的切削速度，反之取较高切削速度；刀具材料的切削性能越好，切削速度越高。需要注意的是，交流变频调速的数控车床低速输出力矩小，因而切削速度不能太低。

光车外圆时主轴转速应根据零件上被加工部位的直径，并按零件和刀具材料以及加工性质等条件所允许的切削速度来确定。其计算公式为：

$$n = 1000v_c/\pi d \quad (\text{r/min})$$

表 3 - 3 - 5 列出硬质合金外圆车刀切削速度的参考值。

表 3 - 3 - 5　硬质合金外圆车刀切削速度的参考值

工件材料	热处理状态	a_p / mm		
		(0.3, 2)	(2, 6)	(6, 10)
		f / (mm/r)		
		(0.08, 0.3)	(0.3, 0.6)	(0.6, 1)
		v_c / (m/min)		
低碳钢、易切钢	热轧	140 ~ 180	100 ~ 120	70 ~ 90
中碳钢	热轧	130 ~ 160	90 ~ 110	60 ~ 80
	调质	100 ~ 130	70 ~ 90	50 ~ 70
合金结构钢	热轧	100 ~ 130	70 ~ 90	50 ~ 70
	调质	80 ~ 110	50 ~ 70	40 ~ 60
工具钢	退火	90 ~ 120	60 ~ 80	50 ~ 70
灰铸铁	HBS < 190	90 ~ 120	60 ~ 80	50 ~ 70
	HBS = 190 ~ 225	80 ~ 110	50 ~ 70	40 ~ 60
高锰钢			10 ~ 20	
铜及铜合金		200 ~ 250	120 ~ 180	90 ~ 120
铝及铝合金		300 ~ 600	200 ~ 400	150 ~ 200
铸铝合金(wsi13%)		100 ~ 180	80 ~ 150	60 ~ 100

注：切削钢及灰铸铁时刀具耐用度约为 60 min。

3.3　外圆柱/圆锥面加工常用编程指令

1. 进给功能(F 功能)

F 功能用于指定进给速度，它有每转进给和每分钟进给两种指令模式

(1)每转进给模式 G99

指令格式：G99__F__;

该指令 F 后面直接指定主轴转一转刀具的进给量，如图 3 - 3 - 10(a)所示。G99 为模态指令，在程序中指定后，直到 G98 被指定前，一直有效。

(2)每分钟进给模式 G98

指令格式：G98__F__;

该指令 F 后面直接指定刀具每分钟的进给量，如图 3 - 3 - 10(b)所示。G99 也为模态指令。

$$每分钟进给量(mm/min) = 每转进给量(mm/r) \times 主轴转速 n$$

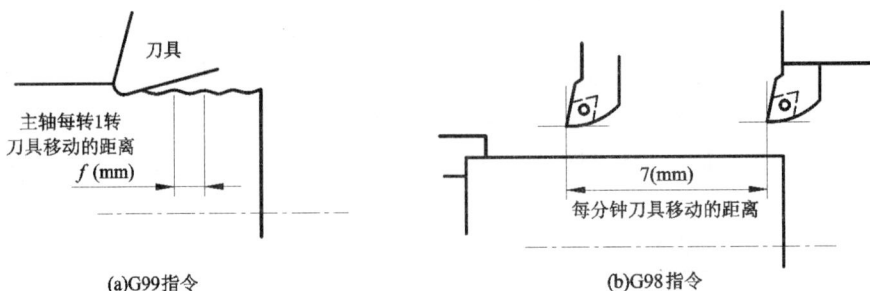

图 3 – 3 – 10　进给功能 G99 和 G98

2. 快速定位 G00

G00 指令使刀具以系统预先设定的速度移动定位至所指定的位置

指令格式：G00 X(U)__Z(W)__

式中：X、Z——绝对编程时目标点在工件坐标系中的坐标。在车床编程中，X 坐标通常为直径值。

U、W——增量编程时刀具移动的距离，U 为直径值。

指令说明：

（1）G00 指令中的快移速度由机床参数"快移进给速度"对各轴分别设定，所以快速移动速度不能在地址 F 中规定，快移速度可由面板上的快速修调按钮修正。

（2）在执行 G00 指令时，由于各轴以各自的速度移动，不能保证各轴同时到达终点，因此联动直线轴的合成轨迹不一定是直线，操作者必须格外小心，以免刀具与工件发生碰撞。

（3）G00 为模态功能，可由 G01、G02、G03 等功能注销。

（4）目标点位置坐标可以用绝对值，也可以用相对值，也可以混用。

例 3 – 3 – 1　如图 3 – 3 – 11 所示，需将刀具从起点 S 快速定位到目标点 P，试编写其相应程序段。

绝对编程　　G00　　X70　　Z40；

相对编程　　G00　　U40　　W – 60；

混合编程　　　　　G00　　U40　　Z40；

　　　　　　　　　G00　　X70　　W – 60；

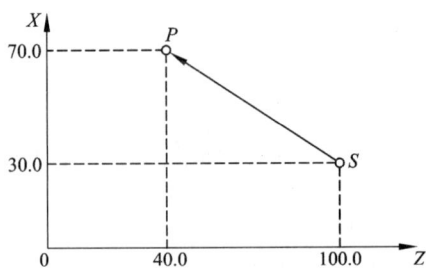

图 3 – 3 – 11　绝对、相对、混合编程实例

3. 直线插补功能 G01

G01 指令用于刀具直线插补运动。使刀具以一定的进给速度，从所在点出发，直线移动到目标点。G01 指令可分别完成车圆柱、圆锥、切槽等功能。

指令格式：G01 X(U)__Z(W)__F

式中：X、Z——为绝对编程时目标点在工件坐标系中的坐标；

U、W——为增量编程时目标点坐标的增量；

F——进给速度，对于指定的进给速度一直有效直到指定新值，因此不必对每个程序段都指定 F；F 有两种表示方法：每分钟进给量(mm/min)；每转进给量(mm/r)。

例 3 – 3 – 2　编写图 3 – 3 – 12 中 φ22 mm 外圆柱车削程序

绝对坐标方式：

$$G01 \ X22 \ Z - 35 \ F0.2;$$

相对坐标方式：

$$G01 \ U0 \ W - 37 \ F0.2;$$

例 3 – 3 – 3　编写图 3 – 3 – 13 中 φ25 mm 槽车削程序

绝对坐标方式：

$$G01 \ X25 \ F0.2;$$

相对坐标方式：

$$G01 \ U - 9 \ F0.2;$$

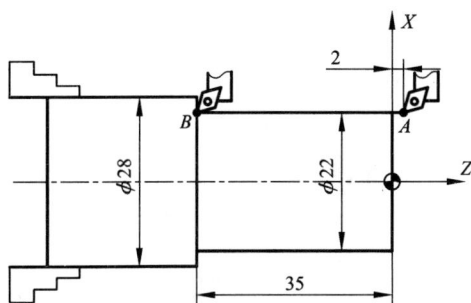

图 3 – 3 – 12　G01 功能应用——车外圆

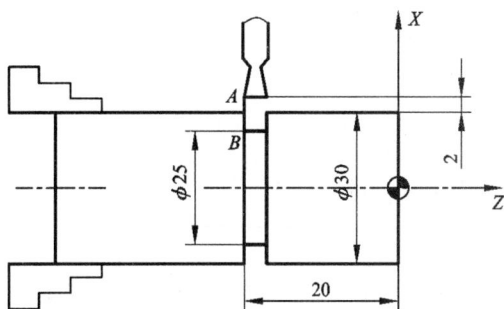

图 3 – 3 – 13　G01 功能应用——切槽

4．车削简单循环指令

（1）单一切削循环指令 G90

G90 是单一切削循环指令，该循环主要用于轴类零件的外圆、锥面的加工。其刀具轨迹如图 3 – 3 – 14 所示。图中虚线表示按 R 快速移动，实线表示按 F 指定的进给速度移动。

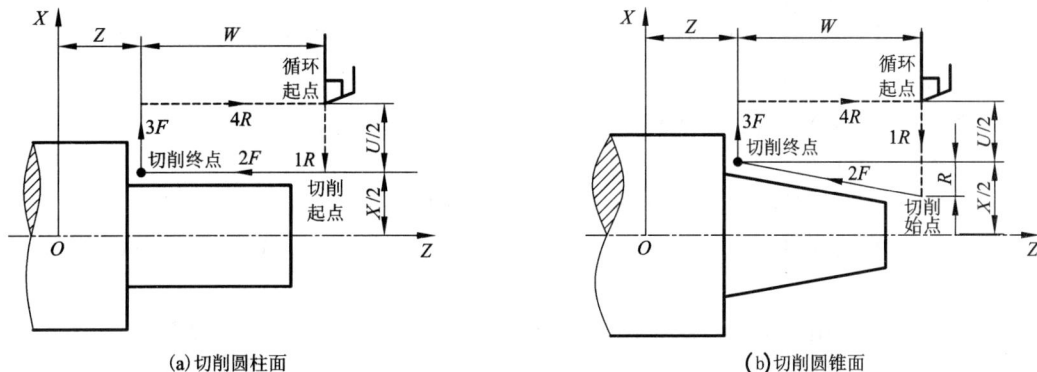

(a)切削圆柱面

(b)切削圆锥面

图 3 – 3 – 14　单一切削循环指令

指令格式：G90 X（U）__Z（W）__R__F__;

式中：X、Z——绝对值编程，圆柱（锥）面切削终点的坐标值；

U、W——增量值编程，圆柱(锥)面切削终点相对循环起点的坐标分量；

R——为圆锥面切削起点与圆锥面切削终点的半径差。当 $R=0$，用于圆柱面车削。

例 3 - 3 - 4 如图 3 - 3 - 15 所示，用 G90 指令编程。

……；

G90 X40 Z20 F0.2；	（A→B→C→D→A）
X30；	（A→E→F→D→A）
X20；	（A→G→H→D→A）

……；

例 3 - 3 - 5 如图 3 - 3 - 16 所示，用 G90 指令编程

……；

G90 X40 Z20 R - 5 F0.2；	（A→B→C→D→A）
X30；	（A→E→F→D→A）
X20；	（A→G→H→D→A）

……；

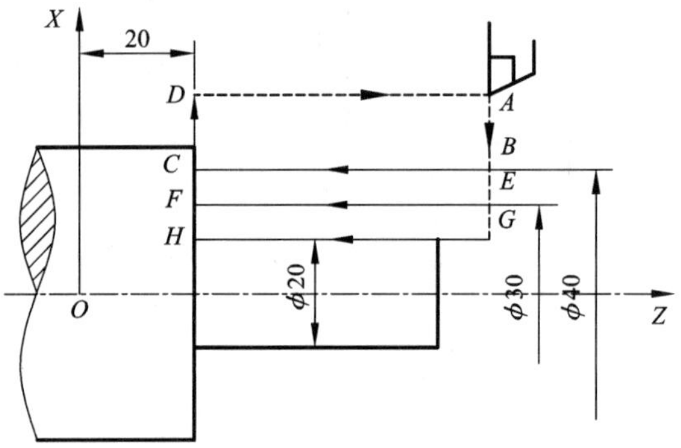

图 3 - 3 - 15 **G90 编程示例 1**

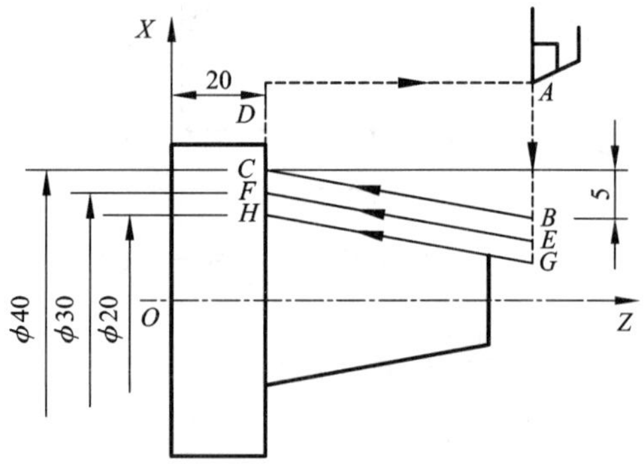

图 3 - 3 - 16 **G90 编程示例 2**

（2）端面切削循环指令 G94

G94 指令用于零件垂直端面或锥形端面上毛坯余量较大时的粗加工，以去除大部分毛坯余量。它既可以加工圆柱面也可加工圆锥面，其循环方式如图 3 - 3 - 17 所示。

指令格式：G94 X(U)＿Z(W)＿R＿F＿；

式中：X、Z——绝对值编程，端面切削终点的坐标值；

U、W——增量值编程，端面切削终点的相对循环起点的坐标分量；

R——为端面切削起点至端面切削终点在 Z 轴方向的坐标增量；当 $R=0$，为圆柱面车削。

例 3 - 3 - 6 如图 3 - 3 - 18 所示，用 G94 指令编写端面切削的数控程序段

……；

G94 X50 Z16 F0.2；	（A→B→C→D→A）
Z13；	（A→E→F→D→A）
Z10；	（A→G→H→D→A）

……；

(a)切削圆柱面　　　　　　　　　　　　　　(b)切削圆锥面

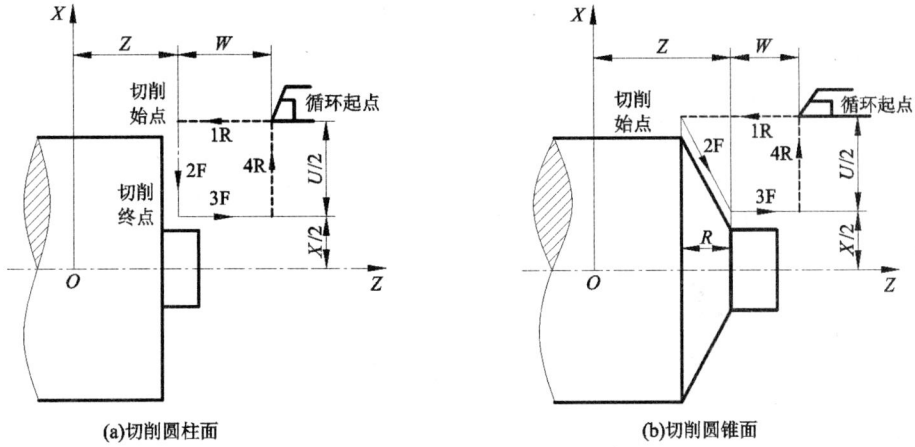

图 3 – 3 – 17　端面切削循环指令 G94

例 3 – 3 – 7　如图 3 – 3 – 19 所示,用 G94 编写带锥度端面的数控程序段。

……;

G94 X15 Z33. 48 R – 3. 48 F0. 2;　(A→B→C→D→A)

Z31. 48;　　　　　　　　　　　　(A→E→F→D→A)

Z28. 78;　　　　　　　　　　　　(A→G→H→D→A)

……;

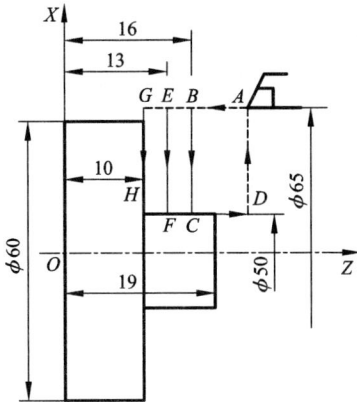

图 3 – 3 – 18　G94 编程示例 1　　　　　图 3 – 3 – 19　G94 编程示例 2

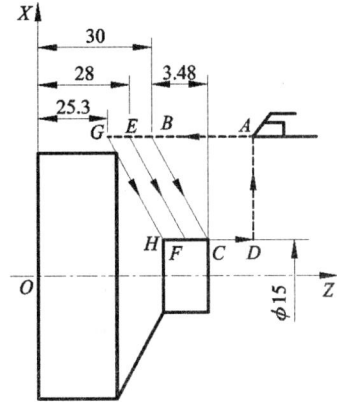

5. 车削复合固定循环指令

复合循环车削指令 G70 ~ G76 是为简化编程而提供的固定循环。使用复合循环指令时,只需依指令格式设定粗车时每次的切削深度、精车余量、进给量等参数,在接下来的程序段中给出精车时的加工路径,则 CNC 控制器即可自动计算出粗车的刀具路径,自动进行粗加工,因此在编制程序时可节省很多时间。

（1）外圆粗切循环

外圆粗切循环适用于外圆柱面需多次走刀才能完成的粗加工，其刀具轨迹如图3-3-20所示。使用外圆粗切循环指令后，必须使用 G70 指令进行精车，使工件达到所要求的尺寸精度和表面粗糙度。

指令格式：G71 $U(\Delta d)$ $R(e)$；

　　　　　　 G71 $P(ns)$ $Q(nf)$ $U(\Delta u)$ $W(\Delta w)$ $F(f)$ $S(s)$ $T(t)$；

式中：Δd——背吃刀量；

　　　e——退刀量；

　　　ns——精加工轮廓程序段中开始程序段的段号；

　　　nf——精加工轮廓程序段中结束程序段的段号；

　　　Δu——X 轴向精加工余量；

　　　Δw——Z 轴向精加工余量；

　　　f、s、t——F、S、T 代码。

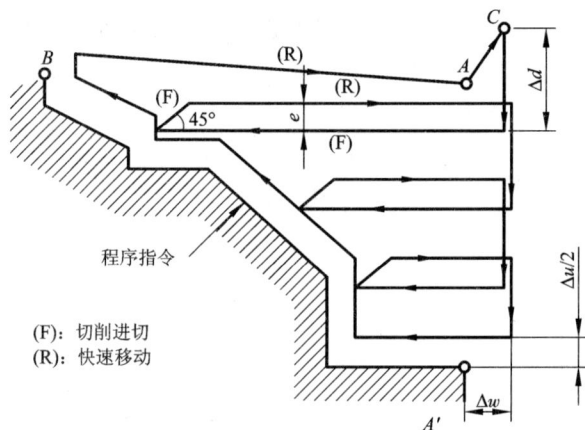

图 3-3-20　外圆粗切循环

指令说明：

① $ns \rightarrow nf$ 程序段中的 F、S、T 功能，即使被指定也对粗车循环无效；

② 零件轮廓必须符合 X 轴、Z 轴方向同时单调增大或单调减少，即不可有内凹的轮廓外形；

③ 精加工首刀进刀必须有 G00 或 G01 指令，且不可有 Z 轴方向移动指令。

（2）精加工循环

由 G71、G72、G73 完成粗加工后，可以用 G70 进行精加工。

指令格式：G70 $P(ns)$ $Q(nf)$；

式中：ns——精加工轮廓程序段中开始程序段的段号；

　　　nf——精加工轮廓程序段中结束程序段的段号。

指令说明：

① 必须在 G71、G72 或 G73 指令后，才可使用 G70 指令。

② G70 精加工循环一旦结束，刀具快速进给返回起始点，并开始读入 G70 循环的下一个程序段。

③ 在 G70 被使用的顺序号 ns ~ nf 间程序段中，不能调用子程序 。

④ 有复合循环指令的程序不能通过计算机以边传边加工的方式控制 CNC 车床。

例 3 - 3 - 8 毛坯尺寸为 $\phi 32$ mm 棒料，材料为 45 钢或铝，试车削成如图 3 - 3 - 21 所示圆锥小轴。

O1001；

N10 T0101 G98；

N20 G00 X50 Z100；

N30 M03 S600；

N40 G00 X33 Z5；

N50 G71 U2 R1；

N60 G71 P70 Q100 U0.5 W0.2 F200；

N70 G00 X21；

N80 G01 X28 Z - 30 F100；

N90 Z - 50；

N100 X33；

N110 G70 P70 Q100；

N120 G00 X50；

N130 Z100；

N140 T0100；

N150 M30；

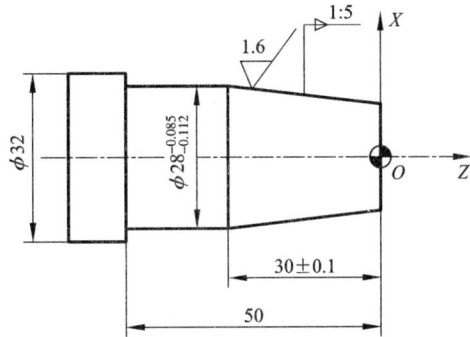

图 3 - 3 - 21 圆锥小轴

（3）端面粗切循环

端面粗切循环适于 Z 向余量小，X 向余量大的棒料粗加工，其中工轨迹如图 3 - 3 - 22 所示。

指令格式：G72 U(Δd) R(e)

G72 P(ns) Q(nf) U(Δu) W(Δw) F(f) S(s) T(t)；

指令说明：

① 指令中各项的意义与 G71 相同，使用方式如同 G71。

② G72 指令不能用于加工端面有内凹的形体。

③ 精加工首刀进刀必须有 G00 或 G01 指令，且不可有 X 轴方向移动指令。

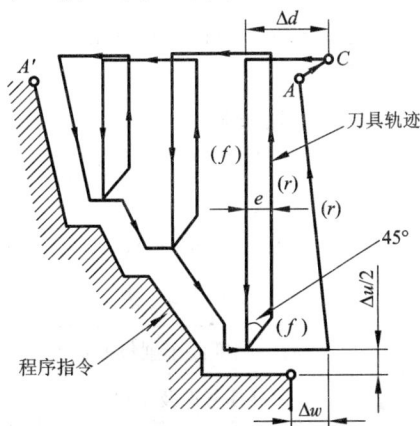

图 3 - 3 - 22 端面粗加工切削循环

例3-3-10 毛坯尺寸为ϕ60 mm棒料，材料为45钢或铝，试车削成如图3-3-23所示短轴。

O1002；

N10 T0101 G98；

N20 G00 X50 Z100；

N30 M03 S600；

N40 G00 X62 Z2；

N50 G72 U2 R1；

N60 G72 P70 Q110 U0.5 W0.2 F200；

N70 G00 Z-15；

N80 G01 X40 F100；

N90 X30 Z-10；

N100 Z-4；

N110 X18 Z2；

N120 G70 P70 Q110；

N130 G00 X100；

N140 Z100；

N150 T0100；

N160 M30；

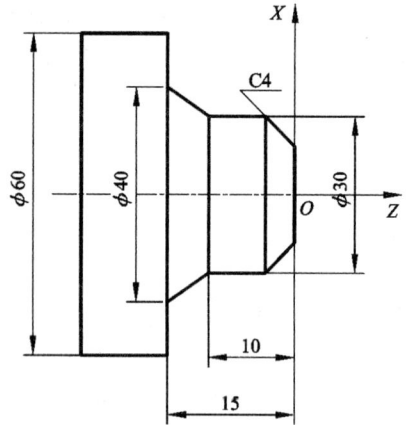

图3-3-23 用G72加工短轴

3.4 任务决策和执行

1. 工艺分析

根据图样(图3-3-1)，零件材料为45钢，包括圆柱面、圆锥面、倒角、槽等加工，ϕ32 mm和ϕ40 mm的外圆柱面尺寸精度为8级，表面粗糙度Ra1.6μm。选用90°粗、精车外圆刀和切断刀(B=3)。

工艺过程为：车端面→自右向左粗车外表面→自右向左精车外表面→切槽→切断。

2. 装夹方案

用三爪自定心卡盘夹紧定位。由于工件较小，为了加工路线清晰，加工起点和换刀点设为同一点，在Z向距工件前端面100 mm，X向距轴心线50 mm处。

3. 刀具与工艺参数

刀具与工艺参数见表3-3-6、表3-3-7。

表3-3-6 数控加工刀具卡

实训课题		外圆柱/圆锥面车削技能训练	零件名称		零件图号	
序号	刀号	刀具名称及规格	刀尖半径	数量	加工表面	备注
1	T0101	93°粗精右偏外圆刀	0.4 mm	1	外表面、端面	
2	T0202	切断刀(刀位点为左刀尖)	B=3 mm	1	切槽、切断	

表 3 - 3 - 7 数控加工工序卡

材料	45	零件图号			系统	FANUC	工序号	
操作序号	工步内容(走刀路线)		G 功能	T 刀具	切 削 用 量			
					转速 S/(r/min)	进给速度 F/(mm/r)	背吃刀量 a_p/mm	
程序	夹住棒料一头,留出长度大约 100 mm(手动操作),调用程序							
(1)	自右向左粗车端面、外圆表面		G71	T0101	600	0.3	2	
(2)	自右向左精车端面、外圆表面		G70	T0101	800	0.1	0.2	
(3)	切外沟槽		G01	T0202	300	0.1	0	
(4)	切断,保证总长		G01	T0202	300	0.1		

4. 参考程序

以工件右端面与轴线的交点为程序原点建立工件坐标系,计算各基点坐标,参考程序如下:

O1003;	
N10 T0101;	选用 1 号外圆刀,建立工件坐标系统
N20 G00 X100 Z100;	快速移动定位
N30 G99;	进给速度为 mm/r
N40 M03 S600;	主轴转速 s = 600 r/min
N50 G00 X43 Z0;	快速定位
N60 G01 X0 F0.3;	车削端面
N70 G00 X43 Z2;	退出工件,快速定位至切削循环起始点
N80 G71 U2 R1;	采用外圆粗切循环粗加工轮廓
N90 G71 P100 Q150 U0.4 W0.2 F0.3;	
N100 G00 X22;	定位到加工起点
N110 G01 X32 Z - 3 F0.1;	倒角加工
N120 Z - 24;	加工 φ32 mm 外圆
N125 X36;	
N130 X40 Z - 52;	圆锥加工
N140 Z - 76;	加工 φ40 mm 外圆
N150 X43	退出工件
N160 G70 P100 Q150 S800;	轮廓精加工
N170 G00 X100 Z100;	快速移动到换刀点
N190 T0202;	选用 2 号刀具
N195 M03 S300;	主轴正转
N198 G00 X45 Z5;	设置进刀点
N200 X38 Z - 24;	快速定位
N210 G01 X26 F0.1;	切槽

N220 G01 X41 F1;	X 后退刀
N230 G00 Z-75;	快速定位
N240 G01 X0 F0.1;	切断
N250 G00 X100;	退出
N260 Z100;	到换刀点
N270 T0200;	取消 2 号刀补
N280 M30;	程序结束

3.5 巩固练习

如图 3 - 3 - 24 所示变速手柄轴,按单件生产安排其数控加工工艺,编写该零件的数控车削加工程序。毛坯为 $\phi25$ mm × 100 mm 棒材,材料为 45 钢 。

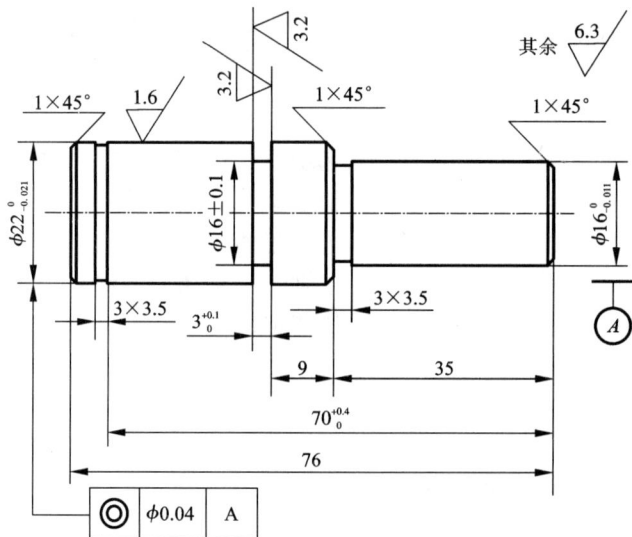

图 3 - 3 - 24 外圆柱加工练习

【技术要点】

(1)对细长轴类零件,轴心线为工艺基准,用三爪自定心卡盘夹持 $\phi25$ mm 外圆一头,使工件伸出卡盘 85 mm,用顶尖顶持另一头,一次装夹完成粗精加工。

(2)安全第一,学生的实训必须在教师的指导下,严格按照数控车床的安全操作规程有步骤进行。

(3)首件加工初期,程序应在单段模式下运行,进给速度和快速倍率应设置较低档。

(4)加工零件过程中一定要提高警惕,一旦发现异常,迅速按下"急停"或"进给保持"按钮,以防止意外事故发生。

(5)设定循环起点时,要注意循环中快进到位时不能撞刀。

(6)车锥面时刀尖一定要与工件轴线等高,否则车出工件圆锥母线不直,呈双曲线形。

(7)对刀操作时,要注意切槽刀刀位点的选取。一般采用切槽刀左刀尖作为编程刀位点。

项目四　外圆弧面的加工

4.1　任务：手柄加工

球头手柄如图 3-4-1 所示，按单件生产安排其数控加工工艺，编写出加工程序。毛坯尺寸为 φ25 mm 棒料，材料为 45 钢。

知识点与技能点：

● 数控车圆弧加工走刀路线安排；

● 数控车圆弧加工工艺参数选择；

● 数控车圆弧加工指令应用；

● 数控车圆弧的仿真加工操作与程序调试。

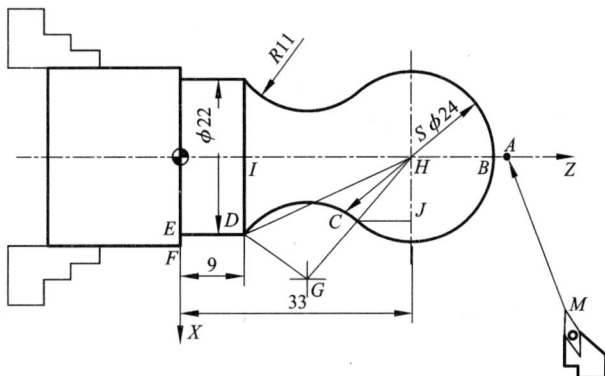

图 3-4-1　手柄零件图

4.2　型面加工工艺知识

1. 刀具的选择

在加工球面时要选择副偏角大的刀具，以免刀具的后刀面与工件产生干涉，如图 3-4-2所示。

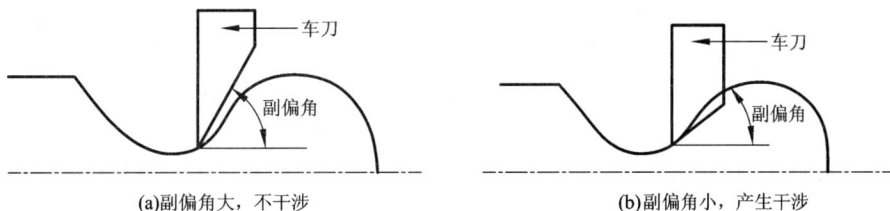

(a)副偏角大，不干涉　　　　　(b)副偏角小，产生干涉

图 3-4-2　加工圆弧时刀具的选择

2. 进给路线的确定

在数控车削加工中，一般情况下，Z 坐标方向的进给运动都是沿着负方向进给的，但有时按这种方式安排进给路线并不合理，甚至可能车坏工件。

如图 3-4-3 所示零件加工，当采用尖形车刀加工大圆弧内表面时，有两种不同的进给路线，其结果极不相同。对于图 3-4-4 所示的进给路线，因切削时尖形车刀主偏角为 100°~105°，这时切削力在 X 向的分力 F_p 将沿着正 X 方向作用。当刀尖运动到圆弧的换象限处，

即由负 Z、负 X 向负 Z、正 X 变换时,吃刀抗力 F_p 马上与传动横拖板的传动力方向相同,若螺旋副间有机械传动间隙,就可能使刀尖嵌入零件表面(即"扎刀"),其嵌入量在理论上等于机械传动间隙量 e。即使该间隙量很小,由于刀尖在 X 方向换向时,横向拖板进给过程的位移量变化也很小,加工处于动摩擦与静摩擦之间呈过渡状态的拖板惯性的影响,仍会导致横向拖板产生严重爬行现象,从而大大降低零件的表面质量。

图 3-4-4 所示的进给方法,因刀尖运动到圆弧的换象限处,吃刀抗力与丝杠传动横向拖板的传动力方向相反,不会受螺旋副机械传动间隙的影响而产生嵌刀现象,故图3-4-4所示进给路线是较合理的。

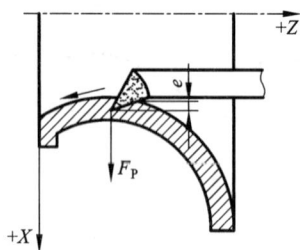

图 3-4-3　切削圆弧时的嵌刀现象　　　图 3-4-4　切削圆弧时的合理的进给方案

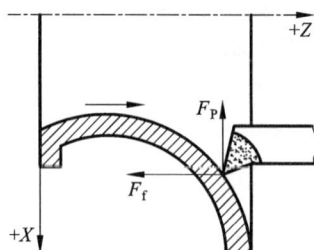

3. 车削圆弧时易产生的误差

数控车编程时,通常都将车刀刀尖作为一点来考虑,但实际上刀尖处存在圆角,如图3-4-5所示。当用按理论刀尖点编出的程序进行端面、外径、内径等与轴线平行或垂直的表面加工时,是不会产生误差的。但在进行倒角、锥面及圆弧切削时,则会产生少切或过切现象,如图 3-4-6 所示。

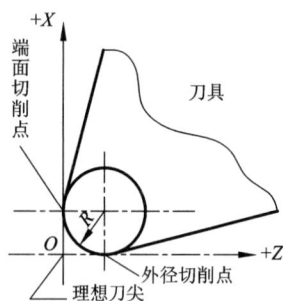

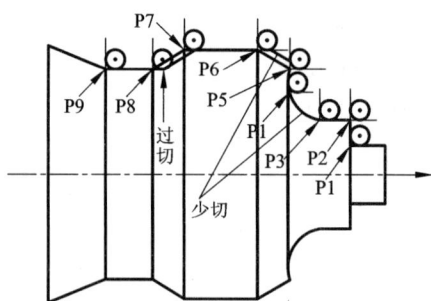

图 3-4-5　刀尖圆角 R　　　图 3-4-6　刀尖圆角 R 造成的少切与过切

4.3　型面加工常用编程指令

1. 基本编程指令

(1)刀尖圆弧半径补偿指令

指令格式: $\left.\begin{matrix} G41 \\ G42 \\ G40 \end{matrix}\right\} \left.\begin{matrix} G01 \\ G00 \end{matrix}\right\}$ X(U)__Z(W)__

式中：X、Z——建立刀补或取消刀补中刀具移动的终点。

指令说明：

① 刀补的判别

G41——左偏刀具半径补偿，即站在第三轴指向上，沿刀具运动方向看，刀具位于工件左侧时的刀具半径补偿，如图3－4－7所示。

G42——右偏刀具半径补偿，即站在第三轴指向上，沿刀具运动方向看，刀具位于工件右侧时的刀具半径补偿，如图3－4－7所示。

G40——取消刀具半径补偿，按程序路径进给。

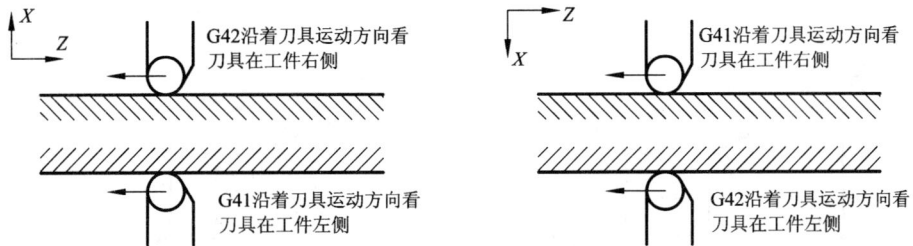

图3－4－7　左刀补和右刀补

② 刀尖半径补偿的建立与取消只能用 G00 或 G01 指令，不能是 G02 或 G03。

X，Z：G00/G01 的参数，即建立刀补或取消刀补中刀具移动的终点；

③ 在调用新刀具前或要更改刀具补偿方向时，为避免产生加工误差，中间必须取消刀具补偿。

④ 在设置刀尖圆弧自动补偿值时，还要设置刀尖圆弧位置编码，刀尖圆弧位置编码定义了刀具刀位点与刀尖圆弧中心的位置关系，其从0~9有十个方向，如图3－4－8所示。

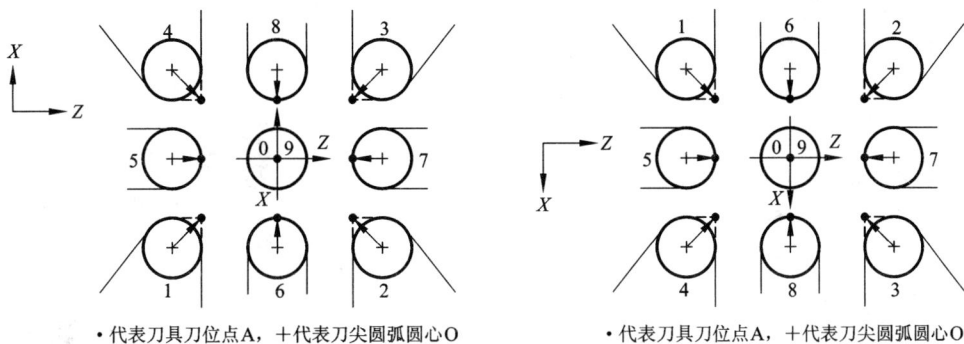

图3－4－8　车刀刀尖位置编码

例3－4－1　如图3－4－9所示工件，为保证圆锥面的加工精度，试采用刀尖半径补偿指令编写程序。

(1)如图3－4－9(a)所示，未采用刀具半径补偿指令时，刀具以假想刀尖轨迹运动，圆锥面产生误差δ。如图3－4－9(b)所示，采用刀具半径补偿指令后，系统自动计算刀位点轨迹,确保加工无表面形状误差。

程序如下:

……

N40 G00 X20.0 Z2.0;   快进至 A0 点

N50 G42 G01 X20.0 Z0;   刀具右补偿,A0→A1

N60 Z-20.0;   车 φ20 mm 外圆,A1→A2

N70 X70.0 Z-55.0;   车锥面,A2→A4

N80 G40 G01 X80.0 Z-55.0;   退刀并取消刀补,A4→A5

……

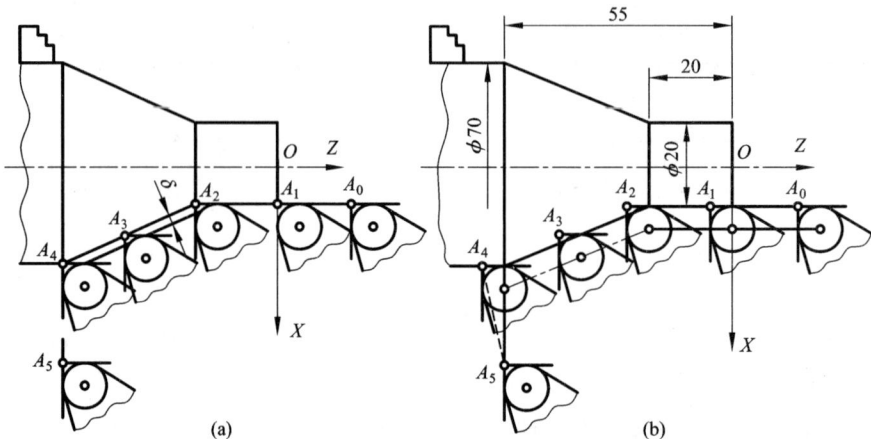

图 3-4-9 刀尖半径补偿指令的应用

(2)速度控制指令

① 恒线速控制   编程格式 G96S-5 后面的数字表示的是恒定的线速度:m/min。

例 3-4-2   G96 S150 表示切削点线速度控制在 150 m/min。

对图 3-4-10 中所示的零件,为保持 A、B、C 各点的线速度在 150 m/min,则各点在加工时的主轴转速分别为:

A:$n = 1000 \times 150 \div (\pi \times 40) = 1193$ r/min

B:$n = 1000 \times 150 \div (\pi \times 60) = 795$ r/min

C:$n = 1000 \times 150 \div (\pi \times 70) = 682$ r/min

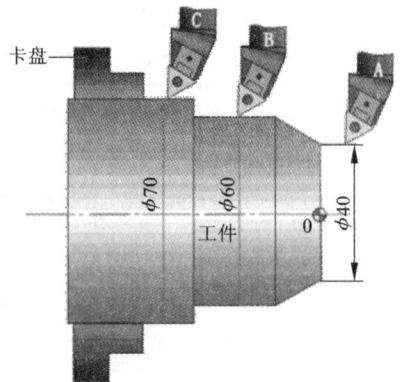

图 3-4-10 恒线速切削方式

在车削端面或工件直径变化较大时,为了保证车削表面质量一致性,常使用恒线速度控制。用恒线速度控制加工端面、锥面和圆弧面时,由于 X 轴的值不断变化,当刀具接近工件的旋转中心时,主轴的转速会越来越高。采用主轴最高转速限定指令,可防止因主轴转速过高,离心力太大,产生危险及影响机床寿命。

② 最高转速限制   指令格式 G50 S-S 后面的数字表示的是最高转速:r/min。

例 3-4-3   G50 S3000 表示最高转速限制为 3000 r/min。

③ 恒线速取消　指令格式 G97 S－S 后面的数字表示恒线速度控制取消后的主轴转速,如 S 未指定,将保留 G96 的最终值。

例 3 - 4 - 4　G97 S3000 表示恒线速控制取消后主轴转速 3000 r/min。

(3)圆弧插补指令

指令格式：$\begin{Bmatrix} G02 \\ G03 \end{Bmatrix} X(U)\_\_Z(W)\_\begin{Bmatrix} I\_K\_ \\ R\_ \end{Bmatrix} F\_$

式中：G02——顺时针圆弧插补(如图 3 - 4 - 11 所示);

　　　G03——逆时针圆弧插补(如图 3 - 4 - 11 所示);

　　　X、Z——为绝对编程时,圆弧终点在工件坐标系中的坐标;

　　　U、W——为增量编程时,圆弧终点相对于圆弧起点的位移量;

　　　I、K——圆心相对于圆弧起点的增加量(等于圆心的坐标减去圆弧起点的坐标),在绝
　　　　　　　对、增量编程时都是以增量方式指定,在直径、半径编程时 I 都是半径值;

　　　R——圆弧半径;

　　　F——被编程的两个轴的合成进给速度。

指令说明：

① 圆弧插补 G02/G03 的判断,是从第三轴的正向往负向看,根据其插补时的旋转方向
为顺时针/逆时针来区分的。见图 3 - 4 - 11。

② 同时编入 R 与 I、K 时,R 有效。

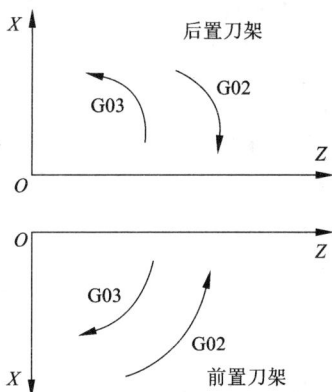

图 3 - 4 - 11　G02/G03 插补方向

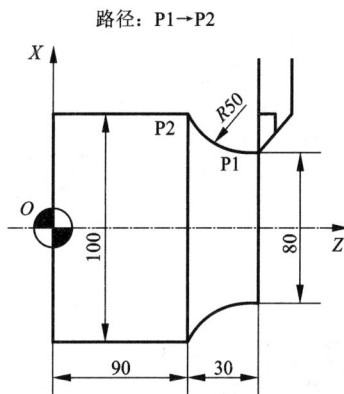

图 3 - 4 - 12　圆弧插补

例 3 - 4 - 5　如图 3 - 4 - 12 所示工件,分别用四种方式编出圆弧插补程序。

绝对值方式,I、K 编程：G02 X100. Z90. I50. K0. F0.2

绝对值方式,R 编程：G02 X100. Z90. R50. F0.2

增量值方式,I、K 编程：G02 U20. W - 30. I50. K0. F0.2

增量值方式,R 编程：G02 U20. W - 30. R50. F0.2

(4)封闭切削循环

封闭切削循环是一种复合固定循环,其刀具轨迹如图 3 - 4 - 13 所示。封闭切削循环适
于对铸、锻毛坯切削,对零件轮廓的单调性则没有要求。

指令格式　$G73\ U(\Delta i)\ W(\Delta k)\ R(d)$

$$G73\ P(ns)\ Q(nf)\ U(\Delta u)\ W(\Delta w)\ F(f)\ S(s)\ T(t)$$

式中：Δi——X 轴向总退刀量（半径值）；

　　　Δk——Z 轴向总退刀量；

　　　d——重复加工次数；

　　　ns——精加工轮廓程序段中开始程序段的段号；

　　　nf——精加工轮廓程序段中结束程序段的段号；

　　　Δu——X 轴向精加工余量；

　　　Δw——Z 轴向精加工余量；

　　　f、s、t——F、S、T 代码。

零件尺寸加工的表达式为

$$\Delta i = \frac{毛坯尺寸 - 工件外径最小尺寸}{2} - \frac{X 轴精加工余量}{2}$$

$$d = \frac{X 轴退刀距离\ \Delta i}{每刀的切削深度}$$

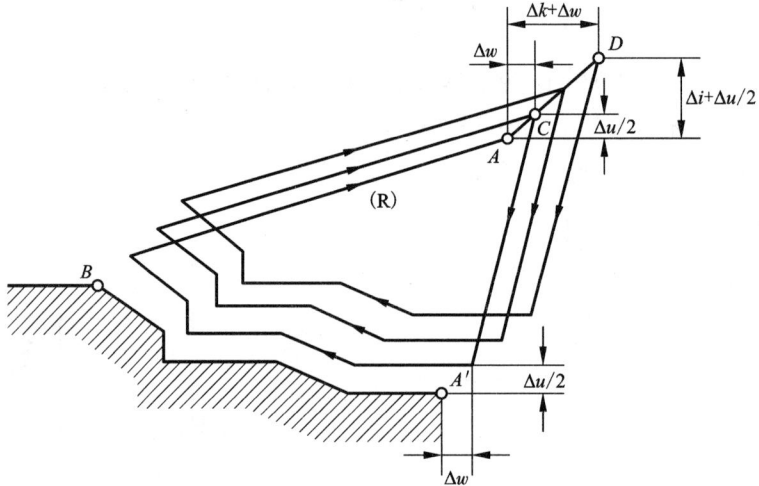

图 3-4-13　封闭切削循环的刀具轨迹

2. 子程序编程指令

某些被加工的零件中，常常会出现几何形状完全相同的加工轨迹，在编制加工程序时，有一些固定顺序和重复模式的程序段，通常在几个程序中都会使用它。这个典型的加工程序段可以做成固定程序，并单独加以命名，这组程序段就称为子程序。

使用子程序可以减少不必要的重复编程，从而达到简化编程的目的。

子程序由程序调用字、子程序号和调用次数组成。

（1）子程序调用字 M98

在主程序中，调用子程序的指令是一个程序段，其格式随具体的数控系统而定，FANUC 数控系统常用的子程序调用格式有以下 2 种。

①M98 P××××L××××；

式中：M98——子程序调用字；

　　　P——子程序号；

　　　L——子程序重复调用次数，L 省略时为调用一次。

② M98 P○○○○ ××××；

P 后面前四位为重复调用次数，省略时为调用一次；后 4 位为子程序号。

例：M98 P51002；

表示号码为 1002 的子程序连续调用 5 次。M98 P_也可以与移动指令同时存在于一个程序段中。

（2）M99 返回指令

子程序的格式与主程序相同。在子程序的开头，在地址 O 后写上子程序号，在子程序的结尾用 M99 指令，表示子程序结束、返回主程序。

O××××；

……

M99；

4.4　任务决策和执行

1. 工艺分析

根据图样（图 3 - 4 - 1），零件材料为 45 钢，零件主要包括圆弧面、圆柱面。选用主偏角 93°粗、精车外圆刀。

工艺过程为：车端面→自右向左粗车外表面→自右向左精车外表面。

2. 刀具与工艺参数

刀具与工艺参数见表 3 - 4 - 1、表 3 - 4 - 2。

表 3 - 4 - 1　数控加工刀具卡

实训课题	外圆柱/圆锥面车削技能训练		零件名称		零件图号	
序号	刀具号	刀具名称及规格	刀尖半径	数量	加工表面	备注
1	T0101	刀尖角 35 粗、精车外圆刀	0.4 mm	1	外圆、圆弧面等	

表 3 - 4 - 2　数控加工工序卡

材料	45	零件图号			系统	FANUC	工序号	
操作序号	工步内容（走刀路线）		G 功能	T 刀具	切　削　用　量			
					转速 S/(m/min)	进给速度 F/(mm/min)	背吃刀量 a_p/mm	
程序	夹住棒料一头，留出长度大约 60 mm（手动操作），调用程序							
（1）	自右向左粗车端面、外圆表面		G73	T0101	150	150	2	
（2）	自右向左精车端面、外圆表面		G70	T0101	150	100	0.4	
（3）	检测、校核							

3. 装夹方案

用三爪自定心卡盘夹紧定位。由于工件较小，为了加工路线清晰，加工起点和换刀点设为同一点，在 Z 向距工件前端面 100 mm，X 向距轴心线 50 mm 处。

4. 参考程序

工件零点设在距工件右端面 45 mm 处。走刀路线为 M→A→B→C→D→E→F→M。

根据图示辅助线计算各基点坐标(计算过程略)得各点绝对坐标值为：

M(100，100)、A(0，47)、B(0，45)、C(18.15，25.148)、D(22，9)、E(22，0)、F(26，0)

参考程序1(用 G73 指令编程)：

O1003;	
N20 T0101;	选用1号外圆刀，建立1号刀补
N30 G98;	进给速度为 mm/min
N40 G50 S2000;	主轴最高转速 s = 2000 r/min
N50 G96 M03 S150;	恒线速度控制
N60 G00 X26 Z47;	快速定位到切削循环起始点
N70 G73 U12 W0 R6;	采用封闭轮廓循环加工粗加工轮廓
N80 G73 P90 Q140 U0.8 W0.1 F150;	
N90 G00 X0;	刀具移到工件中心
N100 G01 Z45 F100;	工进接触工件
N110 G03 X18.15 Z25.148 R12;	加工 R12 圆弧段
N120 G02 X22 Z9 R11;	加工 R11 圆弧段
N130 G01 Z0;	加工 $\phi22$ mm 外圆
N140 X26;	退出已加工表面
N150 G00 X100 Z100;	刀具移到远处，便于检测工件
N160 M05;	主轴停
N170 M00;	程序暂停，检测工件
N180 T0101;	偏差补正
N190 G00 G42 X26 Z47;	返回加工起点，引入刀具半径补偿
N200 G70 P90 Q140;	轮廓精加工
N210 G00 G40 X100 Z50;	取消半径补偿
N220 T0100;	取消刀补
N230 M30;	主轴停、程序结束并复位

参考程序2(用子程序编程)：

O1003;	
N20 T0101;	选用1号外圆刀，建立1号刀补
N30 G98;	进给速度为 mm/min
N40 G50 S2000;	主轴最高转速 s = 2000 r/min
N50 G96 M03 S150;	恒线速度控制
N60 G01 X25.6 Z47 F200;	快速定位到子程序起始点，X轴留余量
N70 M98 P52008;	调用子程序6次，轮廓粗加工
N80 G00 X100 Z100;	刀具移到远处，便于检测工件
M90 M05;	主轴停
N100 M00;	程序暂停，检测工件
N110 T0101;	偏差补正
N120 G42 G01 X6 Z47 F150;	返回加工起点，引入刀具半径补偿
N130 M98 P2008;	调用子程序1次，轮廓精加工

N140 G40 G00 Z100;	取消半径补偿
N150 X100;	返回对刀点
N160 M05;	
N170 M30;	主轴停、程序结束并复位
O2008(子程序)	
N10 G01 U−5;	
N20 W−2;	工进接触工件
N30 G03 U18.15 W−19.852 R12;	加工 R12 圆弧段
N40 G02 U3.85 W−16.148 R11;	加工 R11 圆弧段
N50 G01 W−9;	加工 ϕ22 mm 外圆
N60 U5;	退出已加工表面
N70 W47;	
N80 U−27;	
N90 M99;	子程序返回

4.5 巩固练习

零件如图 3−4−14 所示，按单件生产安排其数控加工工艺，编制数控加工程序，并在数控仿真系统中完成零件的仿真加工。毛坯：ϕ30 mm × 100 mm，材料 45 钢。

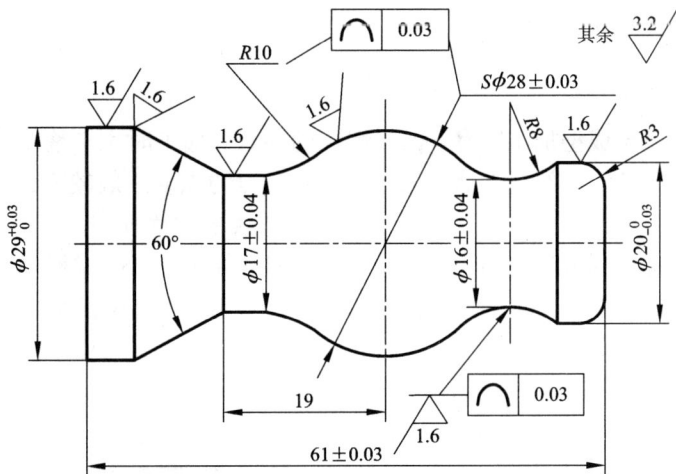

图 3−4−14 外圆弧面加工练习

【技术要点】

(1)选刀时，刀尖角一定要控制在40°以下，如果刀尖角过大，凹圆弧将过切。

(2)装刀时，刀尖同工件中心高对齐，对刀前，先将工件端面车平。

(3)由于圆弧尺寸精度较高，应使用刀尖半径补偿编程，并在刀具补偿设定界面正确设置刀尖半径和刀尖方位号。

(4)首件加工初期，程序应在单段模式下运行，进给速度和快速倍率应设置较低档。

项目五　螺纹加工

5.1　任务: 螺钉加工

T形钉零件如图3－5－1所示。按单件生产安排其数控加工工艺，编写出加工程序。毛坯为φ34 mm棒料，材料为45钢。

知识点与技能点：

- 数控车螺纹加工走刀路线安排；
- 数控车螺纹加工工艺参数选择；
- 数控车螺纹加工指令应用；
- 数控车螺纹的仿真加工操作与程序调试。

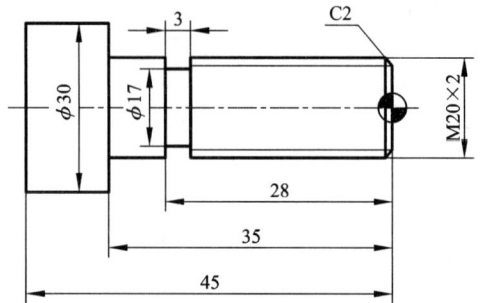

图3－5－1　T形钉零件图

5.2　螺纹加工工艺知识

1. 螺纹的切削方法

由于螺纹加工属于成型加工，为了保证螺纹的导程，加工时主轴旋转一周，车刀的进给量必须等于螺纹的导程，进给量较大；另外，螺纹车刀的强度一般较差，故螺纹牙型往往不是一次加工而成的，需要多次进行切削，故欲提高螺纹的表面质量，可增加几次光整加工。在数控车床上加工螺纹的方法有直进法、斜进法两种，如图3－5－2所示。直进法适合加工导程较小的螺纹，斜进法适合加工导程较大的螺纹。常用螺纹切削的进给次数与吃刀量如表3－5－1所示。

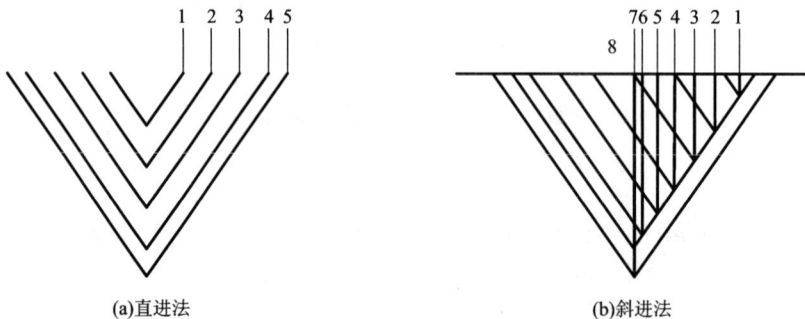

(a)直进法　　　　　　　　　　　　　(b)斜进法

图3－5－2　螺纹进刀切削方法

表 3 – 5 – 1   常用螺纹切削的进给次数与吃刀量

米 制 螺 纹							
螺距/mm	1.0	1.5	2	2.5	3	3.5	4
牙深(半径量)	0.649	0.974	1.299	1.624	1.949	2.273	2.598
（直径量）切削次数及吃刀量 1 次	0.7	0.8	0.9	1.0	1.2	1.5	1.5
2 次	0.4	0.6	0.6	0.7	0.7	0.7	0.8
3 次	0.2	0.4	0.6	0.6	0.6	0.6	0.6
4 次		0.16	0.4	0.4	0.4	0.6	0.6
5 次			0.1	0.4	0.4	0.4	0.4
6 次				0.15	0.4	0.4	0.4
7 次					0.2	0.2	0.4
8 次						0.15	0.3
9 次							0.2
英 制 螺 纹							
牙/in	24	18	16	14	12	10	8
牙深(半径量)	0.678	0.904	1.016	1.162	1.355	1.626	2.033
（直径量）切削次数及吃刀量 1 次	0.8	0.8	0.8	0.8	0.9	1.0	1.2
2 次	0.4	0.6	0.6	0.6	0.6	0.7	0.7
3 次	0.16	0.3	0.5	0.5	0.6	0.6	0.6
4 次		0.11	0.14	0.3	0.4	0.4	0.5
5 次				0.13	0.21	0.4	0.5
6 次						0.16	0.4
7 次							0.17

2. 螺纹加工尺寸的确定

(1)普通螺纹各基本尺寸计算为:

螺纹大径 $d = D$(螺纹大径的基本尺寸与公称直径相同)

牙型高度 $h_1 = 0.6495P$

螺纹小径 $d_1 = D_1 = d - 1.3P$

式中:P——螺纹的螺距。

(2)高速车削三角螺纹时,受车刀挤压后会使螺纹大径尺寸胀大,因此车螺纹前的外圆直径应比螺纹大径小。小螺距为 1.5 ~ 3.5 mm 时,外径一般可以小 0.2 ~ 0.4 mm。

(3)车削三角形内螺纹时,因为车刀切削时的挤压作用,内孔直径会缩小(车削塑性材料较明显),所以车削内螺纹前的孔径($D_孔$)应比内螺纹小径(D_1)略大些,又由于内螺纹加工后的实际顶径允许大于 D_1 的基本尺寸,所以实际生产中,普通螺纹在车内螺纹前的孔径尺寸,可以用下列近似公式计算:

车削塑性金属的内螺纹时:$D_孔 \approx d - P$

车削脆性金属的内螺纹时:$D_孔 \approx d - 1.05P$

3. 车削螺纹时行程的确定

在数控车床上加工螺纹时,由于机床伺服系统本身具有滞后特性,会在螺纹起始段和停

止段发生螺距不规则现象，所以实际加工螺纹
的长度 W 应包括切入和切出的刀具空行程，如
图 3 - 5 - 3 所示。

$$W = L + \delta_1 + \delta_2$$

式中：δ_1——切入空行程量，一般取 2 ~ 5 mm；

δ_2——切出空行程量，一般取 $0.5\delta_1$。

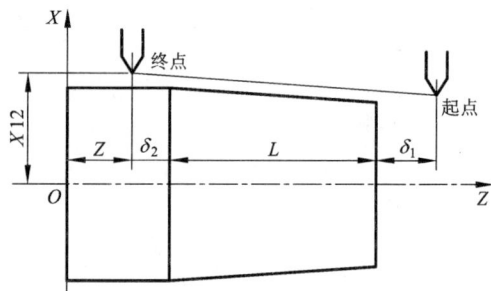

图 3 - 5 - 3　螺纹加工时行程的确定

5.3　螺纹加工常用编程指令

1. 螺纹切削指令 G32

G32 指令可以切削相等导程的圆柱螺纹、圆锥螺纹和端面螺纹。

指令格式：G32 X(U)__Z(W)__F__；

指令说明：X、Z——绝对值编程，有效螺纹终点在工件坐标系中的坐标；

U、W——增量值编程，有效螺纹终点相对于螺纹切削起点的位移量；

F——螺纹导程，即主轴每转一圈，刀具相对于工件的进给值。

例 3 - 5 - 1　如图 3 - 5 - 4 所示的圆柱螺纹，试用 G32 指令编写螺纹加工程序。$\delta_1 = 2$
mm，$\delta_2 = 1$ mm。

……

N2 M03 S800；

N3 G00 X19.2 Z52；

N4 G32 Z19 F1.5；

N5 G00 X30；

N6 Z52；

N7 X18.6；

N8 G32 Z19 F1.5；

N9 G00 X30；

N10 Z52；

N11 X18.2；

N12 G32 Z19 F1.5；

N13 G00 X30；

N14 Z52；

N15 X18.04；

N16 G32 Z19 F1.5；

N17 G00 X30；

N18 X50 Z120；

……

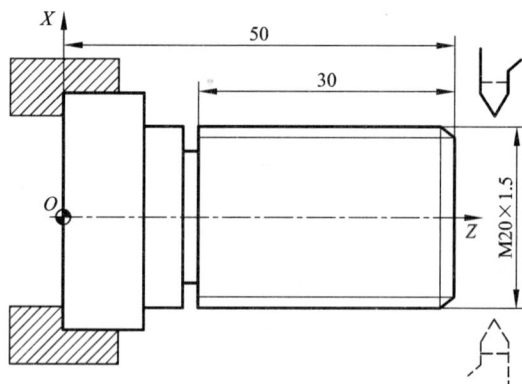

图 3 - 5 - 4　圆柱螺纹加工

2. 螺纹车削简单循环指令 G92

(1) 加工直螺纹

指令格式：G92 X(U)__Z(W)__F__

式中：X、Z——取值为螺纹终点坐标值；

  U、W——取值为螺纹终点相对循环起点的坐标分量；

  F——螺纹的导程。

（2）加工锥螺纹

指令格式：G92 X（U）＿Z（W）＿R＿F＿

式中：X、Z——取值为螺纹终点坐标值；

  U、W——取值为螺纹终点相对循环起点的坐标分量；

  R——为圆锥螺纹切削起点和切削终点的半径差。

圆锥螺纹循环如图 3 - 5 - 5 所示，圆柱螺纹循环如图 3 - 5 - 6 所示。图中刀具从循环起点 A 开始，按 A→B→C→D 进行自动循环，最后又回到循环起点 A，虚线表示快速移动，实现表示按 F 指令指定的进给速度移动。

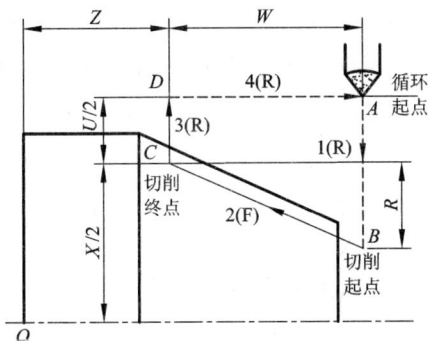

图 3 - 5 - 5 圆锥螺纹加工循环

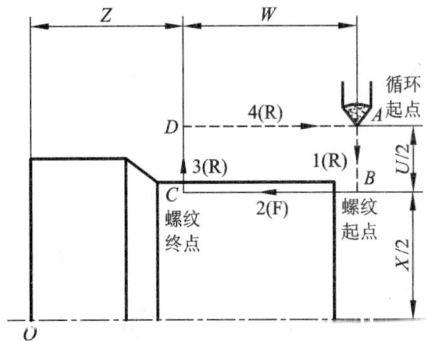

图 3 - 5 - 6 圆柱螺纹加工循环

3. 螺纹切削复合循环指令 G76

G76 螺纹切削复合循环指令较 G92 指令简洁，可节省程序设计与计算时间，只需指定一次有关参数，则螺纹加工过程自动进行。如图 3 - 5 - 7 所示为复合螺纹切削循环的刀具加工路线。

（1）指令格式

G76 P（m）（r）（α） Q（Δdmin） R（d）；

G76 X（U）＿Z（W）＿R（i） P（k） Q（Δd） F（L）

式中：m——精车重复次数，从 01 ~ 99，用两位数表示，该参数为模态量；

  r——螺纹尾端倒角值，该值的大小可设置在 0.0 ~ 9.9L 之间，系数应为 0.1 的整倍数，用 00 ~ 99 之间的两位整数来表示，其中 L 为导程，该参数为模态量；

  α——刀尖角度，可从 80°、60°、55°、30°、29°、0°六个角度中选择，用两位整数来表示，该参数为模态量；

  m、r、α 用地址 P 同时指定，例如，m = 2，r = 1.2L，α = 60°，表示为 P021260；

  Δd_{min}——最小车削深度，用半径编程指定，单位：μm。车削过程中每次的车削深度为 $(\Delta d \sqrt{n} - \Delta d \sqrt{n-1})$，当计算深度小于此极限值时，车削深度锁定在这个值，该参数为模态量；

d——精车余量，用半径编程指定，单位：μm，该参数为模态量；

X(U)、Z(W)——螺纹终点绝对坐标或增量坐标；

i——螺纹锥度值，用半径编程指定。如果 i=0 则为直螺纹，可省略；

k——螺纹高度，用半径编程指定，单位：μm；

Δd——第一次车削深度，用半径编程指定，单位：μm；

L——螺纹的导程。

（2）指令轨迹说明

G76 螺纹切削复合循环轨迹如图 3 - 5 - 7（a）所示，以锥螺纹为例，刀具从循环起点 A 点处，以 G00 方式沿 X 向进给至螺纹牙顶 X 坐标处（B 点，该点 X 坐标值 = 牙底直径 + 2k），然后沿牙型角方向进给（图 3 - 5 - 7（b）），X 向切深为 Δd，再以螺纹切削方式切削至离 Z 向终点距离为 r 处，倒角退刀至 Z 向终点，再 X 向退刀至 E 点，并返回 A 点，准备第二刀切削循环。如此分层切削循环，直至循环结束。

执行 G76 循环的背吃刀量是逐步递减的，如图 3 - 5 - 7（b）所示。螺丝深度方向的进刀是沿牙型角方向进刀的，从而保证了螺丝切削过程中始终用一个刀刃进行切削，提高了螺丝切削过程中机床、刀具、工件的安全性。

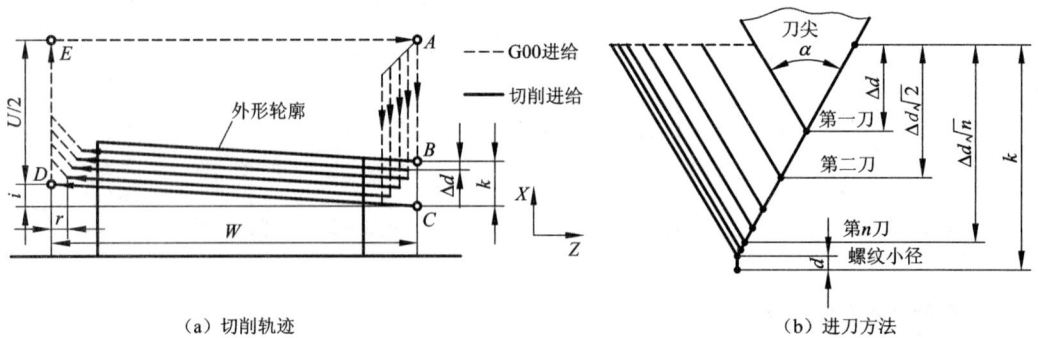

（a）切削轨迹   （b）进刀方法

图 3 - 5 - 7   G76 指令切削螺丝示意图

例 3 - 5 - 2   如图 3 - 5 - 8 所示的 M30×2 - 6g 普通圆柱螺纹，试分别用 G92 和 G76 指令编制圆柱螺纹加工程序。

参考程序（G92 指令）：

……

N30 M03 S300 T0202；

N40 G00 X35 Z104；

N50 G92 X29.1 Z53 F2；

N60 X28.5；

N70 X27.9；

N80 X27.5；

N90 X27.4；

N100 G00 X200 Z200；

N110 T0200；

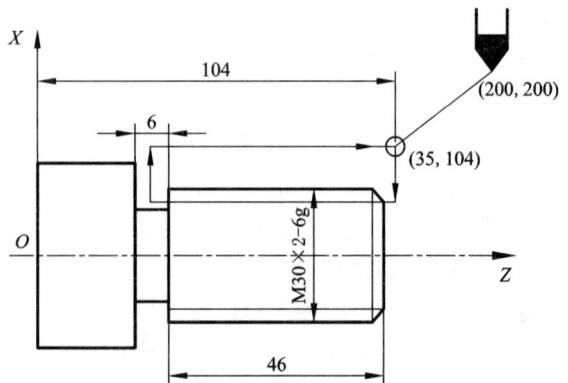

图 3 - 5 - 8   圆柱螺纹编程

……

参考程序(G76 指令):

……

N30 M03 S300 T0202;

N40 G00 X35 Z104;

N50 G76 P010060 Q120 R100;

N60 G76 X27.4 Z53 R0 P1299 Q400 F2.0;

N70 G00 X200 Z200;

N80 T0200;

……

例 3 - 5 - 3 分别用 G92 指令和 G76 指令编写图 3 - 5 - 9 所示的锥螺丝。

经计算得出,螺丝切出点(Z12)处大径值为 49.6 mm。由于导程为 2,则切出点小径值为 47 mm。

参考程序(G92 指令):

……

G97 S500 M03;

T0404;

G00 X80.0 Z62.0;

G92 X48.7 Z12.0 R - 5.0 F2.0;

X48.1;

X47.5;

X47.1;

X47.0;

G00X100.0Z150.0;

T0400;

……

参考程序(G76 指令):

G97 S500 M03;

T0404;

G00 X80.0 Z62.0;

G76 P010260 Q200 R100;

G76 X47.0 Z12.0 R - 5.0 P1299 Q800 F2.0;

G00 X100.0 Z150.0;

T0400;

……

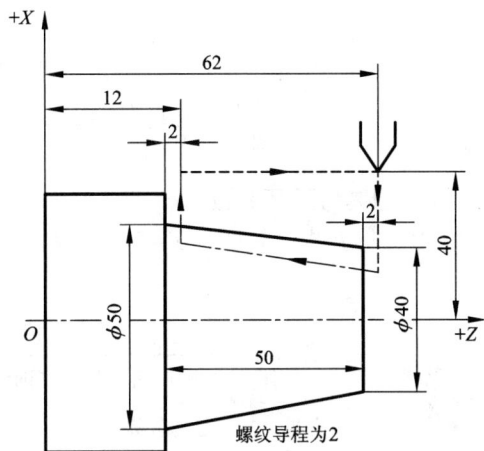

图 3 - 5 - 9 圆锥螺纹编程

快速移到循环起点

开始螺纹切削循环

5.4　任务决策和执行

1. 工艺分析

根据图样(图3-5-1),零件材料为45钢,零件主要包括圆柱面、倒角、外沟槽、螺纹和切断等加工。

选用90°粗、精车外圆刀、60°外螺纹车刀和切断刀各一把。

工艺过程为:车端面→自右向左粗车外表面→自右向左精车外表面→切槽→切螺纹→切断。

2. 刀具与工艺参数

刀具与工艺参数见表3-5-2、表3-5-3。

表3-5-2　数控加工刀具卡

实训课题	外圆柱/圆锥面车削技能训练		零件名称		零件图号	
序号	刀具号	刀具名称及规格	刀尖半径	数量	加工表面	备注
1	T0101	刀尖角35粗、精车外圆刀	0.4 mm	1	外表面、端面	
2	T0202	60°外螺纹车刀	0.4 mm	1	外螺纹	
3	T0303	切断刀	B = 3	1	切槽、切断	

表3-5-3　数控加工工序卡

材料	45	零件图号			系统	FANUC	工序号	
操作序号	工步内容(走刀路线)		G功能	T刀具	切　削　用　量			
					转速 $S/(\text{r/min})$	进给速度 $F/(\text{mm/r})$	背吃刀量 a_p/mm	
程序	夹住棒料一头,留出长度大约65 mm(手动操作)							
(1)	切端面		G01	T0101	600	0.3	2	
(2)	自右向左粗车外表面		G71	T0101	600	0.3	2	
(3)	自右向左精车外表面		G70	T0101	900	0.1	0.2	
(4)	切外沟槽		G01	T0303	300	0.1	0.5	
(5)	车螺纹		G76	T0202	500			
(6)	切断		G01	T0303	300	0.1		
(7)	检测、校核							

3. 装夹方案

用三爪自定心卡盘夹紧定位。由于工件较小,为了加工路线清晰,加工起点和换刀点设为同一点,在Z向距工件前端面200 mm,X向距轴心线100 mm处。

4. 参考程序

工件零点设在工件右端面与轴线的交点处。

螺纹加工前轴径的尺寸：$d_{前} = 20 - 0.2 = 19.8$

螺纹小径：当螺距 $P = 2$ 时，牙深 $h = 1.299$，则小径尺寸为 $d \approx 17.4$，取小径值为 17.3。

参考程序：

O0001；	
N10 T0101；	选用 1 号外圆刀，建立工件坐标系
N20 G00 X200 Z200；	快速定位
N30 M03 S600；	主轴正转
N40 G99；	进给速度为 mm/r
N50 G00 X38 Z0；	刀具与端面对齐
N60 G01 X - 1 F0.3；	加工端面
N70 G00 X35 Z2；	定位至 $\phi35$ mm 直径外，距端面正向 2 mm
N80 G71 U2 R1；	轮廓粗车
N90 G71 P100 Q150 U0.4 W0.2 F0.3；	
N100 G00 X12；	
N110 G01 X19.8 Z - 2 F0.1；	
N120 Z - 35；	
N130 X30；	
N140 Z - 45；	
N150 X38；	
N160 G00 X200 Z200 M05；	返回换刀点，停主轴
N170 M00；	程序暂停，检测工件
N180 M03 S900 T0101；	换速，调精车刀补
N190 G00 X35 Z2；	快速定位，准备精车轮廓
N200 G70 P100 Q150；	精车轮廓
N210 G00 X200 Z200 M05；	返回换刀点，停主轴
N220 M03 S300 T0303；	换切断刀，降低转速
N225 G00 X35 Z2；	
N230 G00 X22 Z - 28；	准备切槽
N240 G01 X17 F0.1；	切槽至 $\phi17$ mm
N250 G04 X0.5；	暂停 0.5S
N260 G01 X22；	退出加工槽
N270 G00 X200 Z200 M05；	返回换刀点，停主轴
N280 T0202 M03 S500；	换转速，换螺纹车刀
N290 G00 X25 Z5；	快速定位至循环起点
N300 G76 P010660 Q120 R100；	加工螺纹
N310 G76 X17.3 Z - 26 P1299 Q400 F2；	
N320 G00 X200 Z200 M05；	返回换刀点，停主轴

N330 M03 S300 T0303；　　　　　　换切断刀，降低转速

N335 G00 ×35 Z2

N340 G00 X31 Z - 48；　　　　　　快速定位

N350 G01 X0 F0.1；　　　　　　　切断

N360 G00 X38；　　　　　　　　　径向退刀

N370 X200 Z200 M05；　　　　　　返回起始点，取消 2 号刀补，停主轴

N380 M30；　　　　　　　　　　　程序结束

5.5　巩固练习

如图 3 - 5 - 10 所示零件，按单件生产安排其数控加工工艺，编写出加工程序。毛坯为 ϕ30 mm 棒料，材料为 45 钢。

【技术要点】

（1）加工螺纹之前一般应先加工退刀槽，车较宽的退刀槽时，通常为了保证槽底光滑，在车完最后一刀时应对整个槽进行光整加工；如果没有退刀槽，刀具在螺纹终点的加工路线为倒角退刀。

（2）从螺纹粗加工到精加工，主轴的转速必须保持一常数；

（3）在螺纹加工中不使用恒定线速度控制功能；

（4）在没有停止主轴的情况下，停止螺纹的切削将非常危险；因此螺纹切削时进给保持功能无效，如果按下进给保持按键，刀具在加工完螺纹后停止运动；

图 3 - 5 - 10　螺纹加工练习

（5）螺纹加工可用 G92 和 G76 指令进行编程，因 G76 指令采用斜进法进行加工，可以加工导程较大的螺纹，在车削多头螺纹时不存在分头精度低的现象。

（6）车削多头螺纹可用退刀程序解决。第二头螺纹的起点与第一头螺纹的起点相差一个螺距的距离；第三头螺纹的起点与第二头螺纹的起点相差一个螺距的距离；依此类推，即可车削多头螺纹。同时各头螺纹的终点要一致。

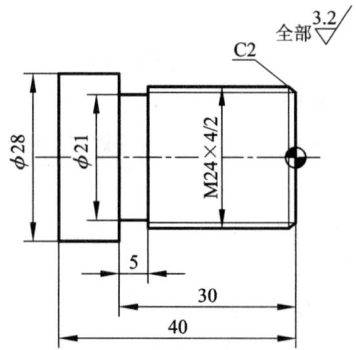

项目六　孔加工

6.1　任务：套管的加工

套管零件如图 3 - 6 - 1 所示，按单件生产安排其数控加工工艺，编写出加工程序。毛坯为 φ52 mm 棒料，材料为 45 钢。

知识点与技能点：

● 孔加工方法选择；

● 孔加工刀具及切削用量的选择；

● 工件装夹、刀具安装；

● 孔加工指令应用。

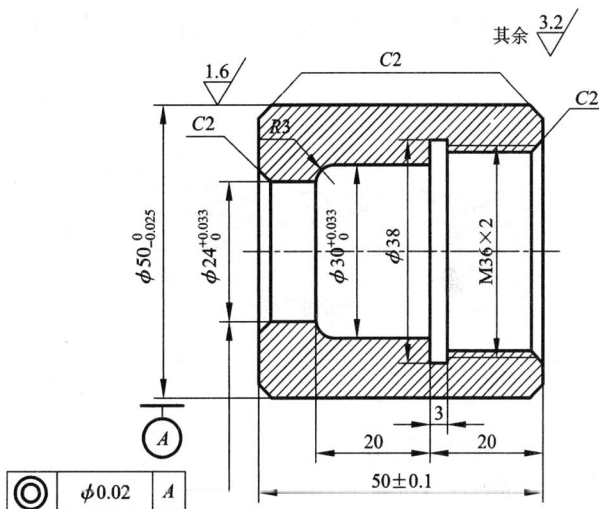

图 3 - 6 - 1　套管零件图

6.2　孔加工工艺知识

1. 孔加工方法

孔加工在金属切削中占有很大的比重，应用广泛。孔加工的方法比较多，在数控车床上常用的方法有点孔、钻孔、扩孔、铰孔、镗孔等。孔的加工方案及所能达到的经济精度与表面粗糙度见表 3 - 6 - 1。

表 3 - 6 - 1　孔加工方案

序号	加 工 方 案	精度等级	表面粗糙度 Ra	适 用 范 围
1	钻	11 ~ 13	50 ~ 12.5	加工未淬火钢及铸铁的实心毛坯，也可用于加工有色金属（但粗糙度值较大），孔径 < 15 mm ~ 20 mm
2	钻 - 铰	8 ~ 9	3.2 ~ 1.6	
3	钻 - 粗铰（扩）- 精铰	7 ~ 8	1.6 ~ 0.8	
4	钻 - 扩	10 ~ 11	12.5 ~ 6.3	同上，但孔径 > 15 mm ~ 20 mm
5	钻 - 扩 - 铰	8 ~ 9	3.2 ~ 1.6	
6	钻 - 扩 - 粗铰 - 精铰	7	0.8 ~ 0.4	
7	粗镗（扩孔）	11 ~ 13	6.3 ~ 3.2	除淬火钢外各种材料，毛坯有铸出孔或锻出孔
8	粗镗（扩孔）- 半精镗（精扩）	9 ~ 10	3.2 ~ 1.6	
9	粗镗（扩）- 半精镗（精扩）- 精镗	7 ~ 8	1.6 ~ 0.8	

2．钻孔加工知识

（1）钻头的装夹方法

在车床上安装麻花钻的方法一般有四种：

① 用钻夹头安装。直柄麻花钻可用钻夹头装夹，再插入车床尾座套筒内使用。

② 用钻套安装。锥柄麻花钻可直接插入尾座套筒内或通过变径套过渡使用。

③ 用开缝套夹安装。这种方法利用开缝套夹将钻头（直柄钻头）安装在刀架上（如图 3 - 6 - 2（a）所示），不使用车床尾座安装，可应用自动进给。

④ 用专用工具安装。如图 3 - 6 - 2（b）所示：锥柄钻头可以插在专用工具锥孔 1 中，专用工具 2 方块部分夹在刀架中。调整好高低后，就可用自动进给钻孔。

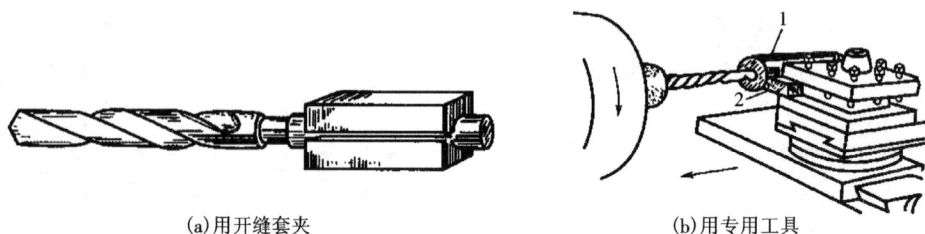

（a）用开缝套夹　　　　　　　　　　　　　（b）用专用工具

图 3 - 6 - 2　钻头在刀架上的安装

（2）钻孔时切削用量选用

高速钢钻头加工钢件时的切削用量见表 3 - 6 - 2。

表 3 - 6 - 2　高速钢钻头加工钢件的切削用量

钻头直径 /mm	$\sigma_b = 520 \sim 700$ MPa （35、45 钢）		$\sigma_b = 700 \sim 900$ MPa （15Cr、20Cr 钢）		$\sigma_b = 1000 \sim 1100$ MPa （合金钢）	
	$v_c/$（m/min）	$f/$（mm/r）	$v_c/$（m/min）	$f/$（mm/r）	$v_c/$（m/min）	$f/$（mm/r）
≤6	8 ~ 25	0.05 ~ 0.1	12 ~ 30	0.05 ~ 0.1	8 ~ 15	0.03 ~ 0.08
>6 ~ 12	8 ~ 25	0.1 ~ 0.2	12 ~ 30	0.1 ~ 0.2	8 ~ 15	0.08 ~ 0.15
>12 ~ 22	8 ~ 25	0.2 ~ 0.3	12 ~ 30	0.2 ~ 0.3	8 ~ 15	0.15 ~ 0.25
>22 ~ 30	8 ~ 25	0.3 ~ 0.45	12 ~ 30	0.3 ~ 0.4	8 ~ 15	0.25 ~ 0.35

2．镗孔加工知识

（1）镗孔车刀

镗孔车刀可分为通孔车刀和盲孔车刀，如图 3 - 6 - 3 所示。在车削盲孔和台阶孔时，车刀要先纵向进给，当车到孔的底部时再横向进给，从外向中心进给车孔底端面［见图 3 - 6 - 3（b）、3 - 6 - 3（c）］。

（2）镗孔时切削用量选用

镗孔时切削用量可参照表 3 - 6 - 3 选用。

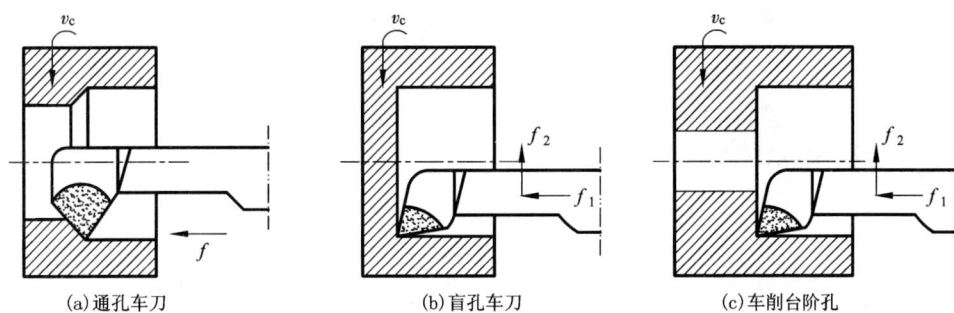

(a) 通孔车刀　　　　　　(b) 盲孔车刀　　　　　　(c) 车削台阶孔

图 3 - 6 - 3　镗孔车刀

表 3 - 6 - 3　镗孔时的切削用量

加工工序	刀具材料	钢		铸铁	
		$v_c/(\text{m/min})$	$f/(\text{mm/r})$	$v_c/(\text{m/min})$	$f/(\text{mm/r})$
粗镗	高速钢	15 ~ 30	0.3 ~ 0.7	0.09 ~ 0.11	0.3 ~ 1.0
	硬质合金	40 ~ 60		0.08 ~ 0.12	
半精镗	高速钢	25 ~ 50	0.15 ~ 0.3	0.27 ~ 0.33	0.15 ~ 0.45
	硬质合金	80 ~ 120		0.36 ~ 0.44	
精镗	高速钢	20 ~ 35	0.1 ~ 0.15	0.47 ~ 0.57	<0.08
	硬质合金	60 ~ 100		0.52 ~ 0.64	0.12 ~ 0.15

6.3　孔加工指令

1. G71、G72、G73 指令

指令格式同外圆车削,但应注意精加工余量 U 地址后的数值为负值。

2. 深孔钻削循环指令 G74

指令格式:G74 R(e)

　　　　　G74 Z(W) Q(Δk) F(f)

式中:e——退刀量;

　　　W——钻孔终点处 Z 坐标;

　　　Δk——Z 方向每次切深量(无符号),单位:μm。

例 3 - 6 - 1　如图 3 - 6 - 1 所示,采用深孔钻削循环功能加工底孔。钻头直径23 mm,每次钻削长度 10 mm,退刀 2 mm,进给量为 0.2 mm/r。

参考程序(以工件右端面与轴线的交点为程序原点建立工件坐标系):

……

G00 X0 Z4;　　　　　　　　　　　刀具快速定位到钻削循环起点

G74 R2;　　　　　　　　　　　　钻孔循环,退刀 2 mm

G74 Z – 58 Q10000 F0.2;   钻孔总深度 58 mm，每次切深 10 mm，
G00 X100 Z100;   返回换刀点
……

6.4　任务决策和执行

1．工艺分析

该零件为一轴套类零件，主要加工面为内表面(由两处直孔，一处内螺纹，一处内沟槽组成)。其中 $\phi50$ mm 外圆、$\phi30$ mm、$\phi24$ mm 内孔的尺寸精度要求较高；$\phi50$ mm 外圆、$\phi24$ mm 内孔的表面质量要求较高；这些表面均安排粗、精加工。

工艺过程如下：

①　车端面。

②　钻中心孔。

③　用 $\phi23$ mm 钻头钻出长度为 58 mm 的内孔。

④　粗车外轮廓，留精加工余量 0.6 mm。

⑤　精车外轮廓，达到图纸要求。

⑥　粗镗内表面，留精加工余量 0.4 mm。

⑦　切内沟槽。

⑧　精镗内表面，达到图纸要求。

⑨　车内螺纹，达到图纸要求。

⑩　切断，保证总长 50.2 mm。

⑪掉头，平端面、倒角，达到图纸要求。

2．刀具与工艺参数

刀具与工艺参数见表 3 – 6 – 4、表 3 – 6 – 5。

表 3 – 6 – 4　数控加工刀具卡

实训课题		外圆柱/圆锥面车削技能训练	零件名称		零件图号	
序号	刀具号	刀具名称及规格	刀尖半径	数量	加工表面	备注
1	T0101	95°粗、精车右偏外圆刀	0.8 mm	1	外表面、端面	80°菱形刀片
2	T0202	粗镗孔车刀	0.4 mm	1	内孔	
3	T0303	精镗孔车刀	0.4 mm	1	内孔	
4	T0404	内切槽刀	0.2 mm	1	内沟槽	B = 3 mm
5	T0505	60°内螺纹车刀		1	内螺纹	
6	T0606	切断刀(刀位点为左刀尖)	0.4 mm	1	切槽、切断	B = 4 mm
7	T0707	中心钻		1	中心孔	
8	T0808	$\phi23$ mm 钻头		1	内孔	

表 3 - 6 - 5　数控加工工序卡

材料	45		零件图号			系统	FANUC	工序号	
操作序号	工步内容（走刀路线）		G 功能	T 刀具		切　　削　　用　　量			
						转速 S/（r/min）	进给速度 F/（mm/r）		背吃刀量 a_p/mm
程序	夹住棒料一头，留出长度大约 65 mm（手动操作），车端面，对刀，调用程序								
（1）	手工操作钻中心孔			T0707		1000			
（2）	手工操作钻 $\phi23$ mm 孔			T0808		280			
（3）	粗车外轮廓		G90	T0101		500	0.2		0.7
（4）	精车外轮廓		G01	T0101		650	0.1		0.3
（5）	粗镗内表面		G71	T0202		350	0.2		1
（6）	车内沟槽		G01	T0404		300	0.08		3
（7）	精镗内表面		G70	T0303		1000	0.08		0.2
（8）	车内螺纹		G92	T0505		400	螺距：2		
（9）	切断		G01	T0606		200	0.1		4
（10）	掉头，平端面、倒角，达到图纸要求。								
（11）	检测、校核								

3. 装夹方案

毛坯为棒料，用三爪自定心卡盘夹紧定位。

4. 程序编制

以工件右端面与轴线的交点为程序原点建立工件坐标系。

参考程序：

O1010；	程序号
N10 T0101 G99；	选择 1 号刀，建立刀补
N20 G00 X55 Z5；	设置进刀点
N30 M03 S500；	主轴正转
N40 G01 X53 Z1 F1；	G90 循环起点
N50 G90 X50.6 Z - 55 F0.2；	外圆粗车简单循环
N60 G00 X44；	倒角起点
N70 G01 X49.99 Z - 2 F0.1 S650；	倒角
N80 G01 Z - 50.5；	精车 $\phi50$ mm 外圆
N90 G00 X100；	X 向退刀
N100 G00 Z100 M05；	返回换刀点，停主轴
N120 T0202；	选择 2 号刀，建立刀补
N130 M03 S350；	主轴正转
N140 G00 X55 Z5；	设置进刀点

N150 G00 X22.5 Z1;   G71 循环起点

N160 G71 U1 R0.5;   内孔粗车循环

N170 G71 P180 Q245 U - 0.4 W0 F0.2;

N180 G01 X40 Z1;   倒角起点

N190 G01 X34 Z - 2;   车孔口倒角

N200 G01 Z - 19;   车螺纹底孔

N210 X30.016;   X 向退刀

N220 Z - 37;   车 ϕ30 mm 内孔

N230 G03 X24.016 Z - 40 R3;   车 R3 内圆弧

N240 G01 Z - 51;   车 ϕ24 mm 内孔

N245 X22.5;

N250 G00 Z100;   Z 向退刀

N260 X100 M05;   返回换刀点，停主轴

N280 T0404;   选择 4 号刀，建立刀补

N290 M03 S300;   主轴正转

N300 G00 X55 Z5;   设置进刀点

N310 X29 Z2;

N320 G01 Z - 20 F1;   切槽起点

N330 X38 F0.08;   车内沟槽

N340 X29 F1;   X 向退刀

N350 G00 Z100;   Z 向退刀

N360 G00 X100 M05;   返回换刀点，停主轴

N380 T0303;   选择 3 号刀，建立刀补

N390 M03 S1000;   主轴正转

N400 G00 X55 Z5;   设置进刀点

N410 X22.5 Z1;   G70 循环起点

N420 G70 P180 Q245 F0.08;   G70 循环精车内表面

N430 G00 Z100;   Z 向退刀

N440 G00 X100 M05;   返回换刀点，停主轴

N460 T0505;   选择 5 号刀，建立刀补

N470 M3 S400;   主轴正转

N480 G00 X55 Z5;   设置进刀点

N490 G00 X32 Z2;   G92 循环起点

N380 G92 X34.5 Z - 18 F2;   切内螺纹循环，第一刀

N390 X35.1;   切内螺纹循环，第二刀

N400 X35.5;   切内螺纹循环，第三刀

N410 X35.9;   切内螺纹循环，第四刀

N420 X36;   切内螺纹循环，第五刀

N430 G00 X100 Z100 M05;   刀具返回换刀点，停主轴

N450 T0606;	选择 6 号刀，建立刀补
N460 M03 S200;	主轴正转
N470 G00 X55 Z5;	设置进刀点
N370 G00 Z − 54.2;	到切断起点，总长留 0.2 余量
N480 G01 X50.2 F0.5;	
N490 X1 F0.08;	切断工件
N500 G00 X100;	X 向退刀
N510 Z100 M05;	刀具返回换刀点，停主轴
N530 M30;	程序结束

说明：如果采用四方刀架，由于刀位不够，加工过程中需要拆卸更换刀具。

6.5　巩固练习

完成如图 3 − 6 − 4 所示零件的加工。按单件生产安排其数控车削工艺，编写出加工程序。毛坯为 ϕ50 mm 棒料，材料为 45 钢。

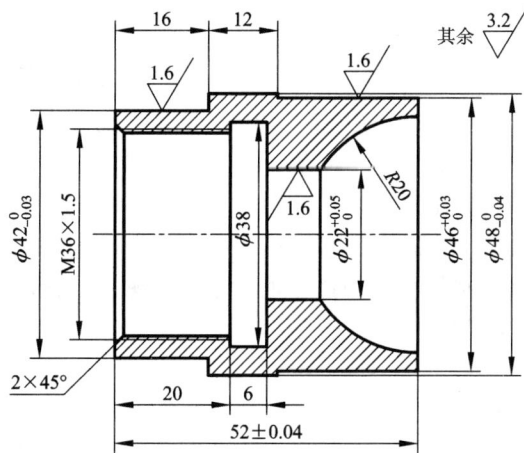

图 3 − 6 − 4　孔加工练习

【技术要点】

(1)加工内表面时，注意退刀方向，避免刀具与工件发生碰撞。

(2)内孔刀安装时，刀尖要对准中心或略高于中心，不得低于中心。高速车削螺纹时，为了防止振动和扎刀，刀尖应略高于中心 0.1 ~ 0.3 mm。

(3)镗刀刀杆伸出长度尽量缩短，一般大于加工长度 5 mm 左右。

项目七 规则公式曲线车削加工

7.1 任务：椭圆轮廓加工

零件如图 3 - 7 - 1 所示，按单件生产安排其数控车削工艺，编写出加工程序。毛坯为 $\phi52 \times 102$ mm 棒料，材料为 45 钢。

知识点与技能点：

- 规则公式曲线的加工方法；
- 宏指令；
- B 类宏程序的编程方法。

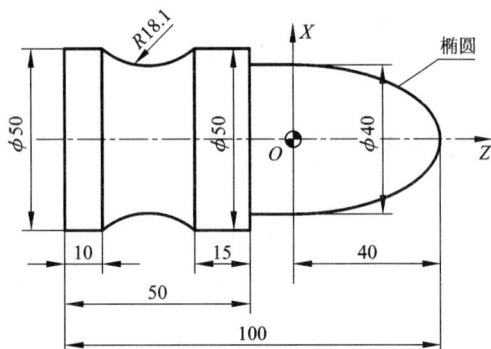

图 3 - 7 - 1 椭圆轮廓零件图

7.2 规则公式曲线的加工方法

机械零件中常有规则公式曲线所构成的轮廓，但大多数数控机床只具有直线插补和圆弧插补功能，不能直接加工出规则公式曲线。目前在加工规则公式曲线时，采用的方法是用直线或圆弧来拟合出曲线廓形，其近似程度取决于拟合误差的大小。一般来说用直线来拟合，计算简单，精度较低，可以通过手工编程（宏程序）来实现；而用圆弧来拟合，计算复杂，精度较高，通常用自动编程来实现。

7.3 B 类宏程序编程

用户宏程序是提高数控车床性能的一种特殊功能，用户利用数控系统提供的变量、数学运算功能、逻辑判断功能、程序循环功能等功能，来实现一些特殊的用法。

用户宏程序分为 A、B 两类。早期的或低档的数控系统采用的是 A 类宏程序，新的数控系统普遍采用的是 B 类宏程序。本节只讲述 B 类宏程序。

1. 宏程序的编程格式

宏程序的编程格式见图 3 - 7 - 2。

2. 变量

（1）变量的表示方法

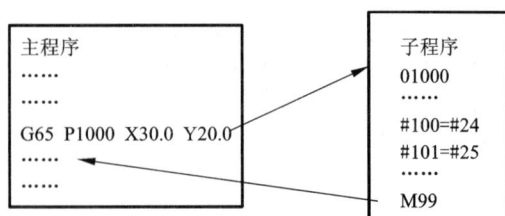

图 3 - 7 - 2 宏程序的编程格式

一个变量由符号"#"和变量号组成，例如#1、#2。表达式可以用于指定变量号，此时表达式应包含在方括号内，如#[#1 + #2 - 20]等。

（2）变量的类型

变量根据变量号可以分成四种类型，如表 3 – 7 – 1 所示。

表 3 – 7 – 1　变量类型

变量号	变量类型	功　　能
#0	空变量	该变量通常为空，该变量不能赋值。
#1 ~ #33	局部变量	局部变量只能在宏程序内部使用，用于保存数据，如运算结果等。当电源关闭时，局部变量被清空；当宏程序被调用时，参数被赋值给局部变量。
#100 ~ #199 #500 ~ #999	全局变量	全局变量可在不同宏程序之间共享。当电源关闭时，#100 ~ #149 被清空，而#500 ~ #531 的值仍保留。
#1000 ~ #9999	系统变量	用于读、写 CNC 运行时各种的数据，如刀具的当前位置和补偿值等。

注：全局变量#150 ~ #199，#532 ~ #999 是选用变量，应根据实际系统使用。

（3）变量的引用

在程序中引用（使用）宏变量时，其格式为：在指令字地址后面跟宏变量号。当用表达式表示变量时，表达式应包含在一对方括号内。

例如：G00 X#1 Z#2。

　　　G01 X[#3 + #4] F#5

（4）变量的使用限制

程序号、顺序号和程序段跳段编号不能使用变量。如不能用于以下用途：

O#1；

/#2 G00 X100.0；

N#3 Y200.0；

3. 算术和逻辑运算

变量的算术和逻辑运算见表 3 – 7 – 2。

表 3 – 7 – 2　变量的算术和逻辑运算

函　　数	格　　式	备　　注
赋值	#i = #j	
加法	#i = #j + #k	
减法	#i = #j – #k	
乘法	#i = #j * #k	
除法	#i = #j/#k	
正弦	#i = SIN[#j]；	
反正弦	#i = ASIN[#j]；	
余弦	#i = COS[#j]；	角度以度指定，如：30° 30′ 表示为
反余弦	#i = ACOS[#j]；	30.5°。
正切	#i = TAN[#j]；	
反正切	#i = ATAN[#j]/[#k]；	

函　　数	格　　式	备　　注
平方根	#i = SQRT[#j]	
绝对值	#i = ABS[#J]	
四舍五入	#I = ROUND[#J]	
向下取整	#I = FIX[#J]	
向上取整	#I = FUP[#J]	
或 OR	#I = #J OR #K	
异或 XOR	#I = #J XOR #K	逻辑运算用二进制数按位操作
与 AND	#I = #J	
十——二进制转换	#I = BIN[#J]	用于转换发送到 PMC 的信号或从 PMC
二——十进制转换	#I = BCD[#J]	接收的信号

4. 转移和循环

在程序中可用 GOTO 语句和 IF 语句改变控制执行顺序。

(1)无条件转移语句(GOTO 语句)

该语句转移到顺序号 n 所在程序段。

编程格式: GOTO n;

　　　　　n——转移到的程序段顺序号(1~9999)

例: GOTO 400;

当执行到该语句时,将无条件转移到 N400 程序段执行。

(2)条件转移(IF 语句)

在 IF 后指定一条件,当条件满足时,转移到顺序号为 n 的程序段,不满足则执行下一程序段。

编程格式: IF [条件表达式] GOTO n;

说明:

① 条件表达式。条件表达式由两变量或一变量一常数中间夹比较运算符组成,条件表达式必需包含在一对方括号内。条件表达式可直接用变量代替。

② 比较运算符。比较运算符由两个字母组成,用于两个值的比较。表 3 - 7 - 3 为常用的比较运算符。

例如: N50 IF [#5 GT 0] GOTO 80;

　　　　N60　　　　　　　…

　　　　N70　　　　　　　…

　　　　N80 G00 X50;　　…

程序执行到 N50 时,如果条件[#5 GT 0]满足,则转移执行 N80 程序段;否则顺序执行 N60 程序段。

表 3 - 7 - 3　比较运算符

序号	运算符	含义
1	EQ	等于(=)
2	NE	不等于(≠)
3	GT	大于(>)
4	GE	大于等于(≥)
5	LT	小于(<)
6	LE	小于等于(≤)

(3)循环(WHILE 语句)

在 WHILE 后指定一条件,当条件满足时,执行 DO 到 END 之间的程序(然后返回到

WHILE，重新判断条件），不满足则执行 END 后的下一程序段。

编程格式：WHILE［条件表达式］DO m；（m = 1，2，3）

　　　　　　　　　　…

　　　　　　　　　　…

　　　　　　END m；

例如：N50 WHILE［#5 LT 20］DO1；

　　　N60　　　　　…

　　　N70　　　　　…

　　　N80 END1；

　　　N90　　　　　…

程序执行到 N50 时，如果条件［#5 LT 20］满足，则执行 N50 ~ N80 之间的程序；否则转移执行 N90 程序段。

5. 宏程序调用方法

（1）非模态调用 G65

当指定 G65 时，以地址 P 指定的用户宏程序被调用。数据能传递到用户宏程序中。

编程格式：G65 P(程序号) L(重复次数) <实参描述>；

说明：

①调用

a. 在 G65 之后用地址 P 指定需调用的用户宏程序号；

b. 当重复调用时，在地址 L 后指定调用次数(1 ~ 99)。L 省略时，即定调用次数是 1。

c. 通过使用实参描述，数值被指定给对应的局部变量。

②实参描述

通过使用实参描述，数值被指定给对应的局部变量。常用的地址与变量对应关系见表 3 - 7 - 4。

表 3 - 7 - 4 地址与变量对应关系

地址	变量号	地址	变量号	地址	变量号
A	#1	I	#4	T	#20
B	#2	J	#5	U	#21
C	#3	K	#6	V	#22
D	#7	M	#13	W	#23
E	#8	Q	#17	X	#24
F	#9	R	#18	Y	#25
H	#11	S	#19	Z	#26

注：地址 G、L、N、O、P 不能用于实参。

例如图 3 - 7 - 2 中的 G65 P1000 X30.0 Y20.0，其含义为调用子程序 O1000，并给子程序中变量赋值，即#24 = 30，#25 = 20。

（2）模态调用 G66

一旦指定了 G66，就指定了一种模态宏调用，即在指定轴移动的程序段后，调用(G66 指定的)宏程序。这将持续到指令 G67 为止,才取消模态宏调用。

编程格式: G66 P(程序号) L(重复次数) <实参描述>;

7.4　任务决策和执行

1. 工艺分析

根据图样(图3-7-1),该零件主要由椭圆面、圆柱面、圆弧面、台阶等组成。由于椭圆是非圆曲线,所以采用宏程序编制。

工艺过程如下:

(1)加工左端

① 车端面,总长控制为 101 mm。

② 粗车外轮廓,留精加工余量 0.6 mm。

③ 精车外轮廓,达到图纸要求。

(2)掉头,加工右端

① 平端面,总长达到图纸要求。

② 粗车 ϕ40 mm 圆柱面,留精加工余量 0.6 mm。

③ 粗车椭圆,留精加工余量 0.6 mm。

④ 精车工件外轮廓(包括椭圆的精加工),达到图纸要求。

2. 刀具与工艺参数

(1)加工左端

加工左端的刀具与工艺参数见表3-7-5、表3-7-6。

表3-7-5　左端加工刀具卡

单位			零件名称		零件图号	
序号	刀具号	刀具名称及规格	刀尖半径	数量	加工表面	备注
1	T0101	93°粗、精车右偏外圆刀	0.8 mm	1	外轮廓、端面	55°菱形刀片

表3-7-6　左端加工工序卡

材料	45	零件图号			系统	FANUC	工序号	
操作序号	工步内容(走刀路线)		G 功能	T 刀具	切　削　用　量			
					转速 S/(r/min)	进给速度 F/(mm/r)	背吃刀量 a_p/mm	
程序	夹住棒料一头,留出长度大约65 mm(手动操作),车端面(保证总长101 mm),对刀,调用程序							
(1)	粗车外轮廓		G71	T0101	300	0.2	0.7	
(2)	精车外轮廓		G70	T0101	650	0.1	0.3	
(3)	检测、校核							

（2）加工右端的刀具与工艺参数见表 3 - 7 - 7、3 - 7 - 8。

表 3 - 7 - 7　右端加工刀具卡

单位			零件名称		零件图号	
序号	刀具号	刀具名称及规格	刀尖半径	数量	加工表面	备注
1	T0101	95°粗车右偏外圆刀	0.8 mm	1	外轮廓、端面	80°菱形刀片
2	T0202	95°精车右偏外圆刀	0.4 mm	1	外轮廓	80°菱形刀片

表 3 - 7 - 8　右端加工工序卡

材料	45	零件图号			系统	FANUC	工序号	
操作序号	工步内容（走刀路线）		G 功能	T 刀具	切　削　用　量			
					转速 S/(r/min)	进给速度 F/(mm/r)	背吃刀量 a_p/mm	
程序	夹住棒料一头，留出长度大约 60 mm（手动操作），车端面保证总长，对刀，调用程序							
（1）	粗车 $\phi40$ mm 圆柱面		G90	T0101	300	0.2	1.5	
（2）	粗车椭圆		宏程序	T0101	300	0.2		
（3）	精车工件外轮廓		宏程序	T0202	800	0.1	0.3	
（4）	检测、校核							

3．装夹方案

（1）加工左端

毛坯为棒料，用三爪自定心卡盘夹紧定位。

（2）加工右端

用三爪自定心卡盘夹 $\phi50$ mm 圆柱面（包铜皮或用软爪，避免夹伤），注意找正。

4．程序编制

（1）加工左端

以 $\phi50$ mm 圆柱端面与轴线的交点为程序原点建立工件坐标系。

参考程序为：

O1011	程序号
N10 T0101；	选择 1 号刀，建立刀补
N20 G00 X55 Z5；	设置进刀点
N30 M03 S300；	主轴正转
N40 G01 X51 Z1 F1；	G71 循环起点
N50 G71 U0.7 R0.5；	外圆粗车循环
N60 G71 P70 Q110 U0.6 W0 F0.2；	
N70 G01 X47 Z1；	到倒角起点
N80 G01 X50 Z - 0.5；	车倒角
N90 Z - 10；	车 $\phi50$ mm 外圆

N100 G02 X50 Z - 35 R18.1;   车 R18.1 圆弧

N110 G01 Z - 62;   车 φ50 mm 外圆

N120 G70 P70 Q110 F0.1 S650;   精车循环

N130 G00 X100 Z100 M05;   返回换刀点, 停主轴

N140 T0100;   取消 1 号刀刀补

N150 M30;   程序结束

（2）加工右端

选择椭圆中心作为编程原点, 工件坐标系如图 3 - 7 - 1 所示。

参考程序为:

O1012;   程序号

N10 T0101;   选择 1 号刀, 建立刀补

N20 G00 X55 Z45;   设置进刀点

N30 M03 S300;   主轴正转

N40 G00 Z41;   G90 循环起点

N50 G90 X49 Z - 9.9 F0.2;   车 φ40 mm 外圆, 第一刀

N60 X46;   车 φ40 mm 外圆, 第二刀

N70 X43;   车 φ40 mm 外圆, 第三刀

N80 X40.6;   车 φ40 mm 外圆, 第四刀

N90 G00 X41 Z41;   宏程序粗加工椭圆起点

N90 #1 = 40;   定义变量#1 为 X 坐标, X 是直径值

N100 #2 = 0;   定义变量#2 为 Z 坐标

N110 WHILE [#2 LT 40] DO1;   宏程序粗加工椭圆

N120 #2 = #2 + 1;   步长为 1 mm

N130 #1 = 2 * [20/40] SQRT[40 * 40 - #2 * #2];

N140 G00 X[#1 + 0.6];

N150 G01 Z[#2] F0.2;

N160 G00 U1;

N170 G00 Z41;

N180 END1;   椭圆粗加工结束

N190 G00 X100 Z140 M05;   返回换刀点, 停主轴

N200 T0100;   取消 1 号刀刀补

N210 T0202;   选择 2 号刀, 建立刀补

N220 G00 X55 Z45;   设置进刀点

N230 M03 S800;   主轴正转

N220 G42 G00 X - 2 Z41;   建立刀具半径补偿, 到精加工起点

N230 G02 X0 Z40 R1 F0.1;   圆弧切入

N240 #2 = 40;   定义变量#2 为 Z 坐标

N250 WHILE [#2 GT 0] DO1;   宏程序精加工椭圆

N260 #2 = #2 - 0.1;　　　　　　　　　　　　　步长为 0.1 mm

N270 #1 = 2 * [20/40] SQRT[40 * 40 - #2 * #2];计算变量#1(X 坐标,直径值)

N280 G01 X#1 Z#2;

N290 END1;　　　　　　　　　　　　　　　　椭圆精加工结束

N300 G01 Z - 10;　　　　　　　　　　　　　　车 ϕ50 mm 外圆

N310 X52;　　　　　　　　　　　　　　　　　车台阶

N320 G40 G00 X100;　　　　　　　　　　　　取消刀具半径补偿,X 向退刀

N330 Z140 M05;　　　　　　　　　　　　　　返回换刀点,停主轴

N340 T0200;　　　　　　　　　　　　　　　　取消 2 号刀刀补

N350 M30;　　　　　　　　　　　　　　　　　程序结束

7.5　巩固练习

完成如图 3 - 7 - 3 所示零件的加工,按单件生产安排其数控车削工艺,编写出加工程序。毛坯为 ϕ44 × 56 mm 棒料,材料为 45 钢。

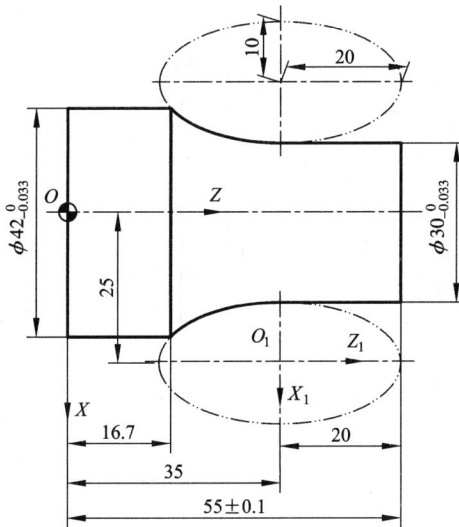

图 3 - 7 - 3　规则公式曲线加工练习

项目八　综合车削加工实例

8.1　任务：长轴加工

长轴零件如图 3 - 8 - 1 所示，按单件生产安排其数控加工工艺，编写出加工程序。毛坯为 $\phi52 \times 162$ mm 棒料，材料为 45 钢。

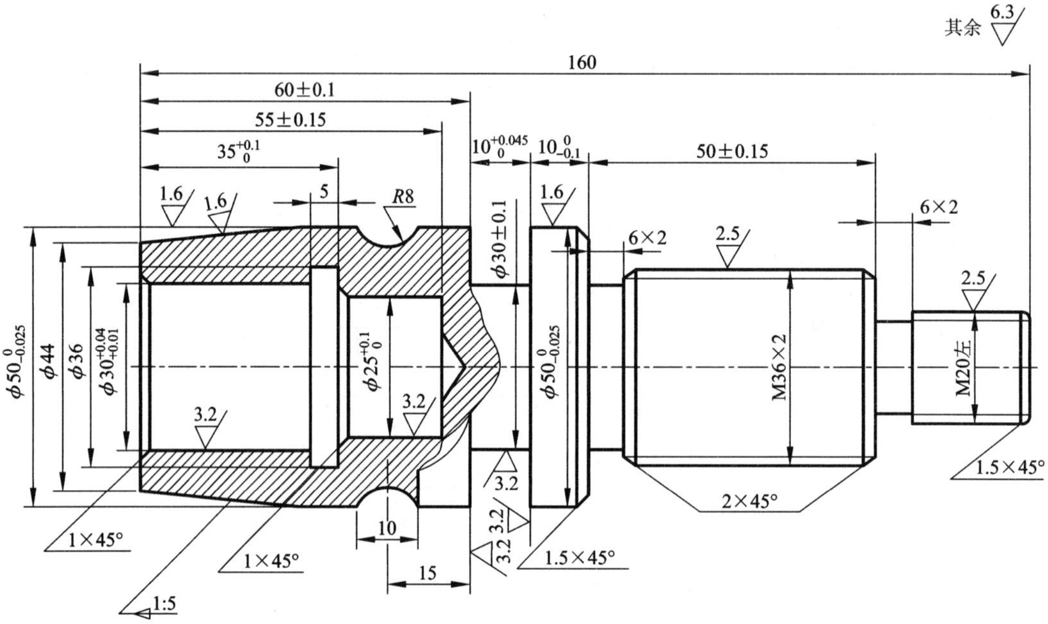

图 3 - 8 - 1　长轴零件图

知识点与技能点：

- 零件图样分析；
- 数控车综合加工的工艺安排；
- 数控加工刀具及切削用量的选择；
- 工件装夹；
- 数控加工步骤。

8.2　任务决策和执行

1. 工艺分析

该零件形状比较复杂，包括内外圆柱面、外圆锥面、凹圆弧、内外沟槽、外螺纹等加工。

其中 $\phi 50$ mm 外圆、$\phi 30$ mm 内孔、沟槽宽度的尺寸精度要求较高；$\phi 50$ mm 外圆、外圆锥面的表面质量要求较高；这些表面均安排粗、精加工。考虑装夹方便，先加工工件左端，再加工工件右端。

工艺过程如下：

（1）加工左端

① 车端面，总长控制为 161 mm。

② 钻中心孔。

③ 用 $\phi 24$ mm 钻头钻出长度为 54.8 mm 的内孔。

④ 用 $\phi 29$ mm 钻头扩出长度为 31 mm 的内孔。

⑤ 粗车外轮廓，留精加工余量 0.6 mm。

⑥ 精车外轮廓，达到图纸要求。

⑦ 粗镗内表面，留精加工余量 0.4 mm。

⑧ 精镗内表面，达到图纸要求。

⑨ 切内沟槽。

（2）掉头，加工右端

① 平端面，总长达到图纸要求，钻中心孔。

② 粗车外轮廓，留精加工余量 0.6 mm。

③ 精车外轮廓，达到图纸要求。

④ 车螺纹退刀槽及外沟槽。

⑤ 车 M20 左旋螺纹。

⑥ 车 M36×2 螺纹。

2. 刀具与工艺参数

（1）加工左端

加工左端的刀具与工艺参数见表 3-8-1、表 3-8-2。

（2）加工右端

加工右端的刀具与工艺参数见表 3-8-3、表 3-8-4。

表 3-8-1　左端加工刀具卡

单位			零件名称		零件图号		
序号	刀具号	刀具名称及规格	刀尖半径	数量	加工表面	备注	
1	T0101	93°粗、精车右偏外圆刀	0.8 mm	1	外表面、端面	35°菱形刀片	
2	T0202	镗刀	0.4 mm	1	内孔		
3	T0303	内沟槽刀	0.2 mm	1	内沟槽	B=5	
4	T0404	中心钻		1	中心孔		
5	T0505	$\phi 24$ mm 钻头		1	内孔		
6	T0606	$\phi 29$ mm 钻头		1	内孔		

表 3 - 8 - 2   左端加工工序卡

材料	45	零件图号			系统	FANUC	工序号	
操作序号	工步内容(走刀路线)		G 功能	T 刀具	切　削　用　量			
					转速 S/(r/min)	进给速度 F/(mm/r)	背吃刀量 a_p/mm	
程序	夹住棒料一头,留出长度大约 85 mm(手动操作),车端面(保证总长 161 mm),对刀,调用程序							
(1)	手工操作钻中心孔			T0404	1000			
(2)	手工操作钻 φ24 mm 孔			T0505	280			
(3)	手工操作钻 φ29 mm 孔			T0606	230			
(4)	粗车外轮廓		G71	T0101	300	0.2	1	
(5)	精车外轮廓		G70	T0101	650	0.1	0.6	
(6)	粗镗内表面		G71	T0202	400	0.15	0.8	
(7)	精镗内表面		G70	T0202	800	0.08	0.2	
(8)	切内沟槽		G01	T0303	300	0.08	5	
(9)	检测、校核							

表 3 - 8 - 3   右端加工刀具卡

单位			零件名称		零件图号	
序号	刀具号	刀具名称及规格	刀尖半径	数量	加工表面	备注
1	T0101	95°粗车右偏外圆刀	0.8 mm	1	外表面、端面	55°菱形刀片
2	T0202	95°精车右偏外圆刀	0.4 mm	1	外表面	55°菱形刀片
3	T0303	切槽刀(刀位点为左刀尖)	0.4 mm	1	切槽、倒角	B = 4 mm
4	T0404	60°外螺纹车刀		1	外螺纹	

表 3 - 8 - 4   右端加工工序卡

材料	45	零件图号			系统	FANUC	工序号	
操作序号	工步内容(走刀路线)		G 功能	T 刀具	切　削　用　量			
					转速 S/(r/min)	进给速度 F/(mm/r)	背吃刀量 a_p/mm	
程序	①平端面保证总长,钻中心孔;②夹住棒料一头,留出长度大约 103 mm,对刀,调用程序							
(1)	粗车外轮廓		G71	T0101	300	0.2	1.5	
(2)	精车外轮廓		G70	T0202	900	0.1	0.3	
(3)	切槽		G01	T0303	300	0.08	4	
(4)	车 M20 左旋螺纹		G92	T0404	800	螺距: 2.5		
(5)	车 M36 × 2 螺纹		G92	T0404	600	螺距: 2		
(6)	检测、校核							

3. 装夹方案

（1）加工左端

毛坯为棒料，用三爪自定心卡盘夹紧定位。

（2）加工右端

采用一夹一顶的装夹方式，用三爪自定心卡盘夹 ϕ50 mm 圆柱面（包铜皮或用软爪，避免夹伤），注意找正。

4. 程序编制

（1）加工左端

以 ϕ50 mm 圆柱端面与轴线的交点为编程原点建立工件坐标系。

参考程序为：

O1011；	程序号
N10 T0101 G99；	选择 1 号刀，建立刀补
N20 G00 X55 Z5；	设置进刀点
N30 M03 S300；	主轴正转
N40 G01 X53 Z2 F1；	G71 循环起点
N50 G71 U1 R1；	外圆粗车循环
N60 G71 P70 Q120 U0.6 W0 F0.2；	
N70 G42 G01 X43.6 Z2；	建立刀具半径补偿，到圆锥起点
N80 G01 X49.99 Z－30；	车圆锥
N90 G01 Z－40；	车 ϕ20 mm 外圆
N100 G02 Z－50 R8；	车 R8 圆弧
N120 G01 Z－82；	车 ϕ20 mm 外圆
N130 G70 P70 Q120 F0.1 S650；	精车循环
N140 G00 X100；	X 向退刀
N150 G40 Z100 M05；	取消刀具半径补偿，返回换刀点，停主轴
N160 T0100；	取消 1 号刀刀补
N170 T0202；	选择 2 号刀，建立刀补
N180 M03 S400；	主轴正转
N190 G00 X55 Z5；	设置进刀点
N2000 G00 X22 Z2；	G71 循环起点
N210 G71 U0.8 R0.5；	内表面粗车循环
N220 G71 P230 Q270 U－0.4 W0 F0.15；	
N230 G01 X36 Z2；	到孔口倒角起点
N235 G01 X30.025 Z－1；	车 ϕ30 mm 孔口倒角
N240 G01 Z－33.5；	车 ϕ30 mm 内孔，到 ϕ28 mm 孔口倒角起点
N250 G01 X25.05 Z－36；	车 ϕ28 mm 孔口倒角
N260 G01 Z－55；	车 ϕ28 mm 内孔
N270 X10；	车孔底端面

N280 G70 P230 Q270 F0.08 S800；   精车循环

N290 G00 Z100；   Z 向退刀

N300 X100 M05；   返回换刀点，停主轴

N310 T0200；   取消 2 号刀刀补

N320 T0303；   选择 3 号刀，建立刀补

N330 M03 S300；   主轴正转

N340 G00 X55 Z5；   设置进刀点

N350 G01 X29 Z2 F1；

N360 G01 Z－35.05 F1；   到内沟槽起点

N370 G01 X36 F0.08；   车内沟槽

N380 G01 X29 F1；   X 向退刀

N390 G00 Z100；   Z 向退刀

N400 X100 M05；   返回换刀点，停主轴

N410 T0300；   取消 3 号刀刀补

N420 M30；   程序结束

（2）加工右端

以右端（小端）端面与轴线的交点为程序原点建立工件坐标系。

参考程序为：

O1012；   程序号

N10 T0101；   选择 1 号刀，建立刀补

N20 G00 X55 Z5；   设置进刀点

N30 M03 S300；   主轴正转

N40 G01 X53 Z1 F1；   G71 循环起点

N50 G71 U1.5 R1；   外圆粗车循环

N60 G71 P70 Q140 U0.6 W0 F0.2；

N70 G01 X15 Z1；   到倒角起点

N80 G01 X19.8 Z－1.5；   车倒角

N90 Z－30；   车 ϕ19.8 mm 外圆（螺纹加工前外圆直径）

N100 X31.8；   X 向退刀，到倒角起点

N110 X35.8 Z－32；   车倒角

N120 G01 Z－80；   车 ϕ35.8 mm 外圆（螺纹加工前外圆直径）

N130 G01 X47；   X 向退刀，到倒角起点

N140 G01 X52 Z－81；   车倒角

N150 G00 X150；   X 向退刀

N160 Z20 M05；   返回换刀点，停主轴

N170 T0100；   取消 1 号刀刀补

N180 T0202；   选择 2 号刀，建立刀补

N190 G00 X55 Z5；   设置进刀点

N200 M03 S900；   主轴正转

N210 G01 X53 Z1 F1;	G70 循环起点
N220 G70 P70 Q140 F0.1;	精车循环
N230 G00 X150;	X 向退刀
N240 Z20 M05;	返回换刀点，停主轴
N250 T0200;	取消 2 号刀刀补
N270 T0303;	选择 3 号刀，建立刀补
N280 G00 X55 Z5;	设置进刀点
N290 M03 S300;	主轴正转
N300 G00 Z－30;	切槽(右边 6×2)起点
N310 G01 X37 F1;	
N320 X16 F0.08;	切槽(右边 6×2)，第一刀
N330 G01 X21 F1;	X 向退刀
N340 G00 Z－28;	Z 向定位
N350 G01 X16 F0.08;	切槽(右边 6×2)，第二刀
N360 G00 X51;	X 向退刀
N350 Z－80.03;	切槽(中间 6×2)起点
N360 G01 X32 F0.08;	切槽(中间 6×2)，第一刀
N370 G01 X37;	X 向退刀
N380 G00 Z－75.5;	Z 向定位，倒角起点
N390 G01 X32 Z－78 F0.08;	倒角，切槽至尺寸(中间 6×2)
N400 G00 X51;	X 向退刀
N410 Z－100;	切槽(左边的外沟槽)起点
N420 G01 X30.1 F0.08;	切槽(左边的外沟槽)，第一刀
N430 X51 F1;	X 向退刀
N440 Z－96.5;	Z 向定位
N450 G01 X30.1 F0.08;	切槽(左边的外沟槽)，第二刀
N460 X51;	X 向退刀
N470 Z－94;	Z 向定位
N480 X30 F0.05;	切槽(左边的外沟槽)，第三刀
N490 Z－100;	修光槽底
N500 X51;	X 向退刀
N510 G00 X150;	X 向退刀
N520 G00 Z20 M05;	返回换刀点，停主轴
N530 T0300;	取消 3 号刀刀补
N540 T0404;	选择 4 号刀，建立刀补
N550 G00 X55 Z5;	设置进刀点
N560 M03 S800;	主轴正转
N570 G00 X24 Z－26 F1;	M20 左旋螺纹起点
N580 G92 X19 Z1 F2.5;	切螺纹循环，第一刀

N590 X18.3;	切螺纹循环，第二刀
N600 X17.6;	切螺纹循环，第三刀
N610 X17.2;	切螺纹循环，第四刀
N620 X16.8;	切螺纹循环，第五刀
N630 X16.65;	切螺纹循环，第六刀
N640 G00 X40;	X 向退刀
N650 Z – 28;	M36 × 2 螺纹起点
N660 G92 X35.1 Z – 75 F2;	切螺纹循环，第一刀
N670 X34.5;	切螺纹循环，第二刀
N680 X33.9;	切螺纹循环，第三刀
N690 X33.5;	切螺纹循环，第四刀
N700 X33.4;	切螺纹循环，第五刀
N710 G00 X150 Z20 M05;	返回换刀点，停主轴
N720 T0400;	取消 4 号刀刀补
N730 M30;	程序结束

5. 注意事项

(1)加工内表面时，注意退刀方向，避免刀具与工件发生碰撞；

(2)加工右端时，采用了顶尖，注意进刀和换刀时刀具不要与顶尖发生干涉；

(3)加工 R8 的凹圆弧时，车刀的副偏角要大于 35°，否则会与工件产生干涉。

8.3 巩固练习

完成如图 3 – 8 – 2 所示零件的加工。按单件生产安排其数控车削工艺，编写出加工程序。毛坯为 $\phi 40 \times 110$ mm 棒料，材料为 45 钢。

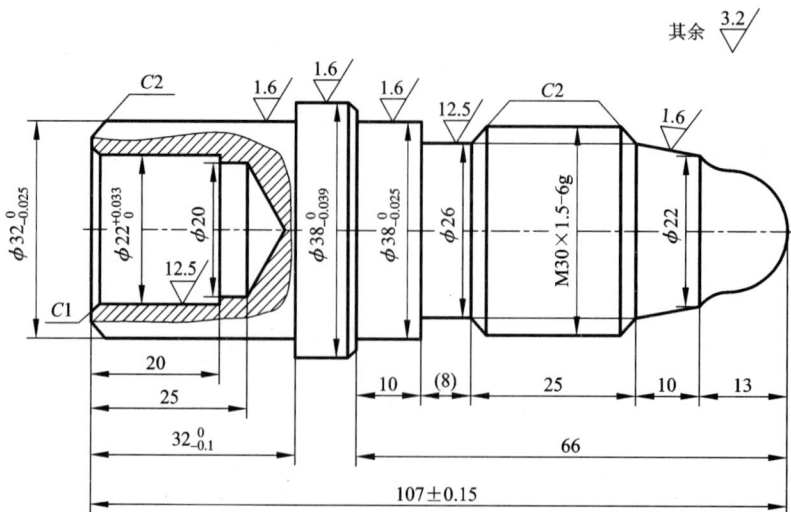

图 3 – 8 – 2 综合车削加工练习

项目九 车削中心编程与加工

9.1 任务：薄壁凸轮加工

薄壁凸轮零件如图 3 - 9 - 1 所示，按单件生产安排其数控加工工艺，编写出加工程序。毛坯为 φ50 mm 棒料，材料为 45 钢。

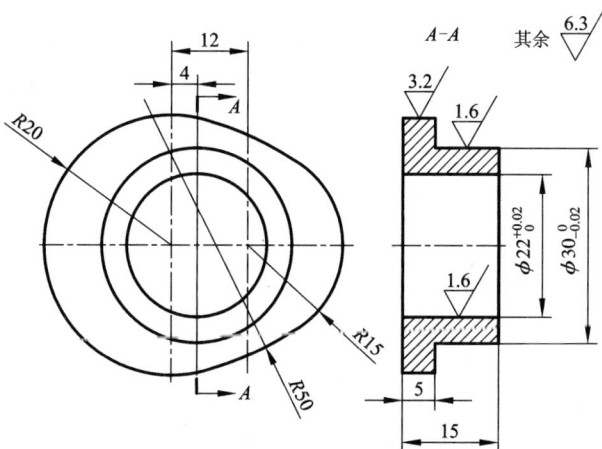

图 3 - 9 - 1 薄壁凸轮零件图

知识点与技能点：

- 车削中心编程与加工；
- 薄壁零件加工方法；
- 工件装夹、刀具安装。

9.2 薄壁零件加工工艺知识

1. 薄壁零件加工特点

薄壁零件在车削过程中，因为壁薄刚性较差，容易产生以下现象：

① 在夹紧力的作用下产生夹紧变形；

② 在切削热影响下产生较大热变形；

③ 在切削力影响下产生较大变形和振动。

由于以上几点，薄壁零件在加工时难以保证加工质量，成为车削加工中的一个难点。

2. 薄壁零件加工方法

防止和减少薄壁零件变形的措施主要有：

（1）划分加工阶段

工件分粗、精加工阶段。粗车时，由于加工余量较大，切削力较大，夹紧力较大，变形也相应较大。精车时，由于加工余量较小，切削力较小，夹紧力较小，零件变形较小；同时精车还可以消除粗车时产生的变形。

（2）改变装夹方式

① 增加装夹接触面。例如采用开缝套筒（见图3－9－2）和特制的软爪（见图3－9－3），使接触面增大，从而减小夹紧变形。

② 改变夹紧力方向。薄壁零件的径向刚性较差，而轴向刚性较好。在加工时，将径向夹紧改为轴向夹紧（见图3－9－4），这样有利于承载夹紧力，从而减小使零件变形。

（3）合理选用刀具

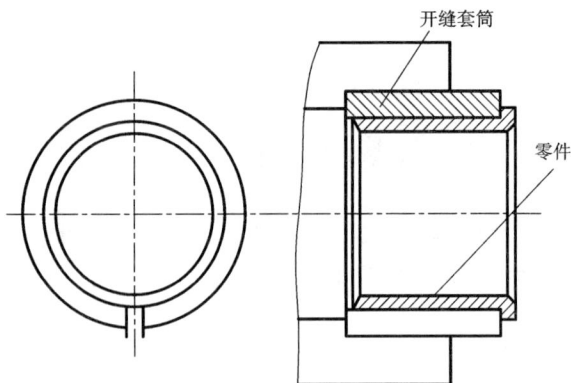

图3－9－2　开缝套筒

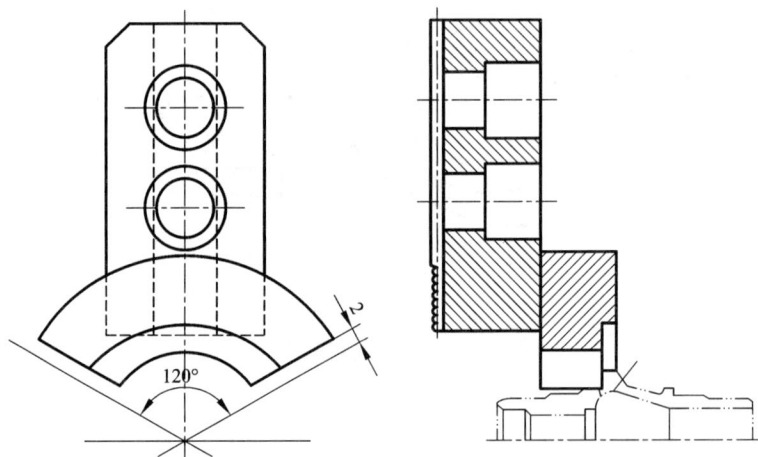

图3－9－3　软爪

① 合理选择刀具材料。选择强度较高的刀具材料，这样可以获得较锋利的刃口，从而减小切削力。

② 合理选择刀具几何参数。选择合适的刀具几何参数，如较大的前角、主偏角等，减小切削力，从而控制零件的变形和振动。

（4）合理选择切削用量

选择合适的切削用量，如较小的进给量、较小的吃刀量有利于减小切削力，从而减少切削变形；而较低的切削速度有利于降低切削温度，减少工件热变形。

（5）充分浇注冷却液，降低切削温度，减少工件热变形。

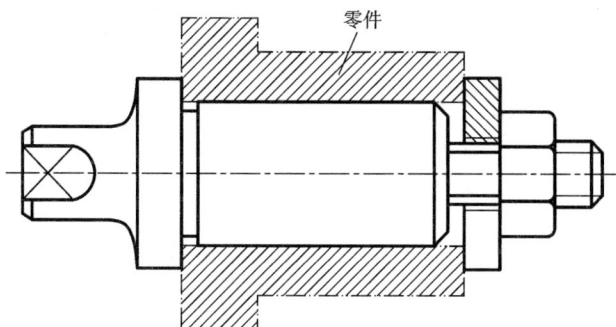

图 3 - 9 - 4 轴向夹紧

9.3 车削中心编程指令

车削中心是在普通数控车床基础上发展起来的一种复合加工机床,它除了具有车削功能外,还具有铣削功能。一般,车削中心必须具备:

① 刀架上应有动力头,能使刀具旋转;

② 除了 X 轴和 Z 轴之外,还必须具有第三轴 C 轴,有的还有第四轴 Y 轴。

1. 极坐标插补功能

极坐标插补功能是将轮廓控制由直角坐标系中编程的指令转换成一个直线轴运动(刀具的运动)和一个回转轴的运动(工件的回转)。这种方法适应于在与 Z 轴垂直的切削平面上进行切削加工。

(1)指令格式

指令格式:G12.1;启动极坐标插补方式(使极坐标插补功能有效)

…┐指令直角坐标系中的直线和圆弧插补,直角坐标系由
…┘直线轴和回转轴组成。

G13.1;极坐标插补方式取消

注:有的机床为 G112 和 G113 指令。

(2)使用时注意事项

① 在车削中心上,G12.1 启动的极坐标插补平面如图 3 - 9 - 5 所示,X 轴为直线轴,直径值,C 轴为旋转轴,半径值。

② 可以在极坐标插补方式下使用的 G 代码有:G01、G02、G03、G04、G40、G41、G42、G98、G99。

③ 在极坐标插补方式下使用 G02、G03 时,圆弧半径用 R 指令;当指定圆弧的圆心时,用 I、J 指令。

④ F 指令的进给速度是零件和刀具间的相对速度。

⑤ 极坐标插补单独使用。

⑥ 在机床上电复位时,为极坐标插补方式取消模式。

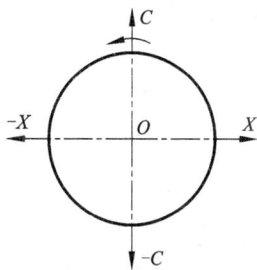

图 3 - 9 - 5 极坐标插补平面

例 3 - 9 - 1   在车削中心上，将圆棒料铣削成如图所示的正六棱柱，铣削深度为 5 mm（走刀路线见图 3 - 9 - 6）。

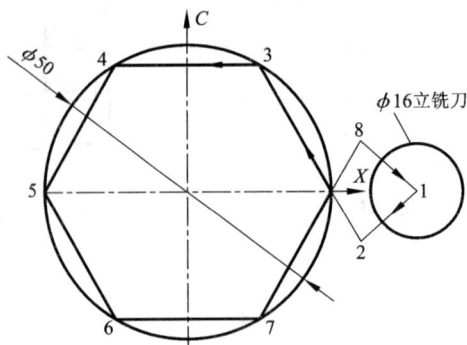

图 3 - 9 - 6   极坐标插补铣六棱柱

参考程序（以工件右端面与轴线的交点为程序原点建立工件坐标系）：

O0001；	程序号
N10 T0101；	选择 1 号刀，建立刀补
N20 M70；	C 轴功能有效
N30 G28 C0；	C 轴回零
N40 M93 S300；	动力头正转
N50 G98 G00 X80 Z5；	快速定位至 1 点
N60 G12.1；	极坐标插补开始
N65 G00 Z - 5；	Z 向进刀
N70 G42 G00 X60 C - 8.66；	建立刀具半径补偿，到 2 点
N80 G01 X25 C21.651 F100；	2 点→3 点
N90 X - 25；	3 点→4 点
N100 X - 50 C0；	4 点→5 点
N110 X - 25 C - 21.651；	5 点→6 点
N120 X25；	6 点→7 点
N130 X60 C8.66；	从 7 点→8 点
N140 G40 X80 C0；	取消刀具半径补偿，8 点→1 点
N150 G00 Z50；	Z 向退刀
N160 G13.1；	取消极坐标插补
N170 M95；	停止动力头
N180 M12；	动力头回零
N190 M71；	取消 C 轴功能
N200 T0100；	取消 1 号刀刀补
N210 M30；	程序结束

2. 孔加工固定循环指令

（1）常用孔加工固定循环指令

在车削中心上常用孔加工固定循环指令见表 3 - 9 - 1。

表 3 - 9 - 1

G 代码	钻孔轴	切入动作	孔底动作	回退动作(正向)	应用
G80					取消固定循环
G83	Z	切削进给/断续	暂停→主轴反转	快速进给	端面钻孔循环
G84	Z	切削进给	暂停	切削进给	端面攻螺纹循环
G85	Z	切削进给	暂停	切削进给	端面镗孔循环
G87	X	切削进给/断续	暂停	快速进给	径向钻孔循环
G88	X	切削进给	暂停→主轴反转	切削进给	径向攻螺纹循环
G89	X	切削进给	暂停	切削进给	径向镗孔循环

(2)孔加工固定循环动作

如图 3 - 9 - 7 所示,固定循环通常由 6 个动作顺序组成:

动作 1(AB 段):XY 平面快速定位;

动作 2(BR 段):Z 向快速进给到 R 点;

动作 3(RZ 段):Z 轴切削进给,进行孔加工;

动作 4(Z 点):孔底部的动作;

动作 5(ZR 段):Z 轴退刀;

动作 6(RB 段):Z 轴快速回到起始位置。

(3)端面钻孔循环指令 G83

指令格式:G83 X__C__Z__R__Q__P__F__

式中:X、C——孔位数据;

　　　Z——孔底数据;

　　　R——初始平面到 R 点的距离;

　　　Q——每次切削进给的深度;

　　　P——孔底暂停时间;

　　　F——进给速度(mm/min)。

(4)径向钻孔循环指令 G87

指令格式:G87 Z__C__X__R__Q__P__F__

式中:Z、C——孔位数据;

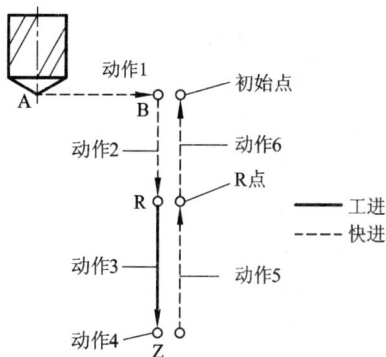

图 3 - 9 - 7　固定循环动作

　　　X——孔底数据;

　　　R——初始平面到 R 点的距离(半径量);

　　　Q——每次切削进给的深度;

　　　P——孔底暂停时间;

　　　F——进给速度(mm/min)。

例 3 - 9 - 2　在车削中心上,加工如图 3 - 9 - 8 所示四个轴向均匀分布的孔。

参考程序(以工件右端面与轴线的交点为程序原点建立工件坐标系):

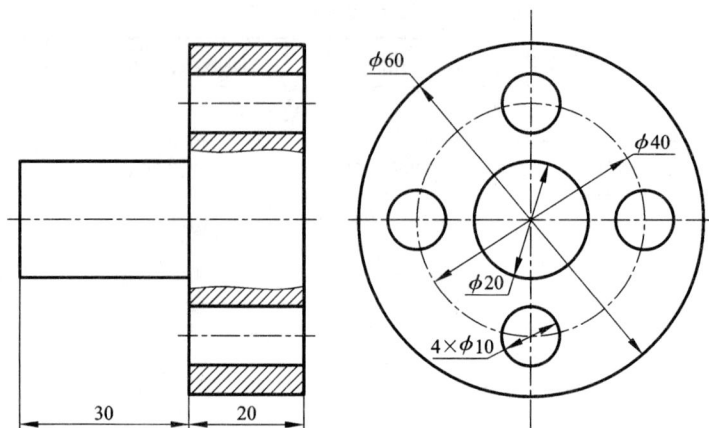

图 3 − 9 − 8　端面钻孔

O0002	程序号
N10 T0101	选择 1 号刀，建立刀补
N20 M70	C 轴功能有效
N30 G28 C0	C 轴回零
N40 M93 S500	动力头正转
N50 G98 G00 X100 Z20	快速定位至钻孔初始平面
N60 G83 X40 C0 Z − 24 R − 16 Q5000 F50	定位钻第一个孔，
	R 平面距离初始平面为 16 mm
N70 C90 Q5000	主轴旋转 90°，钻第二个孔
N80 C180 Q5000	主轴再旋转 90°，钻第三个孔
N90 C270 Q5000	主轴再旋转 90°，钻第四个孔
N100 G80 G00 Z50	取消钻孔循环
N110 M95	停止动力头
N120 M12	动力头回零
N130 M71	取消 C 轴功能
N140 T0100	取消 1 号刀刀补
N150 M30	程序结束

9.4　任务决策和执行

1. 工艺分析

图 3 − 9 − 1 零件为一薄壁凸轮零件，包括内、外圆柱面、台阶面、凸轮的加工。其中内、外圆柱面的尺寸精度和表面质量要求较高；此外，零件孔壁较薄，加工中要防止变形。

在车削中心上采用一次装夹完成全部表面的加工，并将粗、精加工分开进行。

工艺过程如下：

① 车端面。

② 粗车外轮廓，留精加工余量 0.6 mm。

③ 用 ϕ20 mm 钻头钻出长度为 16 mm 的内孔。

④ 粗铣凸轮轮廓。

⑤ 精铣凸轮轮廓。

⑥ 粗镗内表面，留精加工余量 0.4 mm。

⑦ 精镗内表面，达到图纸要求。

⑧ 精车外轮廓，达到图纸要求。

⑨ 切断，保证总长。

2．刀具与工艺参数

刀具与工艺参数见表 3 - 9 - 2、表 3 - 9 - 3。

表 3 - 9 - 2　数控加工刀具卡

单位			零件名称		零件图号	
序号	刀具号	刀具名称及规格	刀尖半径	数量	加工表面	备注
1	T0101	95°粗车右偏外圆刀	0.8 mm	1	外表面、端面	80°菱形刀片
2	T0202	95°精车右偏外圆刀	0.4 mm	1	外表面、端面	80°菱形刀片
3	T0303	ϕ20 mm 钻头		1	内孔	
4	T0404	粗镗孔车刀	0.4 mm	1	内孔	
5	T0505	精镗孔车刀	0.4 mm	1	内孔	
6	T0606	切断刀(刀位点为左刀尖)	0.4 mm	1	切断	B =4 mm
7	T0707	立铣刀		1	凸轮轮廓	ϕ16 mm
8	T0808					

表 3 - 9 - 3　数控加工工序卡

材料	45#	零件图号			系统	FANUC	工序号	
操作序号	工步内容(走刀路线)		G 功能	T 刀具	切　削　用　量			
					转速 $S/(\text{r/min})$	进给速度 $F/(\text{mm/r})$	背吃刀量 a_p/mm	
程序	夹住棒料一头，留出长度大约 25 mm(手动操作)，车端面，对刀，调用程序							
(1)	粗车外轮廓		G71	T0101	300	0.2	1	
(2)	钻 ϕ20 mm 孔		G83	T0303	500	0.1	10	
(3)	粗铣凸轮轮廓			T0707	400	0.15		
(4)	精铣凸轮轮廓			T0707	400	0.06	0.2	
(5)	粗镗内表面		G90	T0404	350	0.2	1	
(6)	精镗内表面		G90	T0505	800	0.08	0.2	
(7)	精车外轮廓		G90	T0202	800	0.1	0.3	
(8)	切断		G01	T0606	200	0.1	4	
(9)	检测、校核							

3. 装夹方案

毛坯为棒料，用三爪自定心卡盘夹紧定位。

4. 凸轮加工进给路线

凸轮加工进给路线见图 3 – 9 – 9。

5. 程序编制

以工件右端面与轴线的交点为程序原点建立工件坐标系。

参考程序为：

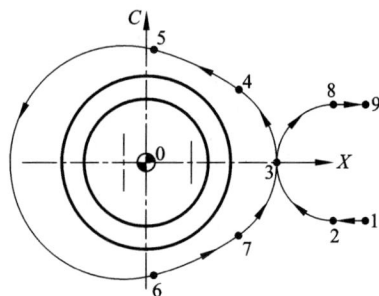

图 3 – 9 – 9   凸轮加工进给路线

O1010；	程序号
N10 T0101；	选择 1 号刀，建立刀补
N20 G00 X55 Z5；	设置进刀点
N30 M03 S300；	主轴正转
N40 G01 X51 Z1 F1；	G71 循环起点
N50 G71 U1 R1；	外表面粗车循环
N60 G71 P70 Q100 U0.6 W0 F0.2；	
N70 G01 X30 Z1；	
N80 Z – 10；	车 ϕ30 mm 外圆
N90 X48.6；	车台阶
N100 Z – 20；	车出 ϕ48.6 mm 外圆
N110 G00 X100；	X 向退刀
N120 G00 Z100 M05；	返回换刀点，停主轴
N130 T0100；	取消 1 号刀刀补
N140 T0303；	选择 3 号刀，建立刀补
N150 M70；	C 轴功能有效
N160 G28 C0；	C 轴回零
N170 M93 S500；	动力头正转
N180 G98 G00 X80 Z10；	快速定位至钻孔初始平面
N190 G83 X0 C0 Z – 22.5 R – 7 Q5000 F50；	定位并钻孔， R 平面距离初始平面为 7 mm
N200 G80 G00 Z50；	取消钻孔循环
N110 M95；	停止动力头
N120 M12；	动力头回零
N130 M71；	取消 C 轴功能
N140 T0300；	取消 3 号刀刀补
N150 T0707；	选择 7 号刀，建立刀补
N160 M70；	C 轴功能有效
N170 G28 C0；	C 轴回零

N180 M93 S400;	动力头正转
N190 G98 G00 X80 Z5;	快速定位进刀点
N200 G12.1;	极坐标插补开始
N205 G00 Z-15.5;	Z 向进刀
N210 G42 G00 X76 C-10;	建立刀具半径补偿(留 0.2 mm 精加工余量),到 1 点
N220 G00 X66;	从 1 点→2 点
N230 G02 X46 C0 R10 F60;	从 2 点→3 点
N240 G03 X32.75 C12.444 R15;	从 3 点→4 点
N250 G03 X2.056 C19.358 R50;	从 4 点→5 点
N260 G03 X2.056 C-19.358 R20;	从 5 点→6 点
N270 G03 X32.75 C-12.444 R50;	从 6 点→7 点
N280 G03 X46 C0 R15;	从 7 点→3 点
N290 G02 X66 C10 R10;	从 3 点→8 点
N300 G00 X76;	从 8 点→9 点
N310 G40 G00 X80 C0;	取消刀具半径补偿
N320 Z50;	Z 向退刀
N330 G13.1;	取消极坐标插补
N340 M95;	停止动力头
N350 M12;	动力头回零
N360 M71;	取消 C 轴功能
N370 T0700;	取消 7 号刀刀补
N380 M00;	修改 7 号刀半径补偿值,再次运行 N150-N370 程序段精铣凸轮轮廓(F 为 24 mm/min)
N390 T0404;	选择 4 号刀,建立刀补
N400 M03 S350;	主轴正转
N410 G00 X55 Z5;	设置进刀点
N420 G00 X19 Z2;	G90 循环起点
N430 G90 X22.4 Z-15.5 F0.2;	粗镗内孔
N440 G00 X100 Z100 M05;	刀具返回换刀点,停主轴
N450 T0400;	取消 4 号刀刀补
N450 T0505;	选择 5 号刀,建立刀补
N460 M03 S800;	主轴正转
N470 G00 X55 Z5;	设置进刀点
N480 G00 X21 Z2;	G90 循环起点
N490 G90 X22.01 Z-15.5 F0.08;	精镗内孔
N500 G00 X100 Z100 M5;	刀具返回换刀点,停主轴
N510 T0500;	取消 5 号刀刀补

N520 T0101;	选择 1 号刀,建立刀补
N530 G00 X55 Z5;	设置进刀点
N540 M03 S800;	主轴正转
N550 G01 X51 Z1 F1;	G90 循环起点
N560 G90 X29.99 Z-10 F0.1;	精车 ϕ30 mm 外圆
N570 G00 X100 Z100 M5;	刀具返回换刀点,停主轴
N580 T0100;	取消 1 号刀刀补
N590 T0606;	选择 6 号刀,建立刀补
N600 M03 S200;	主轴正转
N610 G00 X55 Z5;	设置进刀点
N620 G00 Z-20;	到切断起点,总长留 1 mm 余量
N630 G01 X50.5 F0.5;	
N640 G01 X30 F0.1;	切槽至 ϕ35 mm
N650 G00 X50;	X 向退刀
N660 Z-19;	到切断起点
N670 G01 X20 F0.1;	切断工件
N680 G00 X100;	X 向退刀
N690 Z100 M05;	刀具返回换刀点,停主轴
N700 T0600;	取消 6 号刀刀补
N710 M30;	程序结束

9.5 巩固练习

完成如图 3-9-10 所示零件的加工。按单件生产安排其数控车削工艺,编写出加工程序。毛坯为 ϕ70 mm 棒料,材料为 45 钢。

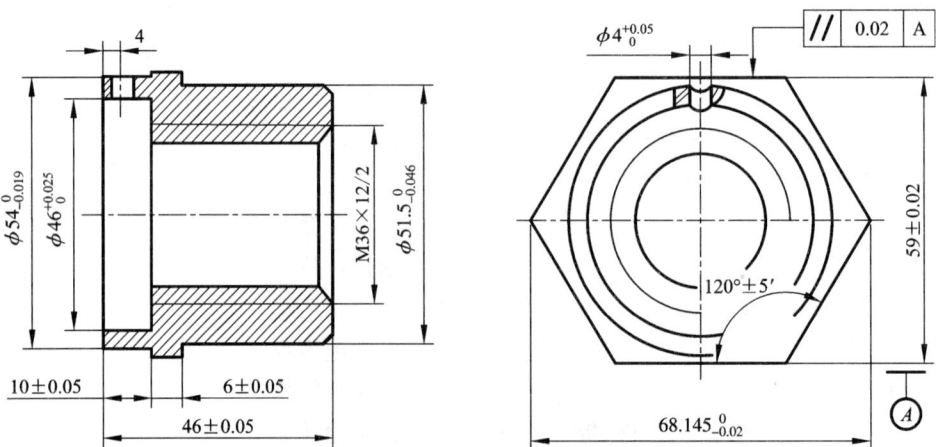

图 3-9-10 车削中心加工练习

项目十　数控车床加工操作

10.1　数控车床基本操作

1. 开、关机及回零点

（1）开机

开机练习的步骤如下：

① 检查数控车床外表是否正常（如电控柜门是否关上、车床内部是否有其他异物等）。

② 检查润滑装置上油标的液面位置。

③ 打开机床总电源开关。

④ 检查电气柜各散热通风装置是否正常工作，有无堵塞。

⑤ 打开 NC 电源开关。

⑥ 释放急停旋钮。

（2）关机

关机练习的步骤如下：

① 检查机床移动部件是否处在安全位置。

② 按下机床急停旋钮。

③ 断开 NC 电源。

④ 断开机床总电源。

（3）机床回原点

① 检查坐标值，保证 X、Z 的机械坐标均在 -30 以下。若不符合要求，则选择手动操作模式，利用手轮将 X、Z 的机械坐标值移动到符合要求为止。

② 在回原点模式下，选中"＋"键，再按住 X 键，将 X 轴回原点，回原点完成后，对应的指示灯闪烁；同理将 Z 轴回原点。

【技术要点】回原点时必须先回 X 轴，再回 Z 轴，否则刀架可能与尾座发生碰撞。

2. 工件的装夹与找正

（1）工件的装夹

工件的装夹应当根据工件的实际情况合理地选择定位、夹紧方式。在实际生产中应注意以下几点：

a. 力求设计基准、工艺基准和编程原点重合，这样有利于保证加工质量和编程时的数值计算。

b. 尽量减少装夹次数，尽可能在一次装夹下加工出全部表面。

c. 装夹迅速、方便、可靠。

数控车床上常用的工件装夹方式如下：

①用三爪卡盘装夹。三爪卡盘(如图3-10-1所示)的三个卡爪是同步运动的,能自动定心,一般不需找正。三爪自定心卡盘装夹工件方便、省时,自动定心好,但夹紧力较小,所以适用于装夹外形规则的中、小型工件。

【技术要点】当夹持已加工表面时,为避免夹伤工件表面,应在被夹的表面上包一层软金属,如铜皮等。

② 用软爪装夹。由于三爪卡盘定心精度不高,当加工位置精度要求较高的零件时,常常使用软爪(如图3-10-2所示)。软爪是一种可以加工的卡爪,它可以在使用前进行自镗加工,从而保证卡爪中心与主轴中心同轴。

③ 用四爪卡盘装夹。四爪卡盘的外形如图3-10-3所示,它的四个爪通过4个螺杆独立移动。它的特点是能装夹形状比较复杂的非回转体如方形、长方形等,而且夹紧力大。由于其装夹后不能自动定心,所以装夹效率较低,装夹时必须用划线盘或百分表找正,使工件回转中心与车床主轴中心对齐。

④ 用顶尖装夹

a. 在两顶尖之间装夹。对于长度尺寸较大或加工工序较多的轴类工件,为保证每次装夹时的装夹精度,可用两顶尖装夹。如图3-10-4所示,其前顶尖为普通顶尖,装在主轴孔内,并随主轴一起转动,后顶尖为活顶尖装在尾架套筒内。工件利用中心孔被顶在前后顶尖之间,并通过鸡心夹头带动旋转。这种方式,不需找正,装夹精度高,适用于多工序加工或精加工。

b.用卡盘和顶尖装夹。用两顶尖装夹工件虽然精度高,但刚性较差。因此,车削质量较大工件时要一端用卡盘夹住,另一端用后顶尖支撑(如图3-10-5所示)。这种方式定位精度较高,装夹牢靠,所以应用比较广泛。

⑤ 用心轴装夹。当以内孔为定位基准,并要求保证外圆轴线和内孔轴线的同轴度时,常用心轴定位(如图3-10-6所示)。工件以圆柱孔定位常用圆柱心轴和小锥度心轴;对于带有锥孔、螺纹孔、花键孔的工件定位,常用相应的锥体心轴、螺纹心轴和花键心轴。

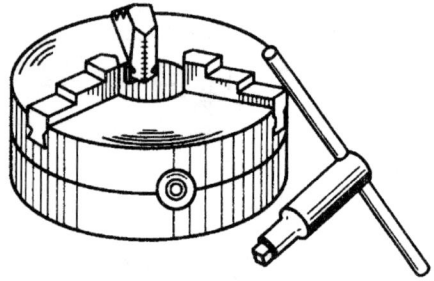
图3-10-1 三爪卡盘

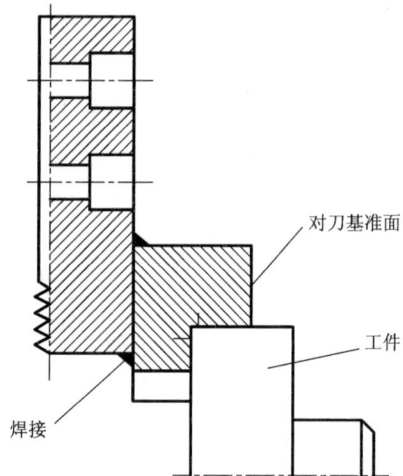
图3-10-2 软爪装夹

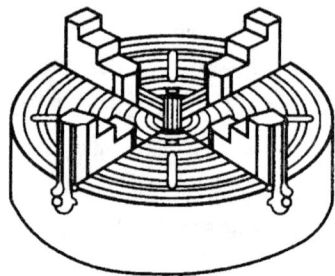
图3-10-3 四爪卡盘

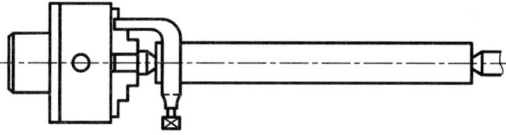

图 3 - 10 - 4　两顶尖装夹

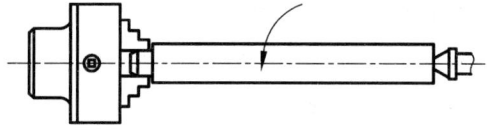

图 3 - 10 - 5　一夹一顶装夹

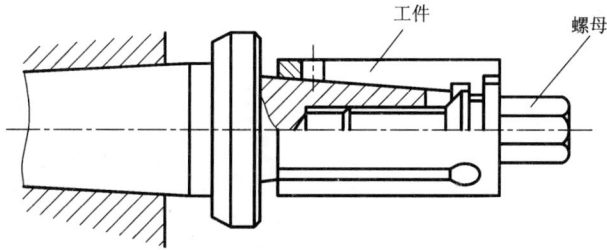

图 3 - 10 - 6　心轴装夹

（2）工件的找正

① 找正的目的。工件找正是确保工件的加工表面回转轴线（同时也是工件坐标系 Z 轴）与车床主轴回转中心重合。

② 找正方法。与普通车床上找正工件相同，一般为打表找正（如图 3 - 10 - 7 所示）。

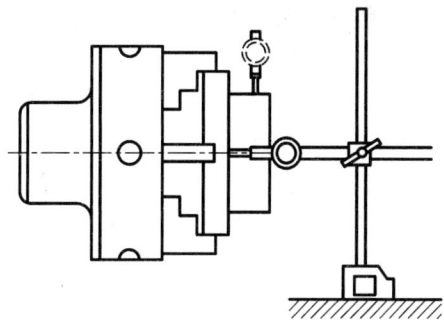

图 3 - 10 - 7　工件找正

3. 车刀的装夹

装夹车刀时要注意下列事项：

（1）装夹前保证刀杆及刀片定位面清洁，无损伤；

（2）将刀杆安装在刀架上时，应保证刀杆方向正确；

（3）车刀刀杆在刀架上的伸出部分尽量短些，以增强其刚性；

（4）一般情况，车刀刀尖应与工件旋转中心等高；

4. 对刀

对刀的目的是确定程序原点在机床坐标系中的位置，从而建立工件坐标系。数控车床常用的对刀方法有三种：试切法对刀、机械对刀仪对刀（接触式）、光学对刀仪对刀（非接触式）。这里着重介绍试切法对刀。

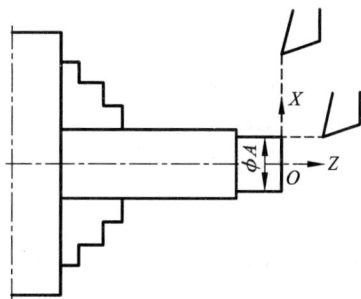

图 3 - 10 - 8　试切法对刀

（1）试切法对刀

如前述介绍，试切法有三种：用 G50、用 G54 ~ G59、用刀具位置补偿法对刀，三种方法中以用刀具位置补偿法 T 指令对刀应用较普遍。具体对刀方法如下：

如图 3 – 10 – 8 所示建立工件坐标系。

① Z 轴的设定

a. 用"手摇轮"方式车削端面；

b. 将刀具沿 X 方向退出，停止主轴，注意不要 Z 方向移动刀具；

c. 按【OFFSET】–【补正】–【形状】，显示刀具补正界面（如图 3 – 10 – 9 所示）；

d. 将光标移动至所选择的刀号处，输入"Z0"，按【测量】即可。

② X 轴的设定

a. 用"手摇轮"方式车削工件外圆；

b. 将刀具沿 Z 方向退出，停止主轴，注意不要 X 方向移动刀具；

c. 测量所切外圆直径，假设为"φA"；

d. 按【OFFSET】–【补正】–【形状】，显示刀具补正界面（如图 3 – 10 – 9 所示）；

e. 将光标移动至所选择的刀号处，输入"XA"（此处 A 为上一步中所测的具体数值），按【测量】即可。

③ 采用类似方法完成其他刀具的对刀

（2）用机械对刀仪对刀

图 3 – 10 – 9　刀具偏置（几何补偿）设置界面

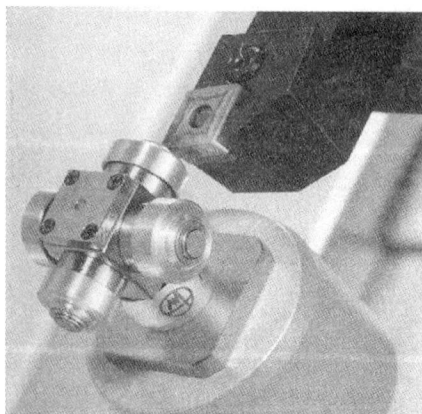

机械对刀仪对刀的对刀过程如图 3 – 10 – 10 所示。这种对刀方式使每把刀的刀尖分别在 X、Z 方向触及一个位置已知的固定触头，从而获得所测刀具的刀偏量。

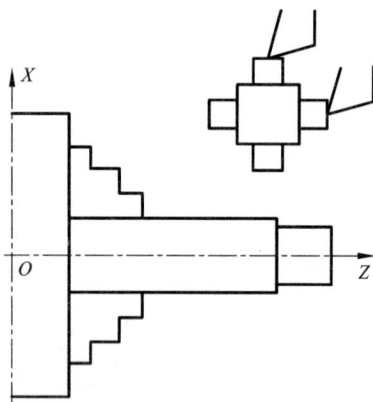

(a)对刀原理图

(b)对刀实体图

图 3 – 10 – 10　机械对刀仪对刀

（3）用光学对刀仪对刀

光学对刀仪对刀的对刀过程如图 3 – 10 – 11 所示。这种对刀方式使各刀的刀尖对准对刀镜的十字线中心，以十字线中心为基准，得到各自的刀偏量。

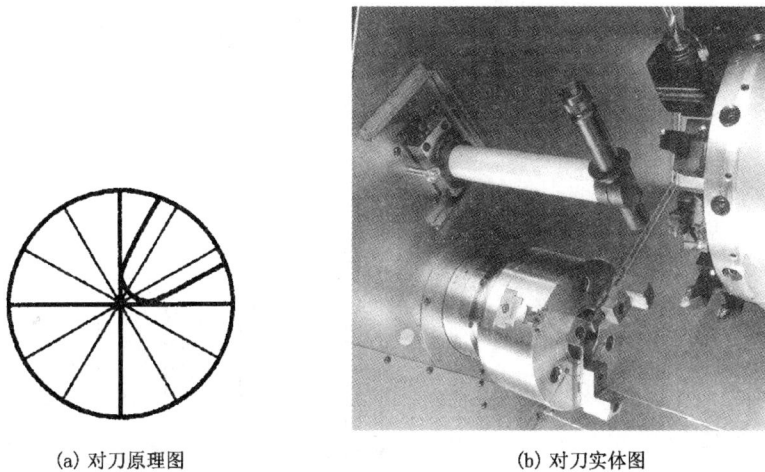

(a) 对刀原理图　　　　　　　　　　(b) 对刀实体图

图 3-10-11　光学对刀仪对刀

5. 程序输入与调试

（1）程序的输入

在编辑模式下，将程序保护键钥匙转到"OFF"位置，即可进行程序的输入及编辑。如机床带有通信接口，也可从外部设备输入，并能直接执行外部程序。

（2）程序的调试

程序的调试一般可以采用以下方式：

① 图形模拟加工。操作者可以通过图形模拟加工功能在画面上显示程序的刀具轨迹，检查刀具轨迹是否正确，程序是否有语法、格式或数据错误等。在执行图形模拟加工功能时，一般按下【机床锁住】。

②机床程序预演。程序输入完以后，用手动把刀具从工件处移开，同时设置合适的刀偏量（确保程序运行时，刀具在工件外面）。在自动循环模式下，运行程序，通过观察刀具运行轨迹、机床坐标位置数据来检验程序。

10.2　磨耗补正操作

数控加工的目的是加工出合格产品。在实际加工中影响尺寸精度的主要因素有以下两个：

①对刀误差。不论用对刀仪还是试切法对刀，对刀误差都不可能完全消除。

②刀具磨损误差。刀具在使用一定时间后会产生磨损，这必然会影响零件的加工精度。

所以在加工过程中，要及时测量。当发现工件尺寸不符合要求时，可根据零件实测尺寸进行磨耗补正。

例如，工件外圆直径加工尺寸应为 $\phi 30$ mm，加工后测得实际尺寸为 $\phi 30.08$ mm，尺寸偏大 0.08 mm（是用 2 号刀加工的），其磨耗补正操作步骤如下：

① 计算补正值。$\Delta = d_{理论尺寸} - d_{实际尺寸} = 30 - 30.08 = -0.08$

② 按【OFFSET】-【补正】-【磨耗】，显示刀具补正界面；

③ 将光标移动至所选择的刀号处，输入"X-0.08"，按【INPUT】即可。

10.3 任务：轴类零件加工

完成如图3-10-12所示零件的加工。按单件生产安排其数控车削工艺，编写出加工程序。毛坯为 $\phi 38$ mm 棒料，材料为 45 钢。

知识点与技能点：

- 数控车加工的工艺安排；
- 工件装夹；
- 刀具装夹；
- 数控车床对刀和参数设置；
- 尺寸测量及精度分析。

图 3-10-12 轴类零件

1. 工艺分析

该零件主要包括外圆柱面、凹圆弧、外螺纹等加工。其中外圆尺寸 $\phi 30 \pm 0.02$ mm、$\phi 24 \pm 0.02$ mm，长度尺寸 70 ± 0.02 mm、33.4 ± 0.02 mm 的精度要求较高；凹圆弧的表面质量要求较高；这些表面均安排粗、精加工。考虑加工效率以及装夹方便，选择在一次装夹下加工出全部轮廓。

工艺过程如下：

① 车端面。

② 粗车外轮廓，留精加工余量0.6 mm。

③ 精车外轮廓，达到图纸要求。

④ 螺纹左端切槽、倒角。

⑤ 车螺纹。

⑥ 切断。

2. 刀具与工艺参数

加工刀具与工艺参数见表3-10-1、表3-10-2。

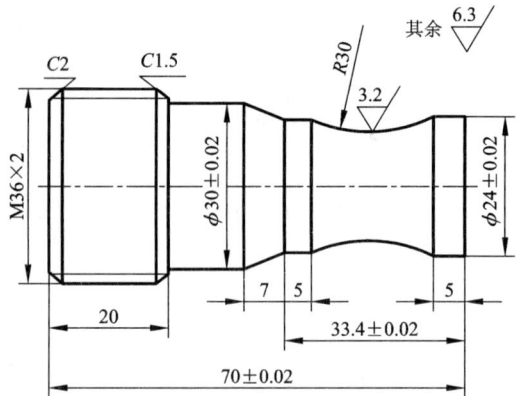

表 3-10-1 数控加工刀具卡

单位			零件名称		零件图号	
序号	刀具号	刀具名称及规格	刀尖半径	数量	加工表面	备注
1	T0101	93°粗车右偏外圆刀	0.8 mm	1	外表面、端面	55°菱形刀片
2	T0202	93°精车右偏外圆刀	0.4 mm	1	外表面	55°菱形刀片
3	T0303	切断刀(刀位点为左刀尖)	0.4 mm	1	切槽、倒角切断	B=4 mm
4	T0404	60°外螺纹车刀		1	外螺纹	

表 3－10－2　数控加工工序卡

材料	45	零件图号		系统	FANUC	工序号	
操作序号	工步内容(走刀路线)	G 功能	T 刀具	切　削　用　量			
				转速 $S/(\text{r/min})$	进给速度 $F/(\text{mm/r})$	背吃刀量 a_p mm	
程序	夹住棒料一头,留出长度大约 80 mm,对刀,调用程序						
(1)	粗车外轮廓	G71	T0101	350	0.2	1.5	
(2)	精车外轮廓	G70	T0202	900	0.1	0.3	
(3)	螺纹左端切槽、倒角	G01	T0303	300	0.08	4	
(4)	车螺纹	G92	T0404	700	螺距：2		
(5)	切断	G01	T0303	300	0.1		
(6)	检测、校核						

3. 装夹方案

毛坯为棒料,用三爪自定心卡盘夹紧定位。

4. 程序编制

以 ϕ24 mm 圆柱端面与轴线的交点为编程原点建立工件坐标系。

参考程序为：

O1011 ;	程序号
N10 T0101 ;	选择 1 号刀,建立刀补
N20 G00 X45 Z5 ;	设置进刀点
N30 M03 S350 ;	主轴正转
N40 G01 X39 Z1 F1 ;	G71 循环起点
N50 G71 U1.5 R0.5 ;	外圆粗车循环
N60 G71 P70 Q170 U0.6 W0 F0.2 ;	
N70 G42 G01 X21 Z1 ;	建立刀具半径补偿,到倒角起点
N80 G01 X24 Z－0.5 ;	车 C0.5 倒角
N90 G01 Z－5 ;	车 ϕ20 mm 外圆
N100 G02 Z－28.4 R30 ;	车 R30 圆弧
N120 G01 Z－33.4 ;	车 ϕ20 mm 外圆
N130 X30 Z－40.4 ;	车圆锥
N140 Z－50 ;	车 ϕ30 mm 外圆
N150 X33 ;	车台阶
N160 X35.8 Z－51.5 ;	车 C1.5 倒角
N170 Z－76 ;	车 ϕ35.8 mm 外圆(螺纹加工前外圆直径)
N180 G00 X100 ;	X 向退刀
N190 Z100 M05 ;	取消刀具半径补偿,返回换刀点,停主轴

N200 T0100;   取消 1 号刀刀补
N210 T0202;   选择 2 号刀,建立刀补
N220 M03 S900;   主轴正转
N230 G00 X45 Z5;   设置进刀点
N240 G01 X37 Z1;   G70 循环起点
N230 G70 P70 Q170 F0.1;   精车循环
N240 G00 X100;   Z 向退刀
N250 G40 Z100 M05;   取消刀具半径补偿,返回换刀点,停主轴
N260 T0200;   取消 2 号刀刀补
N270 T0303;   选择 3 号刀,建立刀补
N280 M03 S300;   主轴正转
N290 G00 X45 Z5;   设置进刀点
N300 G00 Z - 75;   到切槽起点
N310 G01 X37 F0.5;
N320 G01 X30 F0.08;   车槽
N330 G00 X37;   X 向退刀
N340 G00 Z - 71.5;   螺纹左端倒角起点
N350 G01 X31 Z - 74.5 F0.08;   车螺纹左端倒角
N360 G00 X100;   X 向退刀
N370 Z100 M05;   返回换刀点,停主轴
N380 T0300;   取消 3 号刀刀补
N420 T0404;   选择 4 号刀,建立刀补
N430 G00 X45 Z5;   设置进刀点
N440 M03 S700;   主轴正转
N450 G00 Z - 48;   M36 × 2 螺纹起点
N460 G92 X35.1 Z - 71.5 F2;   切螺纹循环,第一刀
N470 X34.5;   切螺纹循环,第二刀
N4680 X33.9;   切螺纹循环,第三刀
N490 X33.5;   切螺纹循环,第四刀
N500 X33.4;   切螺纹循环,第五刀
N510 G00 X100 Z100 M05;   返回换刀点,停主轴
N520 T0400;   取消 4 号刀刀补
N530 T0303;   选择 3 号刀,建立刀补
N540 M03 S300;   主轴正转
N550 G00 X45 Z5;   设置进刀点
N560 G00 Z - 74;   到切断起点
N570 G01 X37 F0.5;
N580 X1 F0.1;   切断工件
N590 G00 X100;   X 向退刀

N600 Z100 M05；　　　　　　　　　刀具返回换刀点，停主轴

N610 T0300；　　　　　　　　　　　取消 3 号刀刀补

N620 M30；　　　　　　　　　　　　程序结束

5. 注意事项

（1）切槽时，注意退刀方向，避免刀具与工件发生碰撞；

（2）加工 $R30$ mm 的凹圆弧时，车刀的副偏角要大于 25°，否则会与工件产生干涉。

模块四　数控线切割机床编程与加工操作

项目一　数控线切割机床编程与加工

1.1　南瓜模板零件的加工

南瓜模板零件如图 4 - 1 - 1 所示，毛坯为
55 mm × 80 mm × 6 mm 的 45 钢，要求分别采用
3B 格式和 ISO 格式编程，并操作数控线切割机
床加工出该零件。

知识点与技能点：

● 数控线切割加工工艺的内容与制定；

● 数控线切割加工程序的 3B 格式和 ISO 格
式的编制方法；

● 数控线切割机床的基本操作方法。

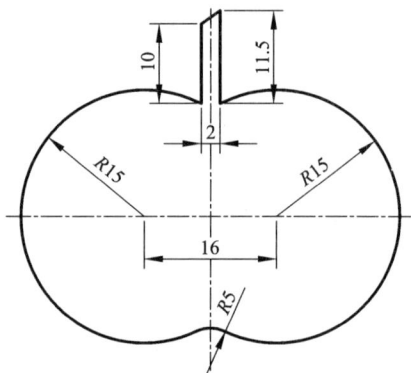

图 4 - 1 - 1　南瓜模板零件

1.2　数控线切割加工工艺

数控线切割加工，一般是作为零件加工的最后工序。要达到图样的加工精度及表面粗糙
度要求，应合理制定数控线切割加工工艺。只有工艺合理，才能保证零件的加工质量和加工
效率。其主要内容如下：

1. 零件图工艺分析

零件图分析对保证零件加工质量和零件的综合技术指标是有决定意义的第一步。对零件
图进行分析主要包括以下内容：

(1)零件材料的导电性和热处理

线切割加工是利用火花放电原理对材料进行电蚀加工的，因此要求零件的材料具有导电
性，而不论零件材料的硬度、强度、韧性、脆性及是否为金属材料均能进行加工。另外，线切
割加工一般是套料加工，去除零件材料面积大。若零件材料内部存有较大的内应力，在加工
过程中及加工后均能引起零件变形，甚至开裂。因此在线切割加工前应合理安排去应力退
火，以消除内应力。

(2)凹角、尖角和窄缝宽度的尺寸是否符合线切割加工的特点

由于线切割加工时，电极丝具有一定的直径 d 和一定的放电间隙 δ，使电极丝中心的运

动轨迹与加工面相距 t，即 $t = d/2 + \delta$，如图 $4-1-2$ 所示。因此，在零件的凹角处不能得到"清角"，而是半径为 t 的圆角。对于形状复杂的精密冲模，在凸凹模设计图样上应注明拐角处的过渡圆弧半径 R。加工凹角时：$R_{凹角} \geqslant d/2 + \delta$；加工尖角时：$R_{尖角} = R_{凹角} - \Delta = d/2 + \delta - \Delta$，$\Delta$ 为凸、凹模配合间隙。同理，加工窄缝时，$H_{窄缝宽度} \geqslant d + \delta \times 2$。

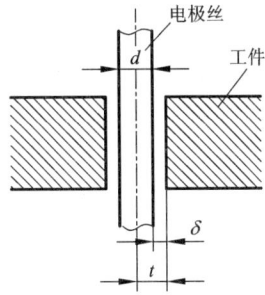

图 $4-1-2$ 电极丝与零件放电位置关系

（3）零件的表面粗糙度和加工精度

快走丝线切割机床的可控加工精度在 $0.01 \sim 0.02$ mm 之间，表面粗糙度一般为 $Ra1.25 \sim 2.5$ μm；慢走丝线切割机床的加工精度在 $0.002 \sim 0.005$ mm 之间，表面粗糙度一般为 $Ra1.25$ μm，最佳可达 $Ra0.2$ μm。由于线切割加工是电蚀加工，其加工表面是由无数粗细较均匀的小坑和凸起组成，在相同的粗细程度下，耐用度比机械加工的表面好（由于机械加工表面存在切削或磨削刀痕并具有方向性，不易形成油膜），因此，在采用线切割加工时，零件表面粗糙度的要求可较机械加工方法减低半级到一级；另外，零件的表面粗糙度、加工精度与切割速度的关系很大，当表面粗糙度值小和加工精度提高时，切割速度将大幅度下降。在实际加工中，应合理给定表面粗糙度和加工精度。

（4）零件的切割尺寸

零件的切割尺寸应在工作台的有效行程内，厚度尺寸应在丝架跨距内。

2. 确定切割路线

确定切割路线，即是确定线切割加工的起始点和走向。在确定切割路线时，应尽量避免破坏零件材料原有的内部应力平衡，防止零件材料在切割过程中因切割路线安排不合理而产生较大变形，致使零件加工精度和表面质量下降。

（1）一般情况下，应将切割起点安排在靠近夹持端，然后转向远离夹具的方向进行加工，最后转向零件夹具的方向。如图 $4-1-3$ 所示，（a）图是错误的路线，如果按此路线加工，第一段切割加工就将主要连接的部位割断，余下的材料与夹持部分连接较少，工件刚度降低，易产生变形；（b）图是正确的路线；（c）图是错误的路线，其不论怎么走，工件都易变形。

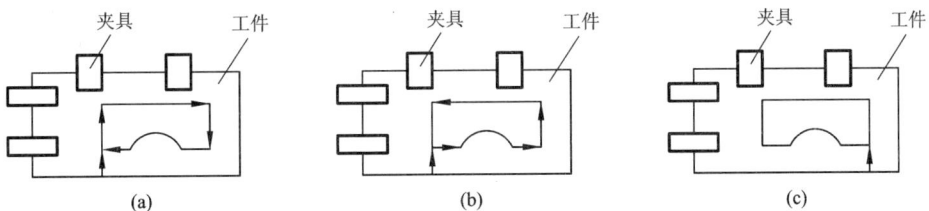

图 $4-1-3$ 切割路线的选择

（2）对于外形加工，一般从坯件外部开始切入，若条件允许，可在坯件上设置穿丝孔作为起割位置，这样可保持毛坯的完整，提高零件的加工精度；对于封闭型孔加工，穿丝孔一般设置在型孔的中心，当型孔较大时，为缩短引入段行程，穿丝孔应设置在靠近加工轨迹的边角处；对于窄槽的加工，穿丝孔应设置在图形的最宽处，不允许穿丝孔与切割轨迹有相交现象。常用穿丝孔直径为 φ3 ~ φ10 mm，当切割零件的型孔数目较多，孔径较小，排布较为密集，应采用较小的穿丝孔（φ0.5 ~ φ0.3 mm），以避免各穿丝孔间相互打通。

（3）在一块毛坯上切割两个或两个以上零件时，不应连续一次切割出来，而应从不同的预制穿丝孔开始加工，如图 4 - 1 - 4 所示。

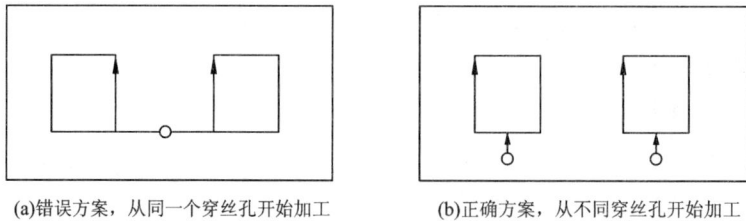

(a)错误方案，从同一个穿丝孔开始加工   (b)正确方案，从不同穿丝孔开始加工

图 4 - 1 - 4   在一毛坯上切割两个或两个以上零件的加工路线

（4）线切割后，在切割起始点会产生突尖，如图 4 - 1 - 5 所示的 P 点处。可通过合理安排路线消除突尖，如图 4 - 1 - 6 所示：（a）图为加工外形时采用拐角法的切割路线。（b）图为加工型孔时，切割路线可按 $S \rightarrow A \rightarrow B \rightarrow C \rightarrow D \rightarrow E \rightarrow A \rightarrow B \rightarrow A \rightarrow S$。另外也可选用细电极丝加工以减小突尖。

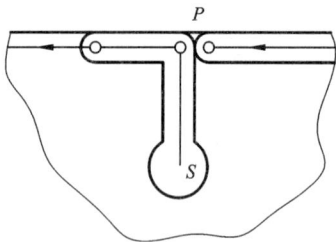

图 4 - 1 - 5   突尖的产生

(a)   (b)

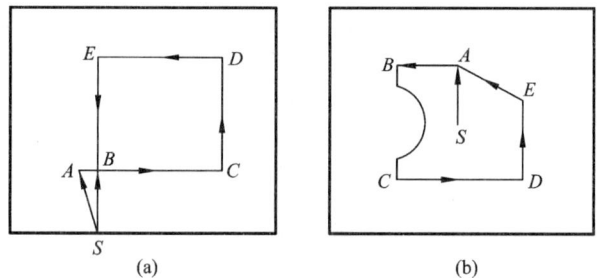

图 4 - 1 - 6   消除突尖的切割路线

（5）加工的路线距离端面（侧面）应大于 5 mm，以保证工件的结构强度。

3. 确定零件的装夹方法

零件的装夹方式对加工精度有直接影响。线切割机床的夹具比较简单，一般采用压板夹具、磁性夹具和分度夹具，也可根据零件设计专用夹具。线切割加工零件安装的典型方式见表 4 - 1 - 1。

表 4 - 1 - 1   线切割加工零件安装典型方式

名　　称	简　　图	说　　明
悬臂支撑方式		零件一端悬伸，装夹简单方便，通用性强。但由于零件平面难与工作台面找平，零件受力时悬伸端易挠曲，导致所切割出的侧面与零件底平面的垂直度误差，通常只在零件加工要求低或悬伸部分短的情况下使用。

续表 4 − 1 − 1

名　称	简　图	说　明
两端支撑方式	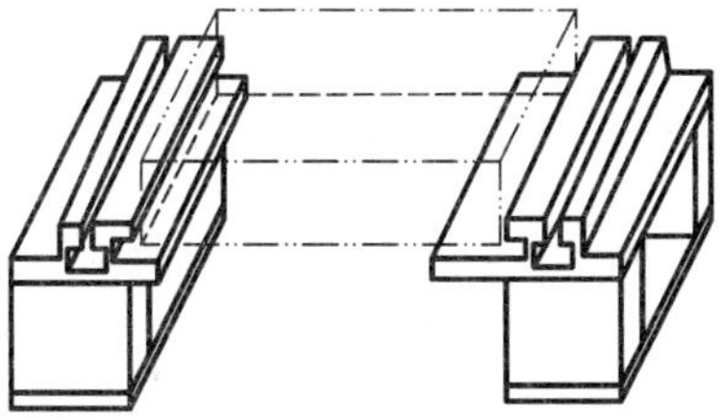	将零件两端分别固定在两个相对的工作台面上，装夹简单方便，并且支撑稳定，定位精度高。但不适合装夹小型零件，且零件的刚性要好，中间的悬伸部分不会产生挠曲。
桥式支撑方式	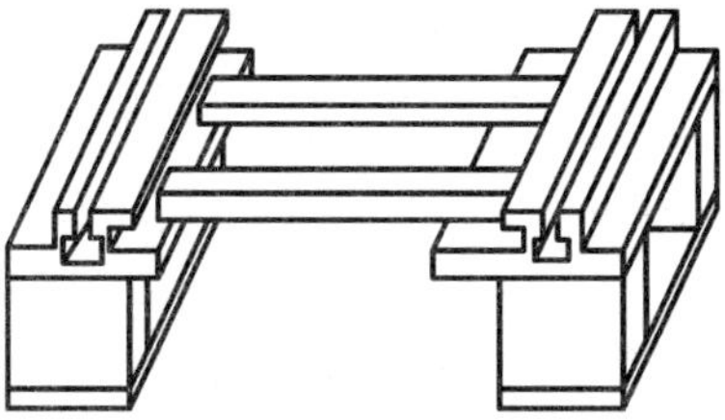	先在两端支撑的工作台面上架上两根支撑垫铁，再在垫铁上安装零件。这种方式既方便又灵活，通用性强，对大、中、小型零件都适用。
板式支撑方式	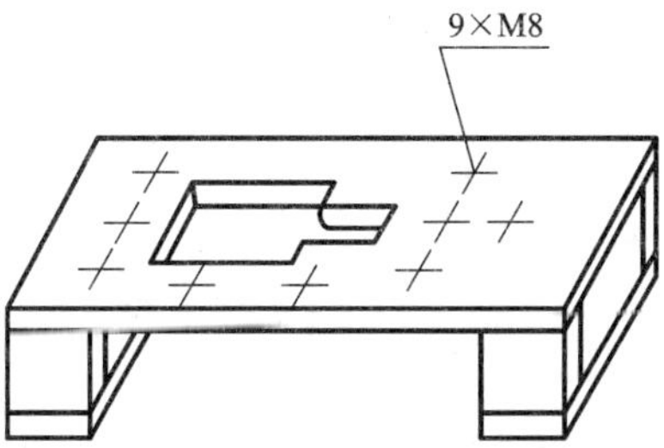 9×M8 	根据常规零件的形状和尺寸大小，制成带有各种矩形或圆形孔的平板作为辅助工作台，将零件安装在支撑平板上。该方式可增加纵、横方向的定位基准，装夹精度高，适合于批量生产各种小型和异型零件。但无论切割型孔还是外形都需要穿丝，通用性也较差。
复式支撑方式	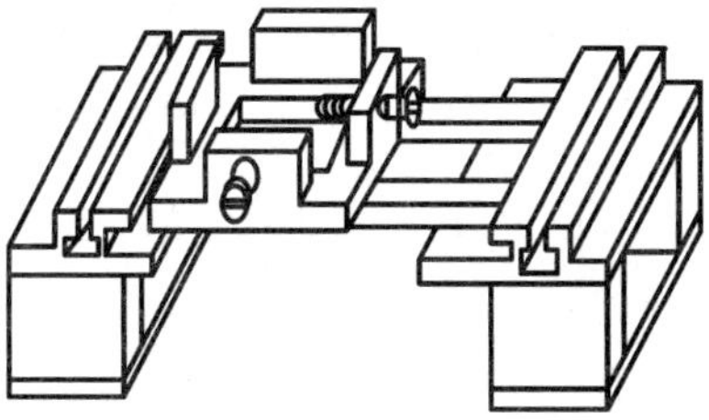	是在桥式夹具上再装上专用夹具组合而成。该方式装夹方便，校正时间短，工件加工一致性好，适合于批量零件加工。

4．选择电极丝

电极丝是线切割加工过程中必不可少的重要工具，相当于机械加工中的刀具。应合理选择电极丝的材料与直径，以保证加工稳定进行。

（1）电极丝材料选择

电极丝材料应具有良好的导电性和耐电腐蚀性、较大的抗拉强度及材质均匀，且直线性好，线径精度高，无弯折和打结现象，便于穿丝。目前电极丝材料的种类很多，主要有纯铜丝、黄铜丝、专用黄铜丝、钼丝、钨丝、各种合金丝及镀层金属丝等。常用电极丝材料及其特点见表 4 − 1 − 2。

表 4 - 1 - 2   常用电极丝材料及其特点

材料	线径/mm	特　　点
纯铜	0.1 ~ 0.25	适合于切割速度要求不高或精加工时用，丝不易卷曲，抗拉强度低，容易断丝。
黄铜	0.1 ~ 0.30	适合于高速加工，加工面的蚀屑附着少，表面粗糙度和加工面的平直度也比较好。
专用黄铜	0.05 ~ 0.35	适合于高速、高精度和理想的表面粗糙度加工以及自动穿丝，但价格高。
钼丝	0.06 ~ 0.25	由于它的抗拉强度高，一般用于快速走丝，在进行微细、窄缝加工时，也可用于慢速走丝。
钨丝	0.03 ~ 0.10	由于抗拉强度高，可用于各种窄缝的微细加工，但价格昂贵。

（2）电极丝直径选择

电极丝材料不同，其直径范围也不同，如表 4 - 1 - 2 所示。电极丝直径小，有利于加工出窄缝和内尖角的零件，但线径太细，能够加工的零件厚度也将受到限制。因此，电极丝直径的大小应根据切缝宽度、零件厚度、拐角大小及切割速度等要求进行选取。电极丝直径与拐角极限、工件厚度的关系见表 4 - 1 - 3。快走丝一般选择 $\phi 0.12 \sim \phi 0.20$ mm 之间的线径，慢走丝常选择 $\phi 0.20$ mm 的线径。

表 4 - 1 - 3   电极丝直径与拐角极限、工件厚度的关系

线电极直径 d/mm	拐角极限 R_{min}/mm	切割工件厚度 /mm	线电极直径 d/mm	拐角极限 R_{min}/mm	切割工件厚度 /mm
钨 0.05	0.04 ~ 0.07	0 ~ 10	黄铜 0.15	0.10 ~ 0.16	0 ~ 50
钨 0.07	0.05 ~ 0.10	0 ~ 20	黄铜 0.20	0.12 ~ 0.20	0 ~ 100 以上
钨 0.10	0.07 ~ 0.12	0 ~ 30	黄铜 0.25	0.15 ~ 0.22	0 ~ 100 以上

5. 选配工作液

在线切割加工过程中，需要稳定地供给有一定绝缘性能的工作液，以冷却电极丝和工件、排除电蚀产物等，因此工作液要具有一定的绝缘性能、洗涤性能、冷却性能，且无污染、无害。工作液的好坏将直接影响切割速度、表面粗糙度和加工精度，加工时应根据线切割机床的类型和加工对象，选择工作液的种类、浓度和导电率等。常用工作液的种类、特点及应用见表 4 - 1 - 4。

表 4 - 1 - 4   线切割工作液的种类、特点及应用

种　　类	特　点　及　应　用
水类工作液（自来水、蒸馏水、去离子水）	冷却性能好，但洗涤性能差，易断丝，切割表面易黑脏。适用于厚度较大的零件加工用。
煤油工作液	介电强度高，润滑性能好，但切割速度低，易着火，只有在特殊情况下才采用。
皂化液	洗涤性能好，切割速度较高，适用于加工精度及表面质量较低的零件。
乳化型工作液	介电强度比水高，比煤油低；冷却能力比水弱，比煤油好；洗涤性比水和煤油都好。切割速度较高，是普通使用的工作液。

快走丝线切割加工一般采用5%~20%的乳化液，通常使用10%左右的乳化液。当加工精度及表面质量要求高的工件时，乳化液的配比浓度应高些；当切割大厚度工件时，乳化液的配比浓度应低些。慢走丝线切割加工大多采用去离子水，其导电率应控制在$4 \times 10^4 \ \Omega \cdot cm$~$10^5 \ \Omega \cdot cm$。

6. 加工参数的选择

加工参数的选择应综合考虑零件的加工精度、表面质量与厚度，电极丝的材料、直径与损耗，加工的效率等主要因素。其选择的一般原则是：当零件的加工精度与表面质量高、电极丝直径小时应采用小的脉冲能量加工；当零件的加工精度与表面质量较低、要求快速切割时可采用较大的脉冲能量加工。快走丝线切割加工参数的选择方法如下：

(1)脉冲波形

大多数快走丝线切割机的脉冲波形为矩形波，其加工效率高、加工范围宽，加工稳定性好，是常用的加工波形。但也有些快走丝线切割机除了矩形波外，还有分组脉冲，分组脉冲适用于薄工件的加工，精加工较稳定。

(2)脉冲宽度

设置一个脉冲放电时间的长短，单位为 μs。在特定的工艺条件下，脉宽增加，切割速度提高，表面粗糙度值增大，电极丝损耗也相应增大；反之，切割速度降低，表面粗糙度值减小，电极丝损耗也相应减小。一般精加工时，脉冲宽度可在20 μs内选择，半精加工时，可在20~60 μs内选择。

(3)脉冲间隔

设置一个脉冲周期内的停歇时间，单位为微秒。在一定范围内，脉冲间隔越小，其切割速度越高，而表面粗糙度值稍有增加。一般对于难加工、厚度大、排屑不利的零件，停歇时间应选长些，为脉宽的5~8倍比较适宜；对于加工性能好、厚度不大的零件，停歇时间可选脉宽的3~5倍。

(4)功率管数

设置投入放电加工回路的功率管数。管数的增、减决定脉冲峰值电流的大小，每只管子的峰值电流为5 A，电流越大，切割速度越高，表面粗糙度增大，放电间隙变大。一般对于中厚度工件的精加工取3~4只管子，中厚度工件的中加工和大厚度工件的精加工取5~6只管子，大厚度工件的中加工取6~9只管子。

(5)间歇电压

该参数用来控制伺服，当放电间隙电压高于设定值时，电极丝进给，低于设定值时，电极丝回退。一般设定为加工电压的10%。

(6)电压

即加工电压值。有常压和低压两种，低压一般在找正时选用，加工时一般都用常压。

7. 间隙补偿量 t 的确定

由于机床控制的是电极丝的中心轨迹，若按零件的轮廓尺寸进行编程，加工出来的凸模尺寸要比零件图样尺寸小，凹模要比零件图样尺寸大。因此，在采用零件的轮廓尺寸进行编程时，要进行电极丝半径和放电间隙的补偿，即间隙补偿量 ΔR。它的数值在切割不同零件时是不同的，各种零件的计算方法如下：

(1)间隙补偿量 t 的符号

可根据在电极丝中心轨迹图形中圆弧半径及直线段法线长度的变化情况来确定。如图 4 - 1 - 7 所示，对于圆弧，当考虑电极丝中心轨迹后，其圆弧半径比原图形半径增大时取 $+t$，减小时取 $-t$；对于直线段，当考虑电极丝中心轨迹后，使该直线段的法线长度 P 增加时取 $+t$，减小时取 $-t$。

(2)间隙补偿量 t 的算法

加工冲模凸、凹模时，应考虑电

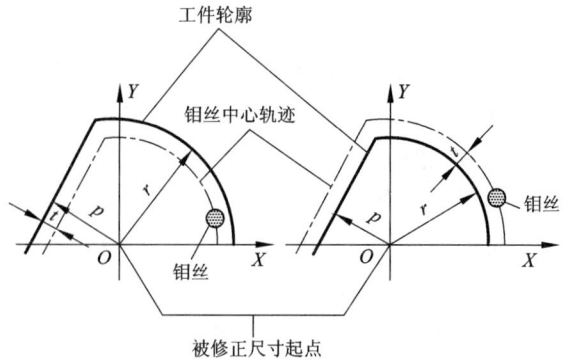

图 4 - 1 - 7　间隙补偿量的符号判别

极丝半径 $r_{丝}$、单边放电间隙 $\delta_{电}$ 及凸、凹模间的单边配合间隙 $\delta_{配}$。具体计算方法为：当加工冲孔模具时(即冲后要求保证工件孔的尺寸)，凸模尺寸由孔的尺寸确定。因 $\delta_{配}$ 在凹模上扣除，故凸模的间隙补偿量 $t_{凸} = r_{丝} + \delta_{电}$，凹模的间隙补偿量 $t_{凹} = r_{丝} + \delta_{电} - \delta_{配}$；当加工落料模时(即冲后要求保证冲下的工件尺寸)，凹模尺寸由工件的尺寸确定。因 $\delta_{配}$ 在凸模上扣除，故凸模的间隙补偿量 $t_{凸} = r_{丝} + \delta_{电} - \delta_{配}$，凹模的间隙补偿量 $t_{凹} = r_{丝} + \delta_{电}$。

1.3　数控线切割编程方法

1. 数控线切割编程基础

(1)数控线切割机床的坐标系

数控线切割机床的工作台有两个运动，一个是纵向运动，另一个是横向运动，规定：面向机床正面，坐标工作台平面为坐标系平面，纵向为 x 坐标轴方向，且电极丝向右运行为 x 的正方向，向左运行为 x 的负方向；横向为 y 坐标轴方向，且电极丝向外运行为 y 的正方向，向内运行为 y 的负方向。另外，有些数控线切割机床为了能够加工锥度零件，在导丝装置中另设有两个辅助坐标轴：与 x 轴平行的为 U 轴，与 Y 轴平行的为 V 轴，其正负方向的确定与 X、Y 轴相同。

(2)编程的坐标值单位

数控线切割编程中的坐标值单位采用微米(μm)，数值为整数。如 X 坐标为 10 mm，在编程时应写为 X10000。

(3)编程方法

数控线切割机床的编程方法有手工编程和自动编程。自动编程软件如 CAXA 软件、TurboCAD 软件、YH 系统等。

(4)编程格式

数控线切割程序格式有 3B、4B、5B、ISO 和 EIA 等。我国早期的数控线切割机床采用 3B、4B 格式，目前仍在一些企业使用。近年来生产的数控线切割机床使用的是计算机数控系统，采用符合国际标准的 ISO 格式。

2. 3B 格式编程

3B 格式是数控线切割机床上最常用的程序格式,在该程序格式中无间隙补偿,具体格式见表4-1-5。各符号含义如下:

表4-1-5　3B 程序格式

B	X	B	Y	B	J	G	Z
分隔符号	X坐标值	分隔符号	Y坐标值	分隔符号	计数长度	计数方向	加工指令

(1)分隔符 B

它的作用是将 X、Y、J 数值区分和隔离。当 B 后的数值为 0 时,此 0 可以不写,但分隔符 B 不能省略。

(2)坐标值 X、Y

为直线终点或圆弧起点坐标值的绝对值。

① 对于直线(斜线),坐标原点移至直线起点,X、Y 为终点坐标值的绝对值。

说明:ⓐ允许将 X 和 Y 的值按相同的比例放大或缩小。ⓑ对于平行于 X 轴或 Y 轴的直线,即当 X 或 Y 为零时,X 或 Y 值均可不写,但分隔符号必须保留。

② 对于圆弧,坐标原点移至圆心,X、Y 为圆弧起点坐标值的绝对值。

(3)计数长度 J

计数长度是指被加工图形在计数方向上的投影长度的总和,以 μm 为单位。决定计数长度时,要和选计数方向一并考虑。

(4)计数方向 G

计数方向是指计数时选择作为投影轴的坐标轴。选取 X 方向进给总长度进行计数,称为计 X,用 Gx 表示;选取 Y 方向进给总长度进行计数,称为计 Y,用 Gy 表示。工作台在相应方向每走 1 μm,计数累减1,当累减到计数长度 J=0 时,该程序段即加工完毕。

选择原则:

① 对于直线,取直线终点坐标(X_e, Y_e)的绝对值比较,选取绝对值较大的坐标轴为计数方向,当坐标绝对值相等时,计数方向可任选 G_x 和 G_y。即 $|X_e| > |Y_e|$时,取 G_x;$|Y_e| > |X_e|$时,取 G_y;$|X_e| = |Y_e|$时,取 G_x 或 G_y 均可。

② 对于圆弧,根据圆弧终点坐标(X_e, Y_e)的绝对值选取,选取坐标绝对值较小的坐标轴为计数方向,当坐标绝对值相等时,计数方向可任选 G_x 和 G_y。即 $|X_e| > |Y_e|$时,取 G_y;$|Y_e| > |X_e|$时,取 G_x;$|X_e| = |Y_e|$时,取 G_x 或 G_y 均可。

(5)加工指令 Z

加工指令用来确定被加工图形的形状、起点或终点所在象限和加工方向等信息,共12个指令,如图4-1-8所示。

① 加工直线的加工指令分别用 L_1、L_2、L_3、L_4表示,如图4-1-8(a)所示。当加工与坐标轴相重合的直线,根据进给方向,其加工指令可按图4-1-8(b)选取。

② 加工圆弧时,若被加工圆弧的加工起点在坐标系的四个象限中,当按顺时针插补时,加工指令分别用 SR_1、SR_2、SR_3、SR_4表示;当按逆时针插补时,加工指令分别用 NR_1、NR_2、

NR_3、NR_4 表示，如图 4 - 1 - 8(c)所示。若加工起点刚好在坐标轴上，其指令应选圆弧跨越的象限，如图 4 - 1 - 8(d)所示。

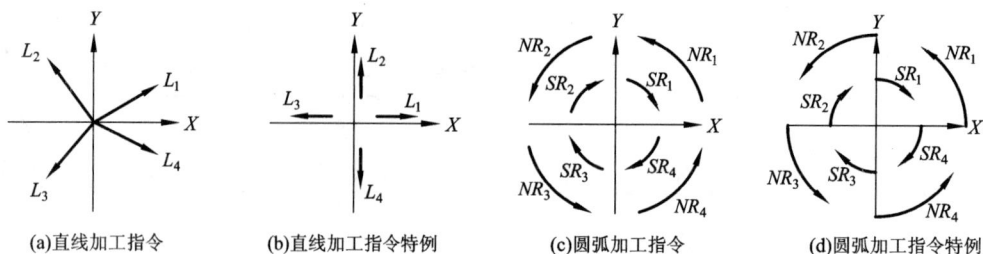

图 4 - 1 - 8   加工指令

例题 4 - 1 - 1   加工图 4 - 1 - 9 所示直线 $\overline{OA}$，终点 A 的坐标值为(16, 32)，写出加工程序。

由于 $|Ye| > |Xe|$，故取 Y 轴为计数方向，$J_Y = Ye = 32000$。

加工程序为：B16000   B32000   B32000 G_Y L_1

或   B1   B2   B32000 G_Y L_1

例题 4 - 1 - 2   加工图 4 - 1 - 10 所示圆弧 $\overgroup{AB}$，A 点坐标为(14.095, 5.130)，B 点坐标为(-2.605, -14.772)，半径 R 为 15 mm。试编写其加工程序。

① 当以 A 点为圆弧加工起点，B 点为终点时，由于 $|Ye| > |Xe|$，故取 X 轴为计数方向，如图 4 - 1 - 10(a)所示，计数长度 J_x 为：$J_1 = 14095$ μm，$J_2 = 15000$ μm，$J_3 = 12395$ μm。

则：$J_x = J_1 + J_2 + J_3 = 14095 + 15000 + 12395 = 41490$ μm

加工程序为：B14095   B5130   B41490 G_X NR_1

② 当以 B 点为圆弧加工起点，A 点为终点时，由于 $|Xe| > |Ye|$，故取 Y 轴为计数方向，如图 4 - 1 - 10(b)所示，计数长度 J_Y 为：$J_4 = 9870$ μm，$J_5 = 15000$ μm，$J_6 = 14772$ μm。

则：$J_Y = J_4 + J_5 + J_6 = 9870 + 15000 + 14772 = 39642$ μm

加工程序为：B2605   B14772   B39642 G_Y SR_3

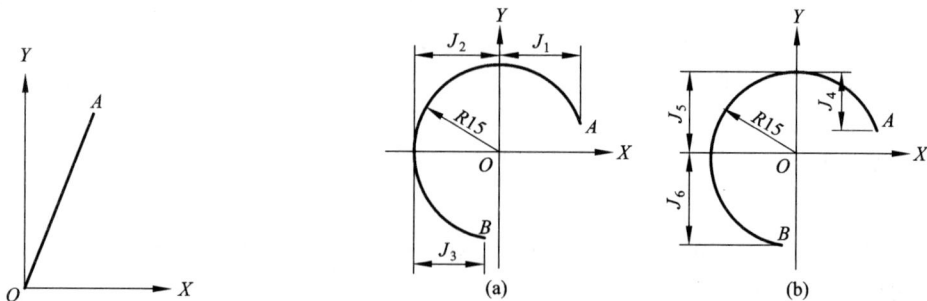

图 4 - 1 - 9   加工直线

图 4 - 1 - 10   加工圆弧及计数长度的计算方法

例题 4 - 1 - 3   加工如图 4 - 1 - 11 所示的凸模，试采用 3B 格式编写其加工程序。

取 S 点为切割起点；加工路线为：S→A→B→C→D→A→S。

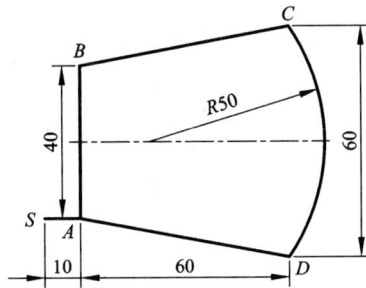

图 4 - 1 - 11　凸模

凸模加工程序如表 4 - 1 - 6 所示。

表 4 - 1 - 6　凸模的加工程序单

序号	B	X	B	Y	B	J	G	Z	说　明
1	B	10000	B	0	B	10000	GX	L₁	引入段 S→A
2	B	0	B	40000	B	40000	GY	L₂	加工 A→B
3	B	60000	B	10000	B	60000	GX	L₁	加工 B→C
4	B	40000	B	30000	B	60000	GY	SR₁	加工 C→D
5	B	60000	B	10000	B	60000	GX	L₂	加工 D→A
6	B	10000	B	0	B	10000	GX	L₃	退出段 A→S
7	DD								程序结束

注：① 字符 D 表示程序暂停；② 字符 DD 表示程序结束。

3. 4B 格式编程

4B 格式是有间隙补偿的程序，其格式见表 4 - 1 - 7。与 3B 格式相比，4B 格式多了两项程序字。

表 4 - 1 - 7　4B 程序格式

B	X	B	Y	B	J	B	R	G	D 或 DD	Z
分隔符号	X 坐标值	分隔符号	Y 坐标值	分隔符号	计数长度	分隔符号	圆弧半径	计数方向	曲线形状	加工指令

（1）圆弧半径 R

R 通常是图形尺寸已知的圆弧半径。

（2）曲线形式 D 或 DD

D 为凸圆弧，DD 为凹圆弧，它决定补偿方向。其判别方法为：看钼丝在圆弧半径之内，还是在圆弧半径之外。当钼丝在圆弧半径之外时，该圆弧为凸圆弧；当钼丝在圆弧半径之内时，该圆弧为凹圆弧。如图 4 - 1 - 12 中，实线为零件轮廓，虚线为钼丝轨迹，则圆弧 $\overset{\frown}{AB}$、$\overset{\frown}{BC}$ 和 $\overset{\frown}{DA}$ 为凸圆弧，应在程序中填入 D；圆弧 $\overset{\frown}{CD}$ 为凹圆弧，应在程序中填入 DD。

另外，有两点需要说明：① 在采用 4B 格式编程时，图形中不能出现尖角。若有尖角，要用半径大于间隙补偿量 t 的圆弧过渡。② 间隙补偿程序的引入、引出程序段可以用特殊的编程方式来编制不加过渡圆弧的引入、引出程序段。方法：若图形的第一条加工程序加工的是直线，引入程序段指定的引入线段必须与该直线垂直；若是圆弧，引入程序段指定的引入线段应沿圆弧的径向进行。

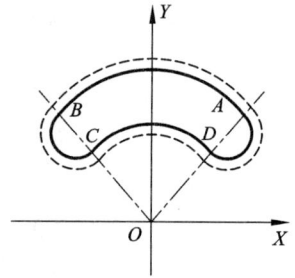

图 4 - 1 - 12　补偿方向

4. ISO 格式编程

目前各种线切割数控系统所使用的 ISO 格式指令与国际标准基本一致，但也存在个别不同之处，在使用时应根据机床的编程说明书进行编程。数控线切割机床的 ISO 指令格式与数控铣床的指令格式基本相同，表 4 - 1 - 8 是数控线切割机床常用的 ISO 代码。

表 4 - 1 - 8　数控线切割机床常用 ISO 代码

代 码	功　　能	代 码	功　　能
G00	快速定位	G55	加工坐标系 2
G01	直线插补	G56	加工坐标系 3
G02	顺圆插补	G57	加工坐标系 4
G03	逆圆插补	G58	加工坐标系 5
G05	X 轴镜像	G59	加工坐标系 6
G06	Y 轴镜像	G80	接触感知
G07	X、Y 轴交换	G82	半程移动
G08	X 轴镜像，Y 轴镜像	G84	微弱放电找正
G09	X 轴镜像，X、Y 轴交换	G90	绝对尺寸
G10	Y 轴镜像，X、Y 轴交换	G91	增量尺寸
G11	X 轴镜像，Y 轴镜像，X、Y 轴交换	G92	建立工件坐标系
G12	消除镜像	M00	程序暂停
G40	取消间隙补偿	M02	程序结束
G41	左偏间隙补偿　D 偏移量	M05	解除接触感知
G42	右偏间隙补偿　D 偏移量	M96	主程序调用文件程序
G50	取消锥度	M97	主程序调用文件结束
G51	锥度左偏　A 角度值	W	下导轮中心到工作台面高度
G52	锥度右偏　A 角度值	H	工件厚度
G54	加工坐标系 1	S	上导轮中心到工作台面高度

下面就一些常用的指令进行介绍：

（1）建立工件坐标系指令 G92

编程格式为：G92 X_ Y_；

X、Y——为切割起点在工件坐标系中的坐标值。

例如：G92 X10000 Y－5000；表示相距电极丝现在位置（即切割起点）X 方向－10 mm，Y 方向 5 mm 的位置建立起工件坐标系。

（2）快速定位指令 G00

在线切割机床不放电的情况下，使指定的某轴以最快速度移动到指定位置。

编程格式为：G00 X_ Y_；

X、Y——为目标点的坐标。

（3）直线插补指令 G01

直线插补指令 G01 为加工一条直线的指令，其加工速度由电参数决定。

编程格式为：G01 X_ Y_；

X、Y——为直线的终点坐标值

（4）圆弧插补指令 G02、G03

G02 为顺时针圆弧插补指令，G03 为逆时针圆弧插补指令。

编程格式为：G02（或 G03）X_ Y_ I_ J_；

X、Y——为圆弧终点的坐标，I、J 是由圆弧的起点向圆心作一个矢量，这个矢量在 X、Y 轴上的投影分别为 I 和 J，带正负号。

（5）镜像和交换指令 G05、G06、G07、G08、G09、G10、G11、G12

对于加工一些对称性好的工件，利用原来的程序加上这些指令，很容易产生一个与之对应的新程序。

G05（Y 镜像）	函数关系式：$X = -X, Y = Y$
G06（X 镜像）	函数关系式：$X = X, Y = -Y$
G07（X、Y 交换）	函数关系式：$X = Y, Y = X$
G08（X、Y 镜像）	函数关系式：$X = -X, Y = -Y$
	即：G08 = G05 + G06
G09（Y 镜像、X、Y 交换）	即：G09 = G05 + G07
G10（X 镜像、X、Y 交换）	即：G10 = G06 + G07
G11（X 镜像、Y 镜像、X、Y 交换）	即：G11 = G05 + G06 + G07

G12（取消镜像）

每个程序镜像结束后都要加上该指令。具体如图 4－1－13 所示。

（6）间隙补偿指令 G40、G41、G42

G40 是取消间隙补偿指令，G41 是左偏间隙补偿指令，G42 是右偏间隙补偿指令。

编程格式为：G41（或 G42）D_；　　　设定间隙补偿和方向

　　　　　　　　⋮

　　　　　　G40；　　　　　　　　　取消间隙补偿

D——为间隙补偿量地址符，其计算方法与前面的方法相同。

左右间隙补偿的判别方法是：左偏、右偏是沿加工方向看，电极丝在加工图形左边为左

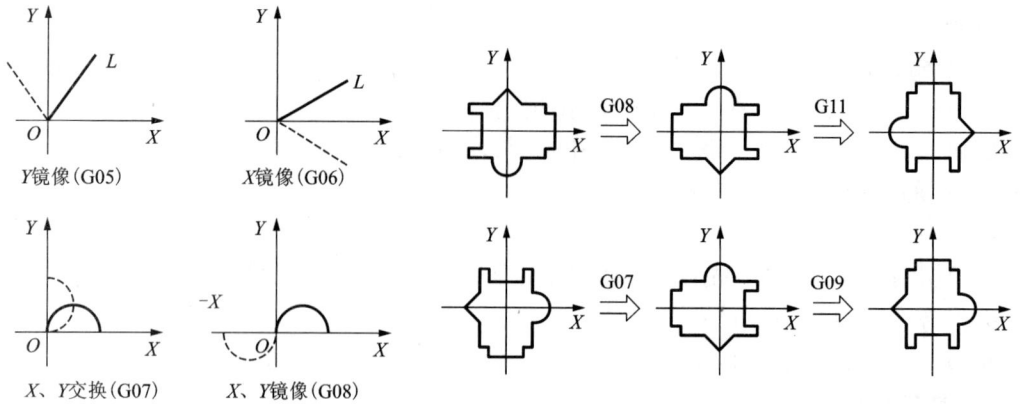

图 4 - 1 - 13   镜像和交换举例

偏；电极丝在右边为右偏，如图 4 - 1 - 14 所示。

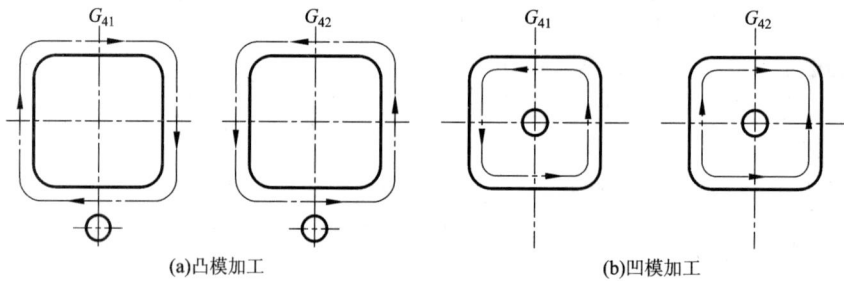

图 4 - 1 - 14   间隙补偿指令 G41、G42 的判别

（7）锥度加工指令 G50、G51、G52

在目前的一些数控线切割机床上，锥度加工都是通过装载在上导轮部位的 U、V 辅助轴工作台实现的。加工时，控制系统驱动 U、V 辅助轴工作台，使上导轮相对于 X、Y 坐标轴工作台移动，以获得所要求的锥度。用此方法可以解决凹模的漏料问题。

G50 是取消锥度指令，G51 是锥度左偏指令，G52 是锥度右偏指令，其指令格式为：

G51（或 G52）A_;   设定锥度方向与角度

⋮

G50;   取消锥度加工

顺时针加工时，锥度左偏指令 G51 加工出来的工件为上大下小，锥度右偏指令 G52 加工出来的工件为上小下大；逆时针加工时，锥度左偏指令 G51 加工出来的工件为上小下大，锥度右偏指令 G52 加工出来的工件为上大下小。

锥度加工与上导轮中心到工作台面的距离 S、工件厚度 H、工作台面到下导轮中心的距离 W 有关。进行锥度加工编程之前，要求给出 W、H、S 值。

（8）加工坐标系指令 G54、G55、G56、G57、G58、G59

这 6 个指令用来建立 6 个加工坐标系。用于当工件上有多个型孔需要加工时，可将每个型孔建立一个加工坐标系,以简化尺寸计算,方便编程。

编程格式为:G54;

注意:① 该指令必须单独成一段;② 其余五个指令格式与 G54 相同。

(9)手动操作指令 G80、G82、G84

接触感知指令 G80:可使电极丝从现行位置接触工件,然后停止。

半程移动指令 G82:使加工位置沿指定坐标轴返回一半的距离(当前坐标系中坐标值一半的位置)。

微弱放电找正指令 G84:能通过微弱放电校正电极丝与工作台的垂直度,在加工前一般要先进行校正。

(10)辅助功能指令

程序暂停指令 M00:执行 M00 以后,程序停止,机床信息将被保存,按"回车"键继续执行下面的程序。一般用于电极丝在加工中进行装拆的前后。

程序结束 M02:程序结束,系统复位。

解除接触感知 M05:用于取消接触感知指令 G80。

子程序调用 M96:用于调用子程序,程序段格式为:M96 子程序名(子程序名后加".")。

子程序结束 M97:表示子程序结束。

例 4 - 1 - 4 加工图 4 - 1 - 15 所示的凸模,采用 $\phi 0.18$ mm 的钼丝,放电间隙为 0.01 mm,试采用 ISO 格式编写其加工程序。

取 O 点为坐标系原点,建立工件坐标系 XOY;切割起点为 S,SA 为程序引入段,加工路线为:S→A→B→C→D→E→F→A→S;间隙补偿量 t:t = 0.18 ÷ 2 + 0.01 = 0.1 mm。

加工程序清单如表 4 - 1 - 9 所示。

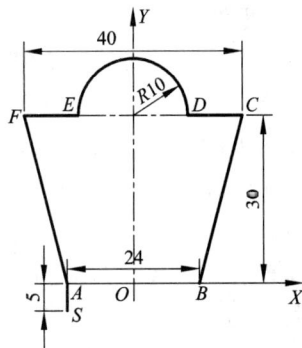

图 4 - 1 - 15 凸模

表 4 - 1 - 9 凸模零件的加工程序单

程 序 段	说 明
A1	程序名
N10 G92 X - 12000 Y - 5000;	建立工件坐标系
N20 G90;	绝对坐标值编程
N30 G42 D100;	建立间隙右补偿,间隙补偿量为 0.1 mm。
N40 G01 X - 12000 Y0;	引入线加工 S→A
N50 G01 X12000 Y0;	加工 A→B
N60 G01 X20000 Y30000;	加工 B→C
N70 G01 X10000 Y30000;	加工 C→D
N80 G03 X - 10000 Y30000 I - 10000 J0;	加工 D→E

程　序　段	说　　　明
N90 G01 X - 20000 Y30000;	加工 E→F
N100 G01 X - 12000 Y0;	加工 F→A
N110 G40	取消间隙补偿
N120 G01 X - 12000 Y - 5000;;	退出线加工 A→S
N130 M02;	程序结束

1.4　任务决策和执行

1. 工艺分析

根据零件图(见图 4 - 1 - 1)可知,该零件形状较简单,毛坯为 55 mm × 80 mm × 6 mm 的 45 钢,因此装夹方便,材料切割性能较好。其工艺过程如下:

(1)零件装夹

采用悬臂支撑方式装夹零件,用杠杆式百分表对坯料上平面及 X、Y 轴两个方向进行找正,保证工件相对机床的位置,如图 4 - 1 - 16 所示。

(2)确定穿丝孔与切割路线

穿丝孔直径为 φ4 mm,位于毛坯的左上角的 S 点。由于采用穿丝孔作为起割点,毛坯结构完整,刚性好,对切割路线没有特别的要求,故切割路线为:S→A→B→C→D→E→F→A→S,如图 4 - 1 - 16 所示。

(3)零件尺寸处理

由于该零件并没有标注尺寸公差,不需要进行尺寸转换,因此,直接采用基本尺寸编程。

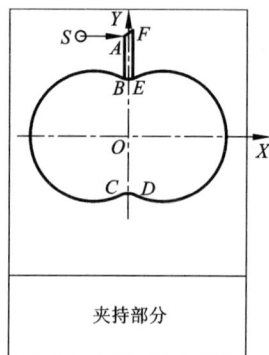

图 4 - 1 - 16　南瓜模板的
装夹方式及切割路线

(4)确定计算坐标系,计算各基点坐标

在采用 ISO 格式编程时,需要确定坐标系原点,故选择零件的中心 O 点为坐标原点,各基点的坐标值如表 4 - 1 - 10 所示。

表 4 - 1 - 10　南瓜模板各基点坐标值

基 点	X	Y	基 点	X	Y
O	0	0	C	- 2	- 13. 748
S	- 11	23. 266	D	2	- 13. 748
A	- 1	23. 266	E	1	13. 266
B	- 1	13. 266	F	1	24. 766

（5）选择电极丝

选用 $\phi 0.12$ mm 的钼丝。

（6）选择加工参数

脉冲波形为矩形波，脉冲宽度取 15 ～ 20 μs，脉冲间隔约为脉冲宽度的 3 ～ 5 倍，功率管数取 3 个，加工电压为常压。

（7）选配工作液

选用线切割专用乳化液，配比为 10% 左右。

（8）计算补偿量 t

$$t_凹 = r_丝 + \delta_电 = 0.06 + 0.01 = 0.07 \text{ mm}$$

2. 编制加工程序

（1）3B 格式编程

程序如表 4 - 1 - 11 所示。

表 4 - 1 - 11　南瓜模板的加工程序单（3B 格式）

序号	B	X	B	Y	B	J	G	Z	说　明
1	B	9930	B	35	B	9930	GX	L1	引入段 S→A
2	B	0	B	9919	B	9919	GY	L4	加工 A→B
3	B	6930	B	13382	B	43097	GX	NR1	加工 B→C
4	B	1972	B	4518	B	3943	GX	SR2	加工 C→D
5	B	6082	B	13812	B	43097	GX	NR3	加工 D→E
6	B	0	B	11524	B	11524	GY	L2	加工 E→F
7	B	2140	B	1605	B	2140	GX	L3	加工 F→A
8	B	9930	B	35	B	9930	GX	L3	引出段 A→S
9	DD								加工程序结束

（2）ISO 格式编程

程序如表 4 - 1 - 12 所示。

表 4 - 1 - 12　南瓜图形的加工程序单（ISO 格式）

程　序　段	说　明
A2	程序号
N10 G92 X - 11000 Y23266；	建立工件坐标系
N20 G90	绝对坐标编程
N30 G42 D70	建立间隙右补偿，间隙补偿量为 0.07 mm
N40 G01 X - 1000 Y23266；	引入线加工 S→A
N50 G01 X - 1000 Y13266；	加工 A→B

程　序　段	说　　　明
N60 G03 X - 2000 Y - 13748 I - 7000 J - 13266；	加工 B→C
N70 G02 X2000 Y - 13748 I2000 J - 4582；	加工 C→D
N80 G03 X1000 Y13266 I6000 J13748；	加工 D→E
N90 G01 X1000 Y24766；	加工 E→F
N100 G01 X - 1000 Y232660；	加工 F→A
N120 G40	取消间隙补偿
N130 G01 X - 10000 Y0；	退出线加工 A→S
N140 M02；	程序结束

3. 输入加工程序，加工南瓜模板零件
4. 测量零件

1.5　巩固练习

在数控快走丝线切割机床上加工图 4 - 1 - 17 所示五角星
样板。毛坯为 50 mm×60 mm × 3 mm 的 45 钢，要求合理制定
五角星的线切割加工工艺，分别采用 3B 格式和 ISO 格式编制
其加工程序，并将加工程序输入数控线切割机床加工出五角星
样板。

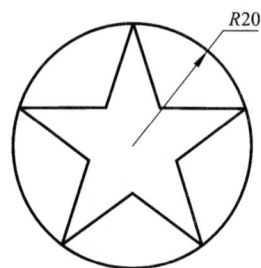

图 4 - 1 - 17　五角星

【技术要点】

（1）该工件厚度为 3 mm，属于薄工件。因此在加工参数的选择时应采用小的脉宽（20 μs
以内）、低电压和小电流加工，以减小钼丝抖动。若条件许可，也可将几个薄工件叠在一起加
工，这既可解决工件因薄而易断丝，又可提高加工效率。

（2）上下线架的距离应调整到 70 mm 左右，以减小钼丝的跨距，提高工件的加工精度和
减小断丝的可能。

（3）五角星的角为尖角，为了得到较尖的角，应选用直径较小的钼丝加工。

（4）该工件的毛坯较小，在装夹时应注意切割范围，防止钼丝切到工作台或夹具。

参 考 文 献

［1］杨建明. 数控加工工艺与编程. 北京：北京理工大学出版社, 2006.

［2］娄海滨. 数控铣床和加工中心技术实训. 北京：人民邮电出版社, 2006.

［3］沈建峰. 数控加工生产实例. 北京：化学工业出版社, 2007.

［4］张英伟. 数控铣削编程与加工技术. 北京：电子工业出版社, 2007.

［5］李体仁. 数控手工编程技术及实例详解. 北京：化学工业出版社, 2007.

［6］林岩. 数控车工技能实训. 北京：化学工业出版社, 2007.

［7］李刚. 数控机床加工实训. 北京：北京航空航天大学出版社, 2007.

图书在版编目（ＣＩＰ）数据

数控编程与加工操作／黄登红主编.--长沙：中南大学出版社，
2008.5

ISBN 978－7－81105－664－8

Ⅰ.数… Ⅱ.黄… Ⅲ.①数控机床－程序设计②数控机床－
加工 Ⅳ.TG659

中国版本图书馆 CIP 数据核字（2008）第 111527 号

数控编程与加工操作

主编 黄登红

□ **责任编辑** 周芝芹 何 晋
□ **责任印制** 易红卫
□ **出版发行** 中南大学出版社
　　　　　　　社址：长沙市麓山南路　　　　邮编：410083
　　　　　　　发行科电话：0731－88876770　　传真：0731－88710482
□ **印　　装** 长沙市宏发印务有限公司

□ **开　　本** 787×1092　1/16　□**印张** 14.5　□**字数** 357 千字
□ **版　　次** 2008 年 8 月第 1 版　□2019 年 2 月第 6 次印刷
□ **书　　号** ISBN 978－7－81105－664－8
□ **定　　价** 36.00 元

图书出现印装问题，请与经销商调换